高等学校计算机类课程应用型人才培养规划教材

Access 2010 数据库程序设计实践教程

主　编　张　权　刘娟娟

副主编　邵敏敏　张　楠
　　　　董保莲　董　晶

参　编　刘博涵　李双月　王　丽
　　　　贺　涛　刘　强

中国铁道出版社
CHINA RAILWAY PUBLISHING HOUSE

内 容 简 介

本书是主教材《Access 2010 数据库程序设计》（邵敏敏、董保莲、张楠主编，中国铁道出版社出版）的配套实验教材。本书内容包含课程实验指导与全国计算机等级考试指导两部分。课程实验指导主要内容是与主教材同步的实验以及全国计算机等级考试真题练习与解析，全国计算机等级考试指导主要包括全国计算机等级二级（Access 数据库程序设计）考试介绍以及模拟试题与解析。本书内容丰富，覆盖面广，有利于学生巩固所学的知识，提高学生的操作能力与综合应用能力。

本书适合作为高等学校非计算机专业“数据库技术及应用”课程的实验教材，也可作为全国计算机等级考试二级（Access 数据库程序设计）的培训教材，对从事数据库应用系统开发的初学者也具有参考价值。

图书在版编目（CIP）数据

Access 2010 数据库程序设计实践教程/张权，刘娟娟主编．—北京：中国铁道出版社，2017.1（2018.1 重印）

高等学校计算机类课程应用型人才培养规划教材

ISBN 978-7-113-22538-4

Ⅰ．①A… Ⅱ．①张… ②刘… Ⅲ．①关系数据库系统—高等学校—教材 Ⅳ．①TP311.138

中国版本图书馆 CIP 数据核字(2016)第 277892 号

书　　名：Access 2010 数据库程序设计实践教程
作　　者：张　权　刘娟娟　主编

策　　划：周海燕　　　　读者热线：（010）63550836
责任编辑：周海燕　冯彩茹
封面设计：付　巍
封面制作：白　雪
责任校对：汤淑梅
责任印制：郭向伟

出版发行：中国铁道出版社（100054，北京市西城区右安门西街 8 号）
网　　址：http://www.tdpress.com/51eds/
印　　刷：三河市宏盛印务有限公司
版　　次：2017 年 1 月第 1 版　　2018 年 1 月第 3 次印刷
开　　本：787 mm×1 092 mm　1/16　印张：11.5　字数：275 千
书　　号：ISBN 978-7-113-22538-4
定　　价：29.80 元

FOREWORD

前言

数据库应用技术是计算机应用的重要组成部分，掌握数据库技术及其应用已成为高等学校非计算机专业学生信息技术素质培养不可缺少的重要一环，并成为高等学校非计算机专业继“大学计算机基础”课程之后的重点课程。

本书是主教材《Access 2010 数据库程序设计》（邵敏敏、董保莲、张楠主编，中国铁道出版社出版）的配套实验教材，是根据教育部对非计算机专业数据库课程教学大纲要求和全国计算机等级考试二级 Access 数据库程序设计考试大纲的要求编写的。本书课程实验指导部分与配套教材紧密相连、环环相扣。

本书分为课程实验指导和全国计算机等级考试指导两大部分。

课程实验指导旨在指导学生在学习数据库理论知识的同时，进行有针对性的上机操作练习，通过实验练习以及二级真题练习，使学生能够充分理解所学的知识，达到熟练应用的目的。课程实验指导主要由数据库和表练习、查询练习、窗体练习、报表练习、宏练习、模块与 VBA 编程练习以及综合设计性实验组成。每个实验由若干个操作实验组成，实验内容由易到难，完成整个实验后，一个完成的图书馆信息管理系统即建立完成。

全国计算机等级考试指导部分旨在让学生充分了解全国计算机等级考试二级（Access 数据库程序设计）的考试情况并测试学生对 Access 数据库基础知识以及基本操作能力的掌握能力。全国计算机等级考试指导部分除了包含全国计算机等级考试二级（Access 数据库程序设计）介绍和考试大纲之外，还包含四套 Access 考试模拟试题，每套题包含四十道选择题和三道操作题，操作题包括基本操作题、简单应用题和综合应用题三个部分。

本书由张权、刘娟娟任主编，邵敏敏、张楠、董保莲、董晶任副主编，刘博涵、李双月、王丽、贺涛、刘强参编。具体分工为：实验 1、实验 5 由张权编写，实验 2 由刘娟娟编写，实验 3 由董保莲编写，实验 4 由张楠和贺涛编写，实验 6 由邵敏敏编写，实验 7 由李双月编写，第二部分全国计算机等级考试指导由董晶、张权、王丽编写。全书由张权、刘娟娟、董晶、邵敏敏、张楠、董保莲、李双月、刘强和王丽负责统稿并审稿。

本书在编写过程中参阅了一些著作和资料，在此对这些著作和资料的作者表示感谢。由于时间仓促，编者水平有限，书中难免存在疏漏和不足之处，欢迎广大读者批评指正。

编 者

2016 年 10 月

CONTENTS

目录

第1部分 课程实验指导

实验1 数据库和表练习 3
目的和要求 3
主要内容 3
实验1.1 创建数据库 3
实验1.2 数据库的基本操作 7
实验1.3 创建表 8
1.3.1 创建数据表 8
1.3.2 设置字段属性 14
1.3.3 向表中输入数据 16
1.3.4 创建表之间的关联 19
实验1.4 维护表 21
实验1.5 操作数据表 22
1.5.1 查找、替换和排序记录 22
1.5.2 筛选记录 23
二级真题练习及解析 25
参考答案与解析 30
实验2 查询练习 32
目的和要求 32
主要内容 32
实验2.1 创建选择查询 32
2.1.1 使用查询向导 32
2.1.2 使用“设计视图”创建查询 37
2.1.3 在查询中进行计算 39
实验2.2 交叉表查询 42
2.2.1 使用“查询向导” 42
2.2.2 使用“设计视图” 45
实验2.3 创建参数查询 45
2.3.1 单参数查询 45
2.3.2 多参数查询 46
实验2.4 创建操作查询 48
2.4.1 生成表查询 48
2.4.2 删除查询 49
2.4.3 更新查询 50

2.4.4 追加查询 50
实验 2.5 结构化查询语句 SQL 52
2.5.1 数据定义 52
2.5.2 数据操纵 53
2.5.3 数据查询 53
实验 2.6 创建 SQL 的特定查询 54
2.6.1 创建联合查询 54
2.6.2 创建子查询 54
2.6.3 创建传递查询 54
二级真题练习及解析 55
参考答案与解析 59
实验 3 窗体练习 62
目的和要求 62
主要内容 62
实验 3.1 创建窗体 62
实验 3.2 设计窗体 67
实验 3.3 格式化窗体 71
二级真题练习及解析 73
参考答案与解析 75
实验 4 报表练习 78
目的和要求 78
主要内容 78
实验 4.1 创建报表 78
实验 4.2 报表排序和分组 85
实验 4.3 使用计算控件 87
二级真题练习及解析 88
参考答案与解析 91
实验 5 宏练习 93
目的和要求 93
主要内容 93
实验 5.1 创建宏 93
5.1.1 创建独立的宏 93
5.1.2 创建宏组 94
5.1.3 创建条件操作宏 95
5.1.4 运行宏 97
实验 5.2 通过事件触发宏 97
二级真题练习及解析 99
参考答案与解析 100

实验 6　模块与 VBA 编程练习 101
目的和要求 101
主要内容 101
实验 6.1　创建模块 101
实验 6.2　VBA 标准函数、运算符和表达式 103
实验 6.3　VBA 流程控制语句 104
6.3.1　顺序结构 104
6.3.2　单分支结构 105
6.3.3　双分支结构 105
6.3.4　多分支结构 106
6.3.5　多分支选择结构 106
6.3.6　循环结构 107
实验 6.4　计时对象 109
实验 6.5　过程调用和参数传递 110
实验 6.6　VBA 数据库访问技术 112
二级真题练习及解析 115
参考答案与解析 119
实验 7　综合设计性实验 121
目的和要求 121
主要内容 121
实验 7.1　系统分析 121
实验 7.2　数据库表结构的设计 122
7.2.1　创建数据表 122
7.2.2　创建表间关系 124
实验 7.3　系统窗体的创建 125
7.3.1　用户登录主界面的窗体设计 125
7.3.2　“房产信息管理”窗体设计 126
7.3.3　“用户信息管理”窗体设计 129
7.3.4　“房产信息管理系统”窗体设计 130
实验 7.4　信息查询的创建 130
7.4.1　“房产信息查询”窗体设计 130
7.4.2　“用户房产需求信息查询”窗体的设计 134
实验 7.5　报表的创建 134
7.5.1　创建“房产新闻信息”报表 134
7.5.2　创建“用户房产需求信息”报表 135
实验 7.6　启动系统的设置 136
7.6.1　通过设置 Access 选项设置自动启动窗体 136
7.6.2　通过编写宏设置自动启动窗体 137
实验 7.7　数据库安全操作 137

第 2 部分　全国计算机等级考试指导

全国计算机等级考试二级（Access 数据库程序设计）介绍 141
全国计算机等级考试大纲（2013 版）........ 142
全国计算机等级考试二级（Access 数据库程序设计）模拟试题及解析 146
　模拟试题 1 146
　模拟试题 2 154
　模拟试题 3 161
　模拟试题 4 169
参考文献 176

第 1 部分

课程实验指导

实验1 数据库和表练习

目的和要求

（1）掌握数据库的创建方法。

（2）掌握表的创建方法以及属性的设置方法。

（3）掌握数据库中数据的输入与修改方法。

（4）掌握修改表的结构与编辑表的方法。

（5）掌握数据的查找、替换、排序与筛选方法。

主要内容

（1）创建数据库：使用模板创建数据库，创建空数据库。

（2）数据库的基本操作：数据库的打开和关闭。

（3）创建表：使用设计视图、数据表视图和导入外部数据来创建表，链接表和设置表的主键，设置表中字段的属性，向表中输入数据，创建表之间的关系。

（4）维护表：修改数据表结构，编辑表内容，数据表的复制、删除和重命名，数据表格式的调整。

（5）操作数据表：查找替换数据，排序记录，筛选记录。

实验 1.1　创建数据库

1. 使用“空数据库”创建数据库

实验要求：利用创建空数据库的方法，建立“图书馆信息管理系统.accdb”数据库，保存在“D:\实验一”文件夹中。

操作步骤：

(1) 启动 Access 2010 应用程序，打开图 1-1-1 所示的启动界面。

(2) 单击“文件”选项卡中的“新建”按钮，在“可用模板”中选择“空数据库”。

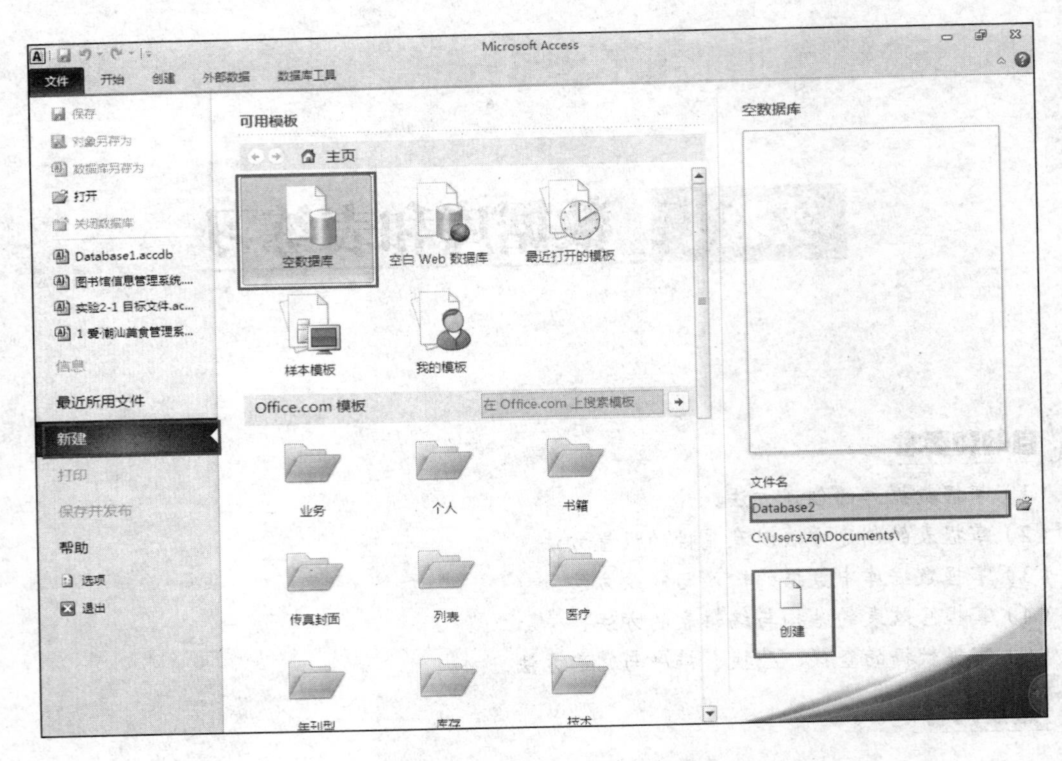

图 1-1-1　Access 2010 启动界面

（3）在右侧窗格下方“文件名”文本框中将“Database2”改写为“图书馆信息管理系统”，单击“文件名”右侧的文件夹按钮，在弹出的对话框中选择保存路径，如图 1-1-2 所示，单击“创建”按钮完成数据库的创建，如图 1-1-3 所示。

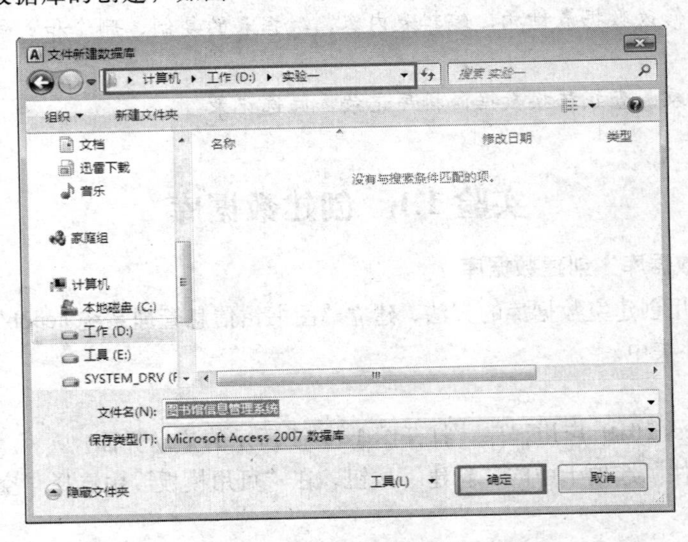

图 1-1-2　“文件新建数据库”对话框

（4）数据库创建完成，将自动创建一个名称为“表 1”的数据表，并以“数据表视图”方式打开“表 1”，如图 1-1-4 所示。

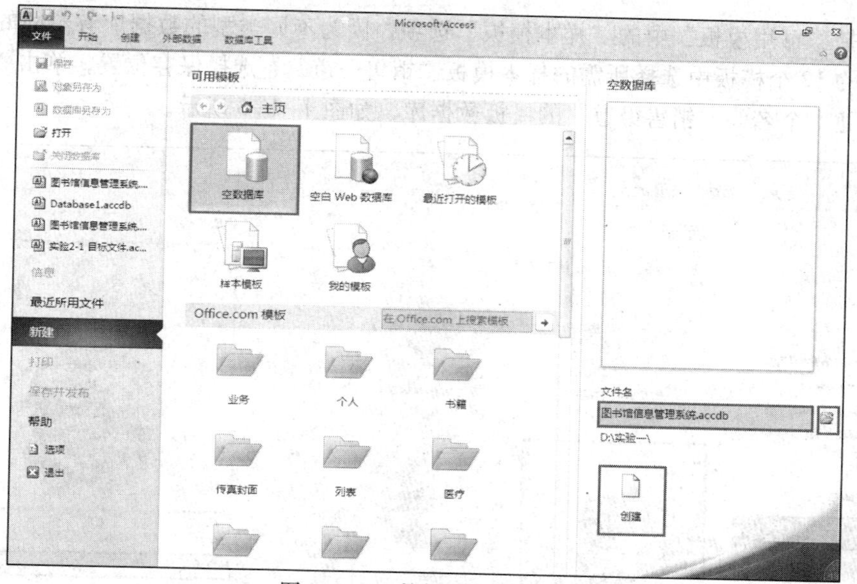

图 1-1-3　数据库创建界面

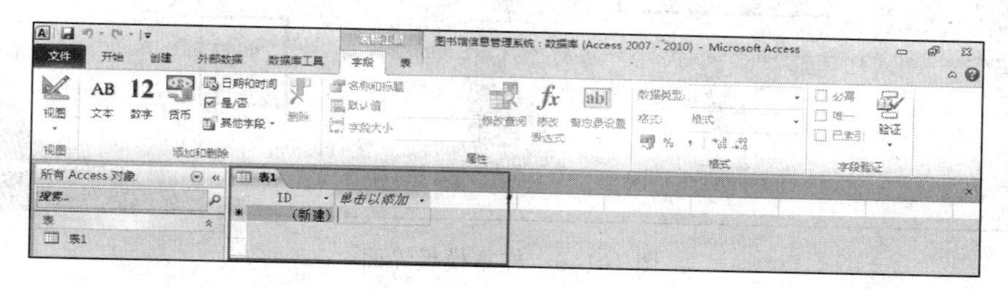

图 1-1-4　“表 1”的数据表视图

2. 使用模板创建数据库

实验要求：利用模板创建“销售渠道.accdb”数据库，保存在“D：\实验一”文件夹中。

操作步骤：

（1）启动 Access 2010 应用程序，打开图 1-1-5 所示的启动界面。

图 1-1-5　Access 2010 启动界面

（2）选择“可用模板”中的“样本模板”选项，因为不同类型的数据库有不同的数据库模板。从列出的 12 个模板中选择所需的样本模板“销售渠道”，选择保存位置，单击“创建”按钮，即可创建一个名为“销售渠道”的模板数据库，如图 1-1-6 所示。

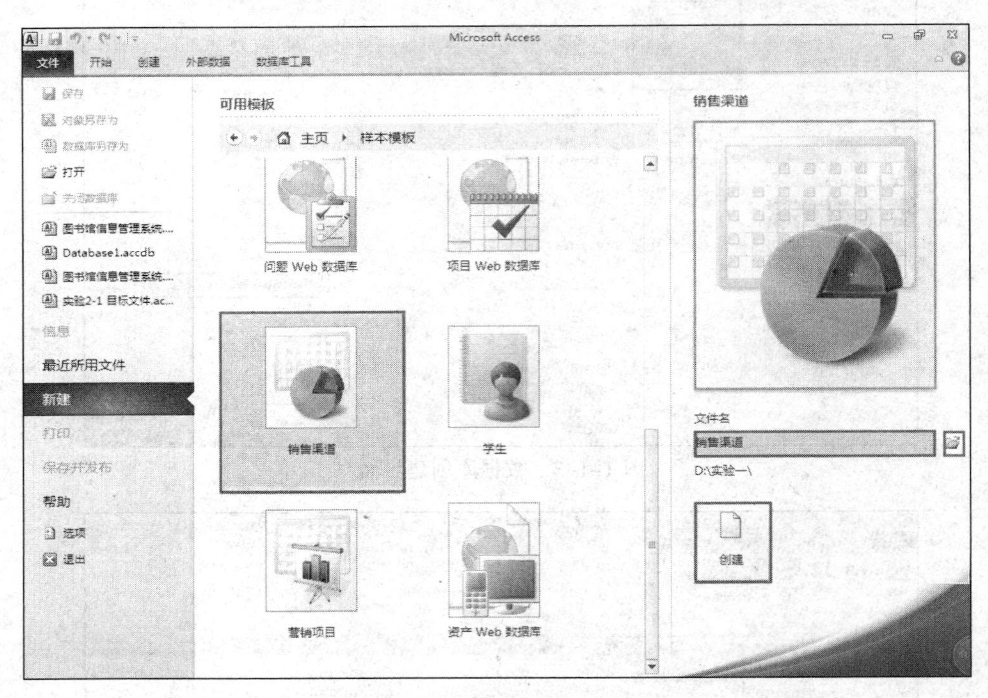

图 1-1-6 样本模板界面

（3）数据库创建完成后，自动打开“销售渠道”模板数据库，并显示“有效机会列表”，如图 1-1-7 所示。

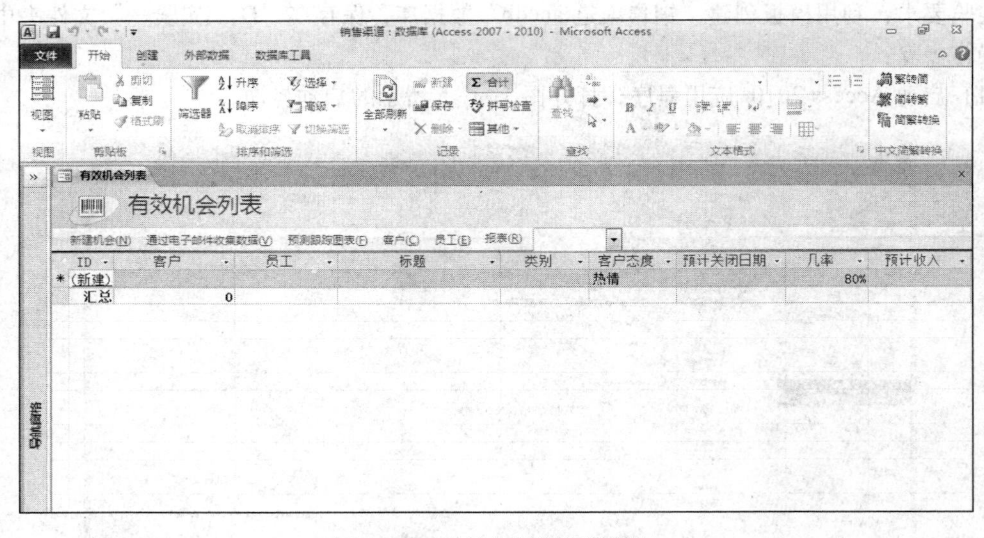

图 1-1-7 “销售渠道”数据库

实验 1.2 数据库的基本操作

1. 打开数据库

实验要求：以独占方式打开实验 1.1 中创建的数据库“图书馆信息管理系统.accdb”。

操作步骤：

(1) 在 Access 窗口中，单击“文件”选项卡中的“打开”按钮，如图 1-1-8 所示。

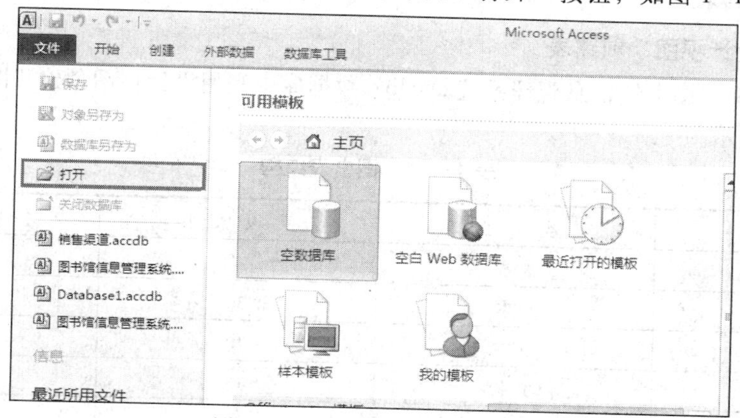

图 1-1-8 单击“打开”按钮

(2) 在“打开”对话框的“查找范围”中选择“D:\实验一”文件夹，在文件列表中选择“图书馆信息管理系统.accdb”，然后单击“打开”下拉按钮，选择“以独占方式打开”，如图 1-1-9 所示。

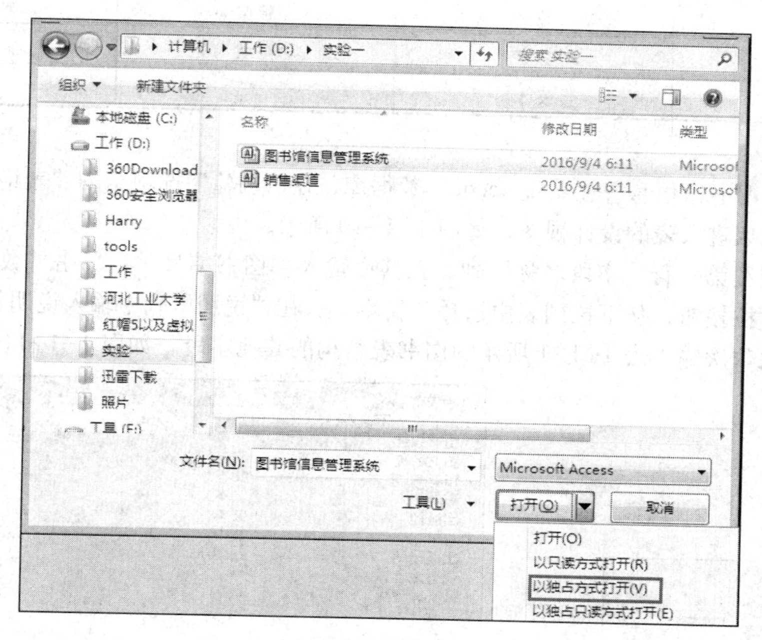

图 1-1-9 以独占方式打开数据库

2. 关闭数据库

实验要求：关闭打开的“图书馆信息管理系统.accdb”数据库。

操作步骤：

单击数据库窗口右上角的“关闭”按钮或者单击“文件”选项卡中的“关闭”按钮。

实验 1.3 创 建 表

1.3.1 创建数据表

1. 使用“设计视图”创建表

实验要求：在“图书馆信息管理系统.accdb”数据库中利用设计视图创建“图书表”，表结构如表 1-1-1 所示。

表 1-1-1 图书表结构

字 段 名	类 型	字 段 大 小	格 式
图书编号	文本	7	主键
图书名称	文本	30	
作者	文本	10	
书号	文本	13	
出版社	文本	30	
价格	货币		小数位数：2
出版日期	日期/时间		长日期
现有库存量	数字	整型	
最小库存量	数字	整型	默认值 1
库存总量	数字	整型	
库存位置	文本	4	

操作步骤：

（1）打开“图书馆信息管理系统.accdb”数据库，在“创建”选项卡的“表格”中单击“表设计”按钮，默认进入表的设计视图，如图 1-1-10 所示。

（2）单击视图第一行“字段名称”列，在其中输入“图书编号”；单击“数据类型”列，并单击其右侧下拉按钮，从下拉列表中选择“文本”；在“说明”列中输入说明信息“主键”，使用同样的方法依次输入表 1-1-1 所示的图书表结构的其他字段，如图 1-1-11 所示。

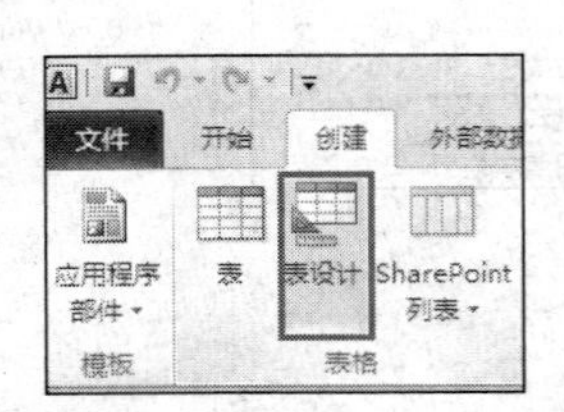

图 1-1-10 单击“表设计”按钮

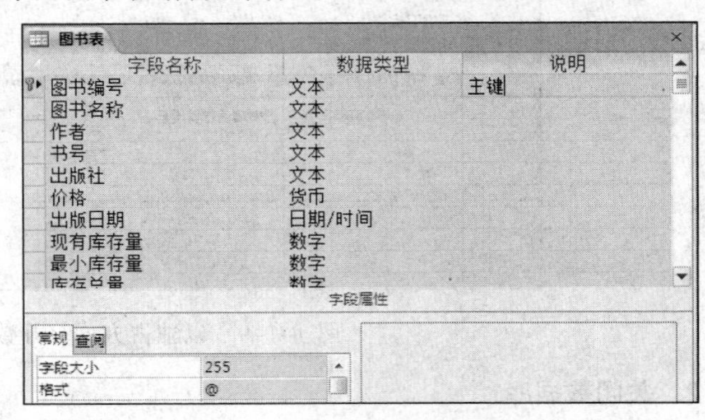

图 1-1-11 设计视图界面

(3) 单击“保存”按钮，以“图书表”为名称保存表。

2. 使用“数据表视图”创建表

实验要求：在“图书馆信息管理系统.accdb”数据库中利用数据表视图创建“管理员表”，管理员表结构如表 1-1-2 所示。

表 1-1-2　管理员表结构

字段名	类型	字段大小	格式
职工编号	文本	4	
姓名	文本	6	
密码	文本	10	
性别	文本	1	
联系方式	文本	11	
照片	附件		
年龄	数字	整型	

操作步骤：

(1) 打开“图书馆信息管理系统.accdb”数据库。

(2) 单击“创建”选项卡“表格”组中的“表”按钮，如图 1-1-12 所示。创建名为“表 1”的新表，并以“数据表视图”的方式打开“表 1”。

(3) 选中 ID 字段，在“表格工具/字段”选项卡的“属性”组中单击“名称和标题”按钮，打开“输入字段属性”对话框，在“名称”文本框中输入“职工编号”，在“说明”文本框中输入“主键”，如图 1-1-13 所示。

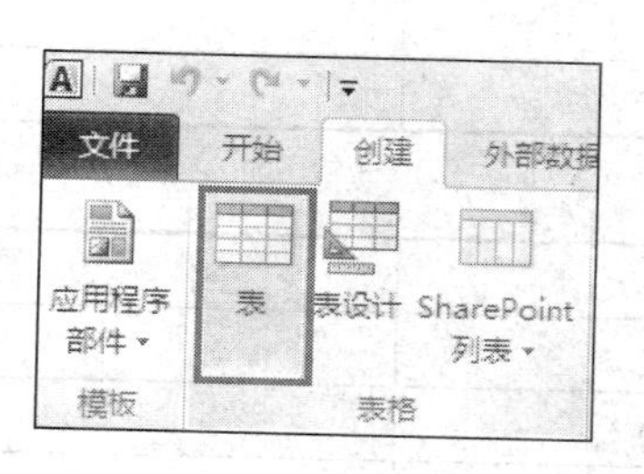

图 1-1-12　单击“表”按钮

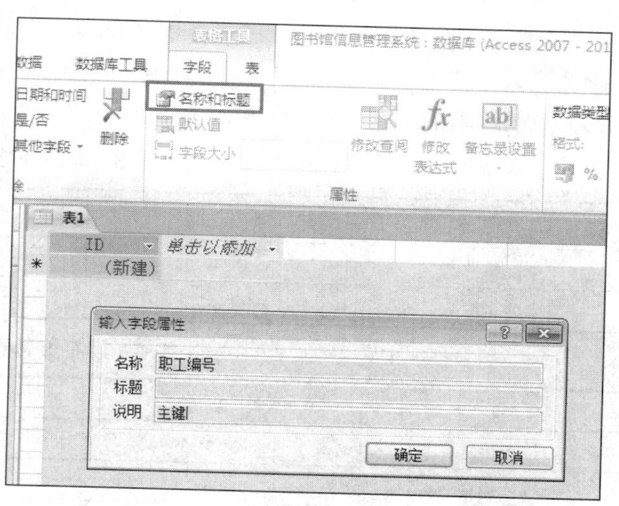

图 1-1-13　“输入字段属性”对话框

(4) 选中“职工编号”字段列，在“表格工具/字段”选项卡的“格式”组中，把“数据类型”设置为“文本”，如图 1-1-14 所示。

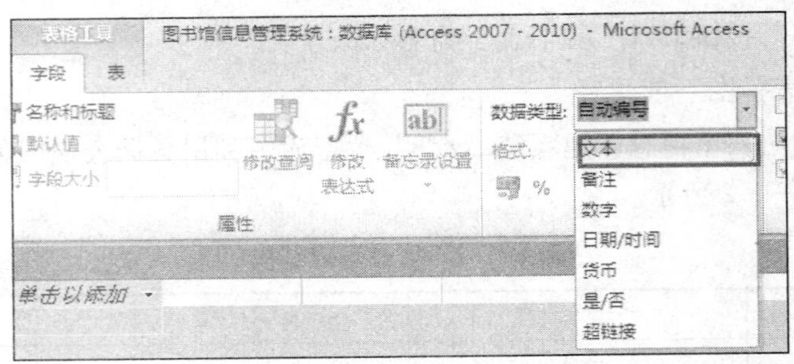

图 1-1-14　数据类型设置

（5）在“添加新字段”下面的单元格中，输入“张丽丽”，这时 Access 自动为新字段命名为“字段 1”，如图 1-1-15 所示。重复步骤（3）的操作，把“字段 1”的名称修改为“姓名”名称。

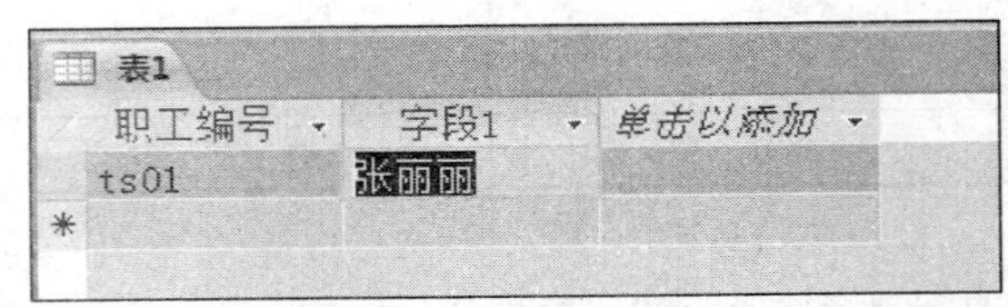

图 1-1-15　添加新字段修改字段名称后的结果

（6）以同样方法，按表 1-1-2 管理员表结构，依次定义表的其他字段，再利用设计视图修改。

（7）单击快速访问工具栏中的“保存”按钮，输入表名“管理员表”，单击“确定”按钮。

3. 通过导入来创建表

实验要求：将“学院表.txt”“读者信息表.xls”“读者类型表.txt”“借阅表.xls”和“归还表.xls”导入到“图书馆信息管理系统.accdb”数据库中。“学院表”“读者信息表”和“读者类型表”表结构图如表 1-1-3～表 1-1-5 所示。

表 1-1-3　学院表结构

字 段 名	类　型	字 段 大 小	格　式
学院编号	文本	2	
学院名称	文本	20	

表 1-1-4　读者信息表结构

字 段 名	类　型	字 段 大 小	格　式
读者编号	文本	5	
学院编号	文本	2	
类型编号	文本	4	
姓名	文本	4	
性别	文本	1	默认值：男
有效期限	日期/时间	长日期	
欠款	货币	货币	小数位数：2
电子邮箱	文本	30	

续表

字　段　名	类　　型	字 段 大 小	格　　式
联系方式	文本	11	
备注	文本	255	

表 1-1-5　读者类型表结构

字　段　名	类　　型	字 段 大 小	格　　式
类型编号	文本	4	
类型名称	文本	3	
可借图书数	数字	整型	
可借天数	数字	整型	

操作步骤：

（1）打开“图书馆信息管理系统.accdb”数据库，在“外部数据”选项卡的“导入并链接”组中单击“文本文件”按钮，如图 1-1-16 所示。

图 1-1-16　单击“文本文件”按钮

（2）在打开“获取外部数据-文本文件”对话框中，单击“浏览”按钮，在打开的“打开”对话框中，进入“D：\实验一”的文件夹，选中导入数据源文件“学院表.txt”，单击“打开”按钮，返回“获取外部数据-文本文件”对话框中，单击“确定”按钮，如图 1-1-17 所示。

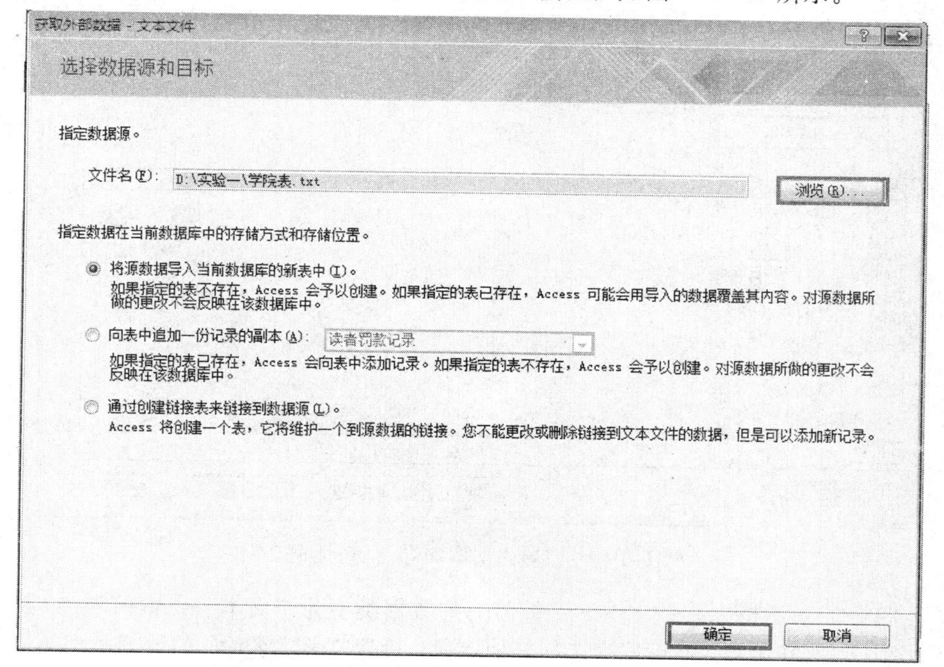

图 1-1-17　“获取外部数据-文本文件”对话框

（3）在打开的“导入文本向导”对话框中，选择“带分隔符-用逗号或制表符之类的符号分隔每个字段”，然后单击“下一步”按钮，如图 1-1-18 所示。

(4) 在“导入文本向导”对话框中选择字段分隔符“逗号”，选中“第一行包含字段名称”复选框，然后单击“下一步”按钮，如图 1-1-19 所示。

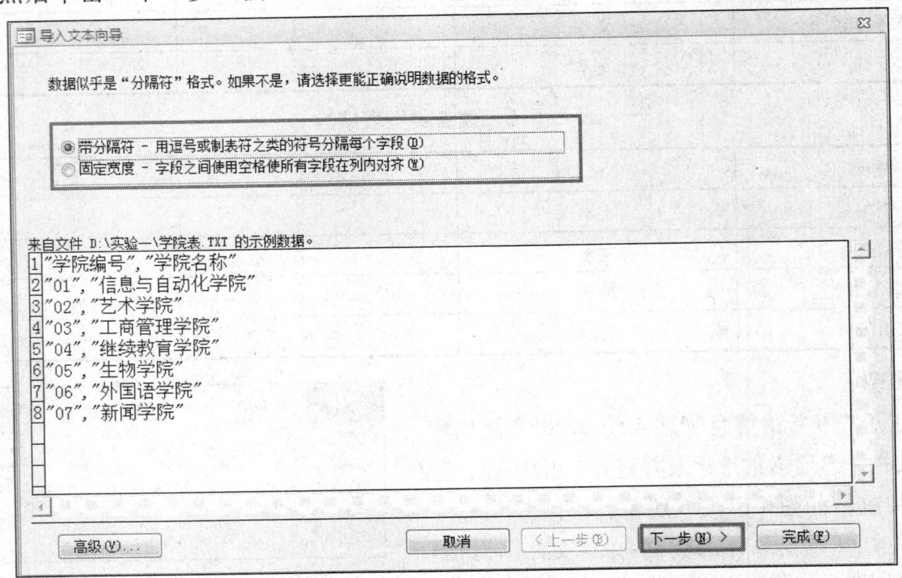

图 1-1-18 “导入文本向导” 对话框 1

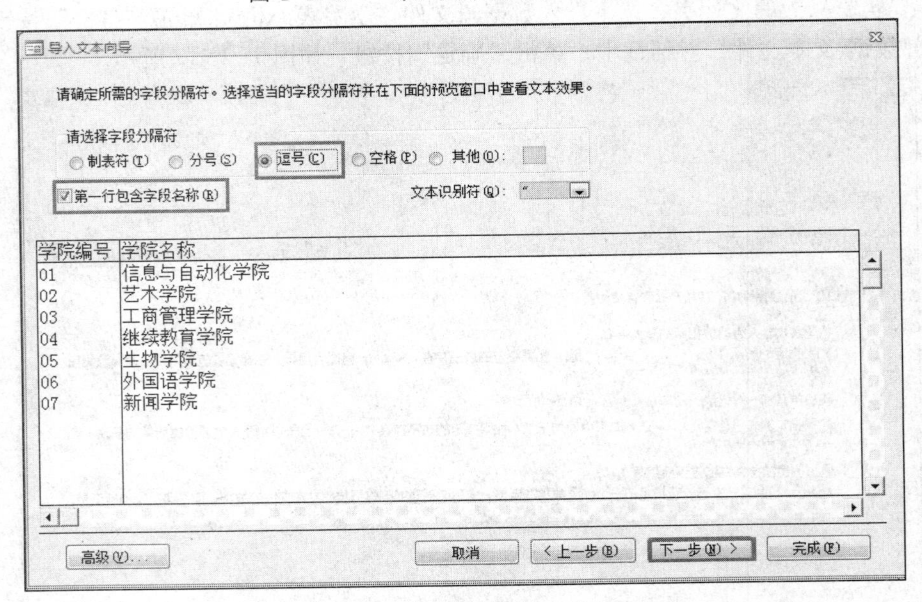

图 1-1-19 “导入文本向导” 对话框 2

(5) 在打开的对话框中，指定“学院编号”的数据类型为“文本”，索引项为“有（无重复）”，如图 1-1-20 所示。然后依次选择其他字段，设置“学院名称”的数据类型为“文本”，单击“下一步”按钮。

(6) 在打开的对话框中，选中“我自己选择主键”，Access 自动选定“学院编号”，然后单击“下一步”按钮，如图 1-1-21 所示。

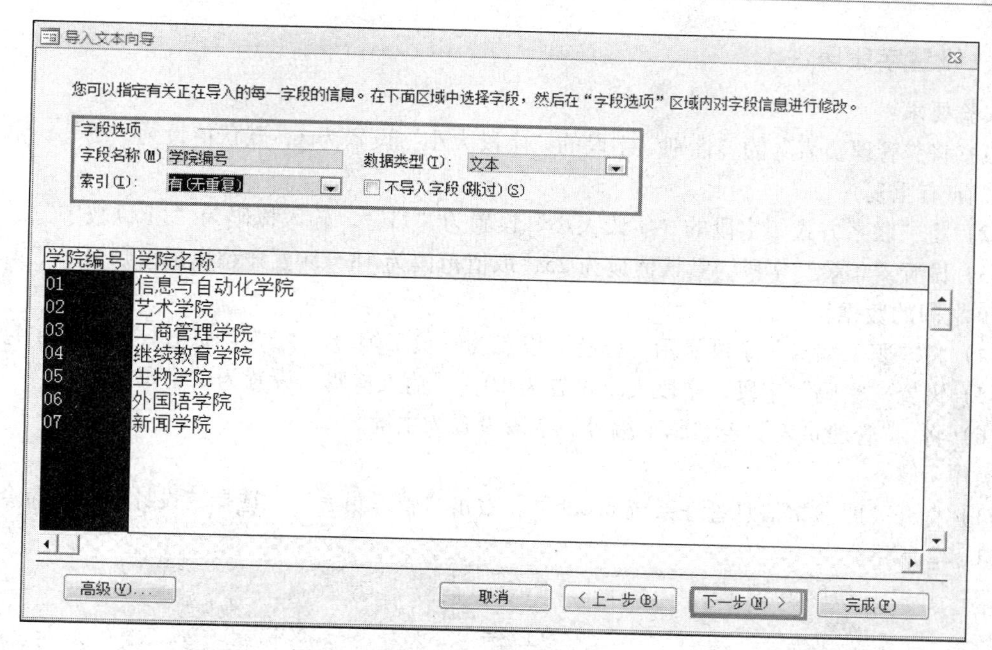

图 1-1-20　“导入文本向导”对话框 3

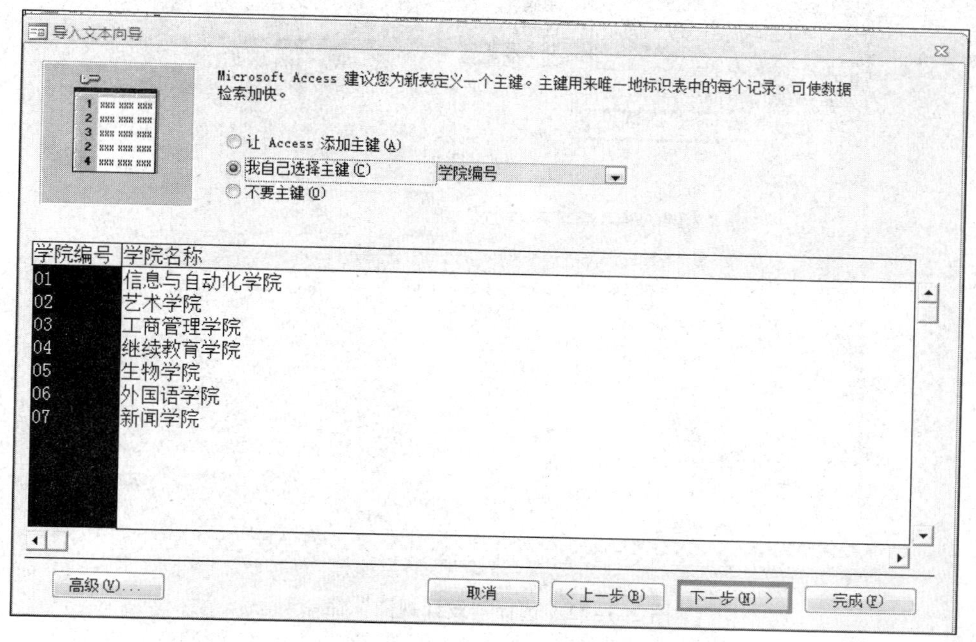

图 1-1-21　“导入文本向导”对话框 4

（7）在打开的对话框中，在“导入到表”文本框中输入“学院表”，单击“完成”按钮。

（8）用同样的方法，将“借阅表.xls”“读者信息表.xls”“读者类型表.txt”和“归还表.xls”导入到“图书馆信息管理系统.accdb”数据库中。

1.3.2 设置字段属性

实验要求：

（1）将“管理员表”的“性别”字段的“字段大小”设置为1，默认值设为“男”，索引设置为“有(有重复)”。

（2）将“联系方式”字段的“字段大小”设置为“11”，输入掩码为“11位数字”。

（3）设置“年龄”字段，默认值设为25，取值范围为18～50，如超出范围则提示“请输入18～50之间的数据！”。

（4）将“职工编号”字段显示“标题”设置为“员工编号”，“字段大小”设置为4。

（5）设置“密码”字段，字段大小设置为10，“输入掩码”设置为“密码”。

（6）将“管理员表”表“职工编号”字段设置为主键。

操作步骤：

（1）打开“图书馆信息管理系统.accdb”，右击“管理员表”，选择“设计视图”命令，如图1-1-22所示。

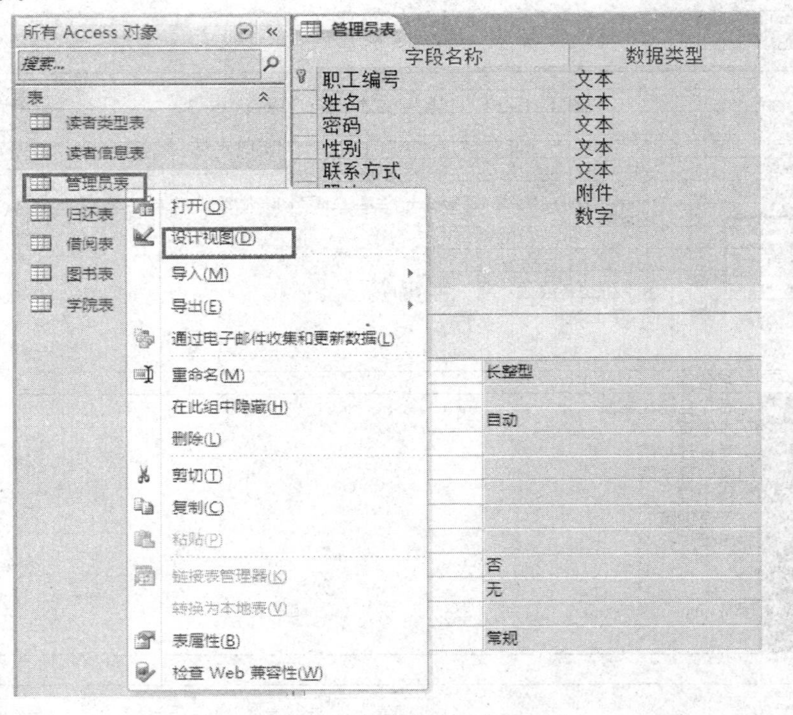

图 1-1-22 选择“设计视图”命令

（2）选中“性别”字段行，在“字段大小”文本框中输入1，在“默认值”属性框中输入“男”，在“索引”属性下拉列表中选择“有(有重复)”，如图1-1-23所示。

（3）选中“联系方式”字段行，在“字段大小”文本框中输入11，在“输入掩码”属性框中输入“00000000000”。

（4）选中“年龄”字段行，在“默认值”属性框中输入25，在“有效性规则”属性的右侧单击“生成器”按钮，打开“表达式生成器”对话框，在表达式生成器中输入“>=18 and <=50”；在“有效性文本”属性框中输入文字“请输入18～50之间的数据！”，如图1-1-24和图1-1-25所示。

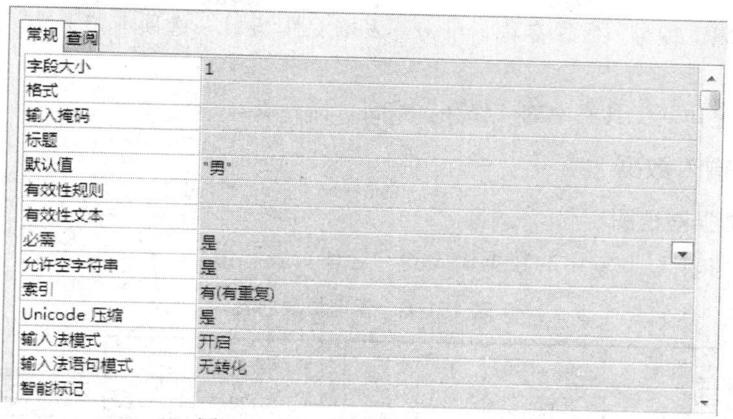

图 1-1-23　性别字段属性设置

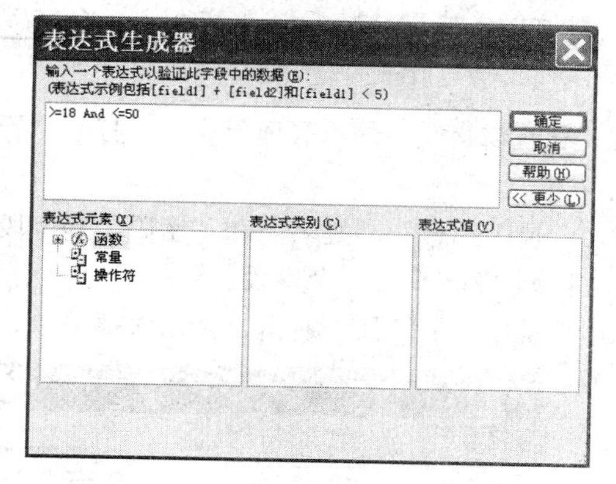

图 1-1-24　“表达式生成器”对话框

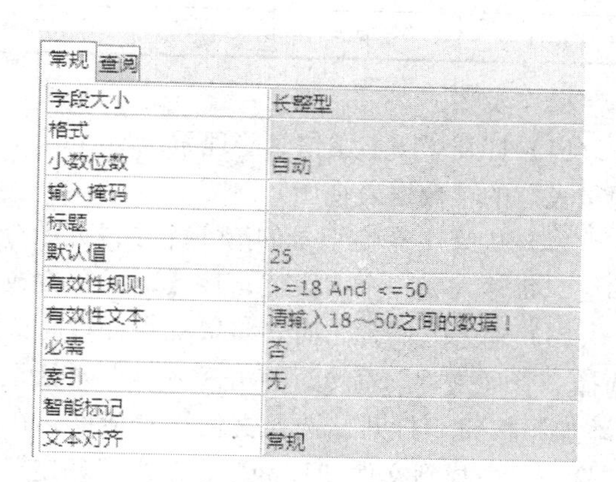

图 1-1-25　年龄字段属性设置

（5）选中“职工编号”字段名称，在“标题”属性框中输入“员工编号”，在“字段大小”属性框中输入 4。

（6）选中“密码”字段名称，在“字段大小”属性框中输入 10，单击“输入掩码”右侧的“生成器”按钮，打开“输入掩码向导”对话框，选择“密码”，单击“完成”按钮，如图 1-1-26 所示。

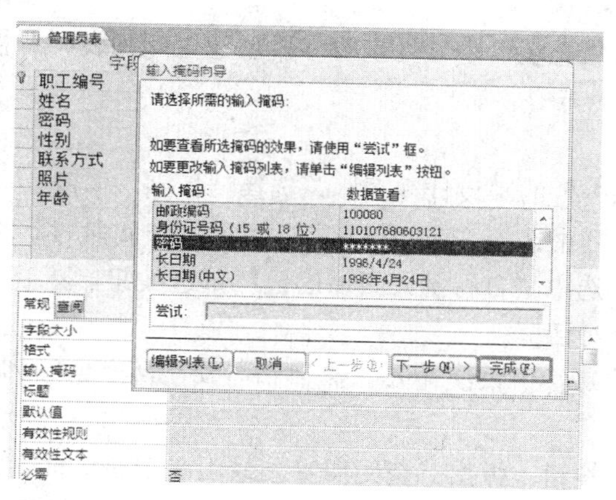

图 1-1-26　“输入掩码向导”对话框

（7）选择“职工编号”字段名称，单击“表格工具/设计”选项卡“工具”组中的“主键”按钮。

（8）单击快速访问工具栏中的“保存”按钮，保存表。

1.3.3 向表中输入数据

1. 使用“数据表视图”

实验要求：将表 1-1-6 中的数据输入到“管理员表”中。

表 1-1-6 管理员表内容

员工编号	姓名	密码	性别	联系方式	照片	年龄
ts01	张丽丽	123	女	13122451234	1.pig	35
ts02	王文杰	123	男	13122451235	2.pig	45
ts03	李淑华	123	女	13122451236	3.pig	44

操作步骤：

（1）打开“图书馆信息管理系统.accdb”，双击“导航窗格”中的“管理员表”，打开“管理员表”的“数据表视图”。

（2）从第 1 个空记录的第 1 个字段开始分别输入“员工编号”“姓名”和“密码”等字段的值，每输入完一个字段值，按【Enter】键或者按【Tab】键转至下一个字段。

（3）输入“照片”时，将鼠标指针指向该记录的“照片”字段列，右击，弹出快捷菜单，选择“管理附件”命令，打开“附件”对话框，单击“添加”按钮，打开“选择文件”对话框，在“D:\实验一”中找到文件“1.jpg”，单击“确定”按钮，如图 1-1-27 所示。

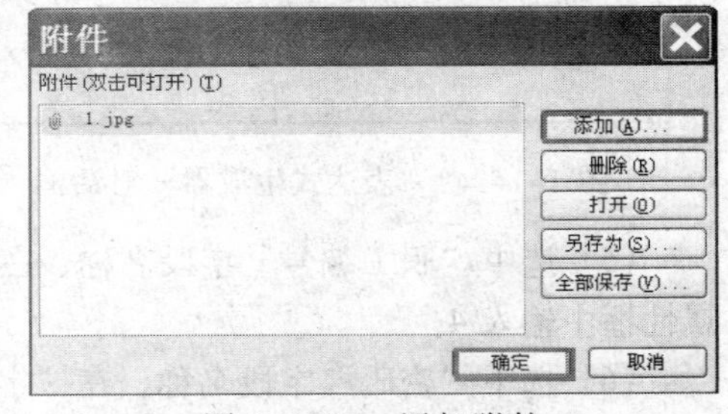

图 1-1-27 添加附件

（4）输入完一条记录后，按【Enter】键或者按【Tab】键转至下一条记录，继续输入下一条记录。

（5）输入完全部记录后，单击快速访问工具栏中的“保存”按钮，保存表中的数据。

2. 创建查阅列表字段

实验要求：为“读者信息表”中“性别”字段创建查阅列表，“性别”列表中显示“男”和“女”两个值。

操作步骤：

（1）打开“读者信息表”的“设计视图”，选择“性别”字段。

（2）在“数据类型”列中选择“查阅向导”，打开“查阅向导”的第 1 个对话框。

（3）在该对话框中，选中“自行键入所需的值”单选按钮，然后单击“下一步”按钮，打开“查阅向导”的第 2 个对话框。

（4）在“第 1 列”的每行中依次输入“男”和“女”两个值，列表设置结果如图 1-1-28 所示。

（5）单击“下一步”按钮，弹出“查阅向导”最后一个对话框。在该对话框的“请为查阅列表指定标签”文本框中输入名称，本例使用默认值。单击“完成”按钮。

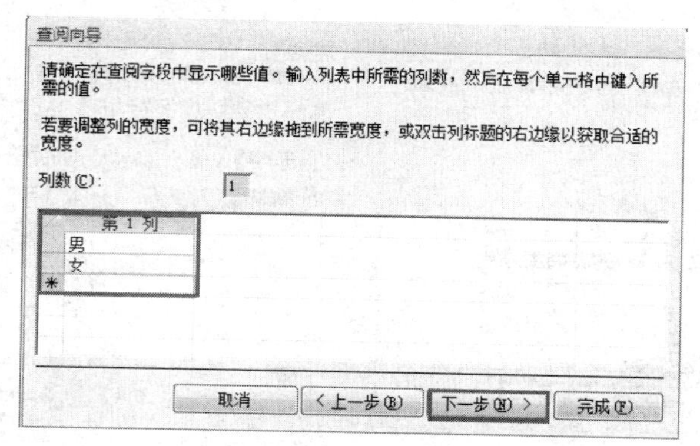

图 1-1-28 列表设置

3. 创建查阅列表字段

实验要求：为“读者信息表”中“学院编号”和“类型编号”字段创建查阅列表，即“学院编号”字段组合框的下拉列表中仅出现“学院表”中已有的学院，“类型编号”字段组合框的下拉列表中仅出现“读者类型表”中已有的读者类型。

操作步骤：

(1) 打开“读者信息表”的“设计视图”，选择“学院编号”字段。在“数据类型”列的下拉列表中选择“查阅字段向导”，打开“查阅向导”对话框，选中“使用查阅字段获取其他表或查询中的值”单选按钮，如图 1-1-29 所示。

(2) 单击“下一步”按钮，在打开的对话框中，选择“表：学院表”，视图框架中选“表”单选按钮，如图 1-1-30 所示。

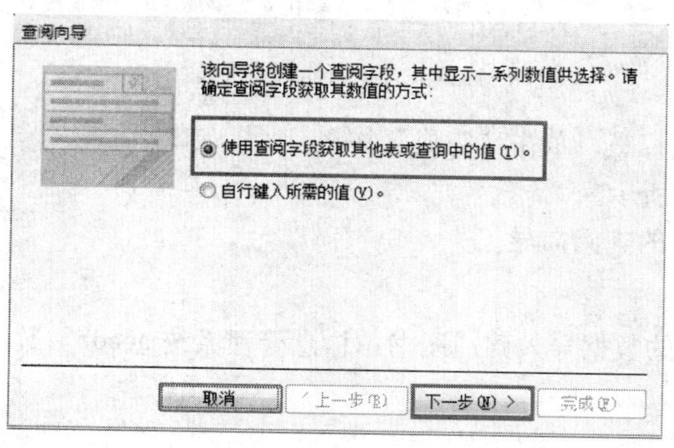

图 1-1-29 “查询向导”对话框 1

图 1-1-30 “查询向导”对话框 2

(3) 单击“下一步”按钮，双击可用字段列表中的“学院编号”“学院名称”，将其添加到选定字段列表框中，如图 1-1-31 所示。

(4) 单击“下一步”按钮，在打开的对话框中，确定列表使用的排序次序，如图 1-1-32 所示。

(5) 单击“下一步”按钮，在打开的对话框中，取消选中“隐藏键列”复选框，如图 1-1-33 所示。

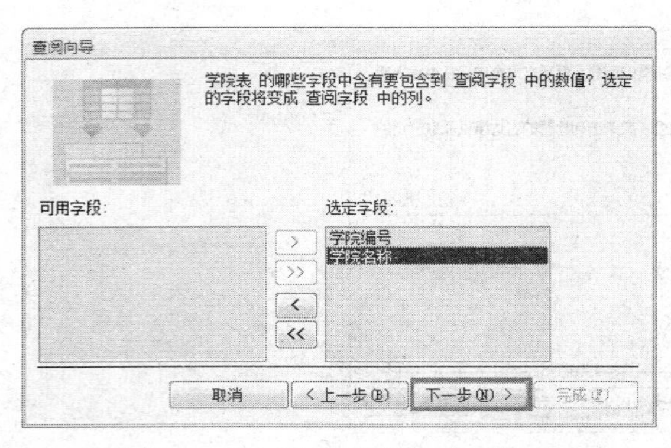

图 1-1-31 “查询向导”对话框 3

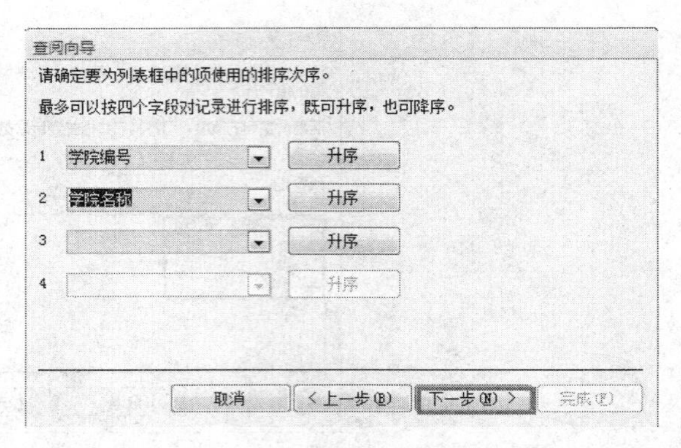

图 1-1-32 “查询向导”对话框 4

(6) 单击“下一步”按钮，“可用字段”中选择“学院编号”作为唯一标识行的字段，如图 1-1-34 所示。

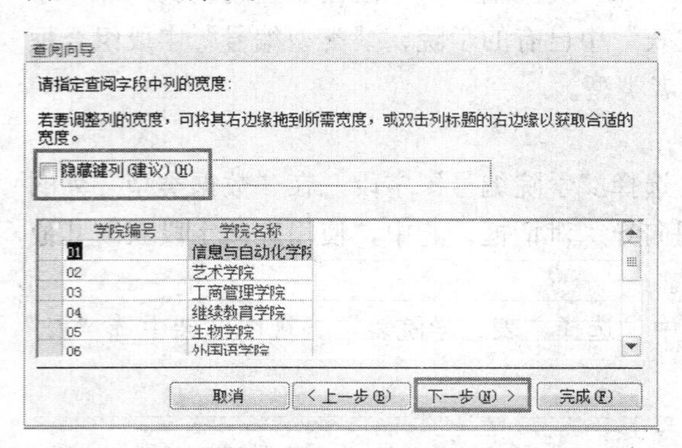

图 1-1-33 “查询向导”对话框 5

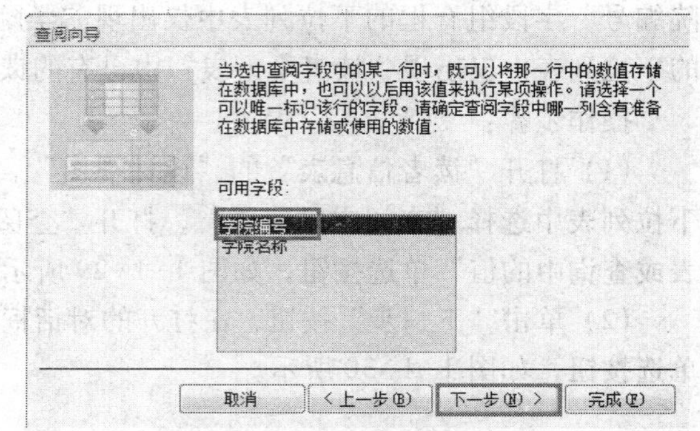

图 1-1-34 “查询向导”对话框 6

(7) 单击“下一步”按钮，为查阅字段指定标签，单击“完成”按钮。

(8) 切换到数据表视图，结果如图 1-1-35 所示。

(9) 以相同的方式，设置“类型编号”字段的查阅向导。

4. 获取外部数据

实验要求：将 Excel 文件“图书表.xls”中的数据导入到“图书馆信息管理系统.accdb”数据库中的“图书表”中。

操作步骤：

(1) 打开“图书馆信息管理系统.accdb”，单击“外部数据“选项卡的“导入并链接”组中的“Excel”按钮，如图 1-1-36 所示，打开“获取外部数据-Excel 电子表格”对话框。

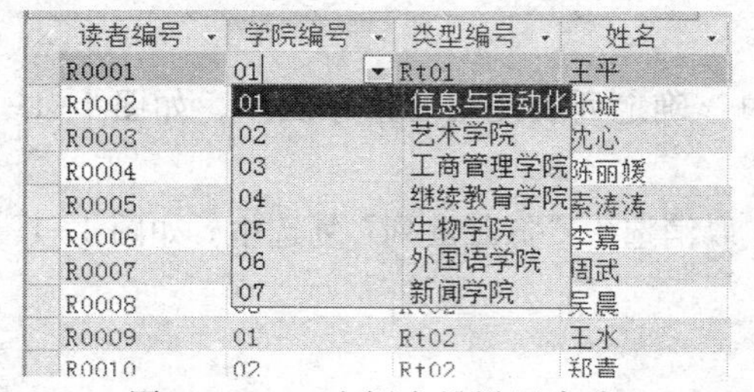

图 1-1-35 查阅向导设置完成

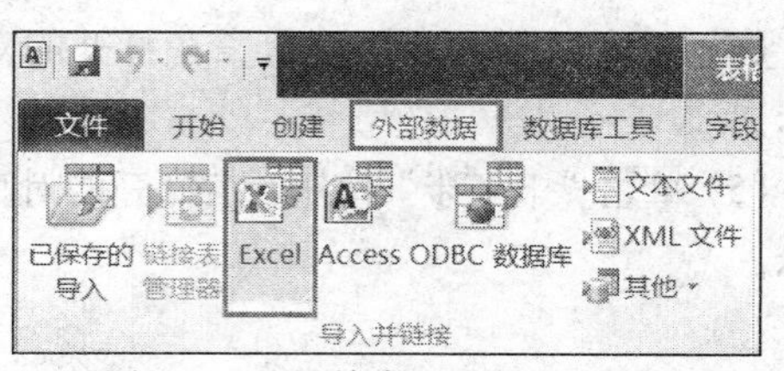

图 1-1-36 单击“Excel”按钮

（2）单击“浏览”按钮，选择需要的文件“D:\实验一\图书表.xls”，如图 1-1-37 所示。

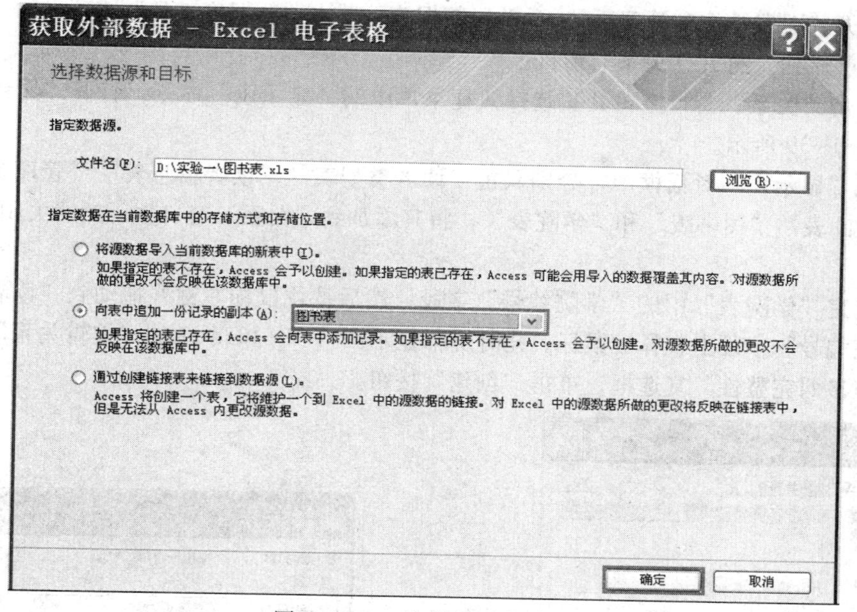

图 1-1-37　选择需要的文件

（3）单击“确定”按钮，打开“导入数据表向导”对话框，如图 1-1-38 所示。

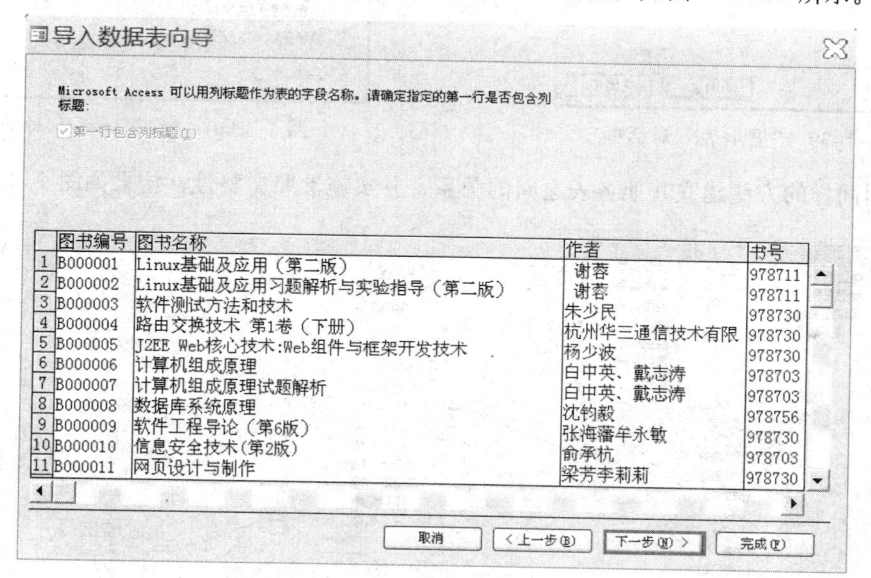

图 1-1-38　“导入数据表向导”对话框

（4）单击“下一步”按钮，返回“获取外部数据-Excel 电子表格”对话框，单击“完成”按钮，完成向“图书表”中导入数据。

1.3.4　创建表之间的关联

实验要求：创建“图书馆信息管理系统.accdb”数据库中表之间的关联，并实施参照完整性。

操作步骤：

(1) 打开“图书馆信息管理系统.accdb”数据库，单击“数据库工具”选项卡的“关系”组中的“关系”按钮，打开“关系”窗口。

(2) 右击“关系”窗口空白处，选择快捷菜单中的“显示表”命令，打开“显示表”对话框，如图 1–1–39 所示。

(3) 在“显示表”对话框中，分别双击“读者类型表”“读者信息表”“管理员表”“归还表”“借阅表”“图书表”和“学院表”，将其添加到“关系”窗口中，然后关闭“显示表”窗口。

(4) 选定“学院表”中的“学院编号”字段，然后按住鼠标左键并拖动到“读者信息表”中的“学院编号”字段上，释放鼠标。此时屏幕显示图 1–1–40 所示的“编辑关系”对话框，选中“实施参照完整性”复选框，单击“创建”按钮。

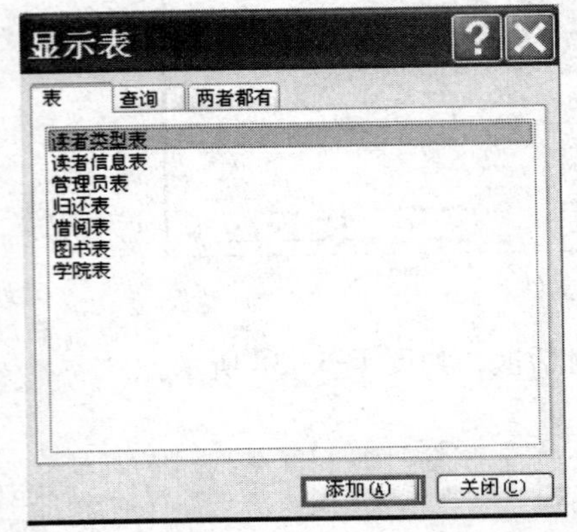

图 1–1–39 “显示表”对话框

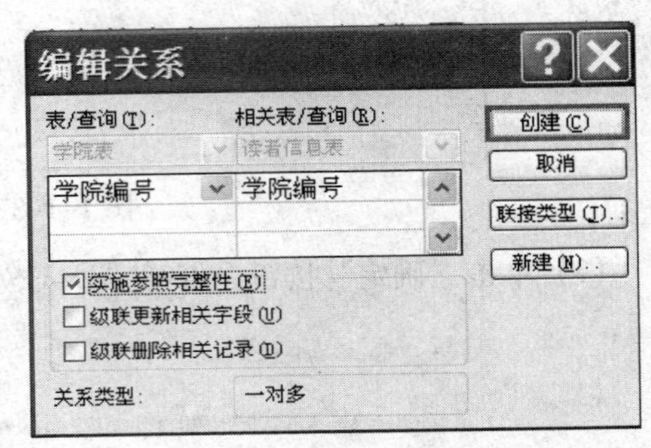

图 1–1–40 “编辑关系”对话框

(5) 用同样的方法建立其他各表之间的关系，并实施参照完整性，结果如图 1–1–41 所示。

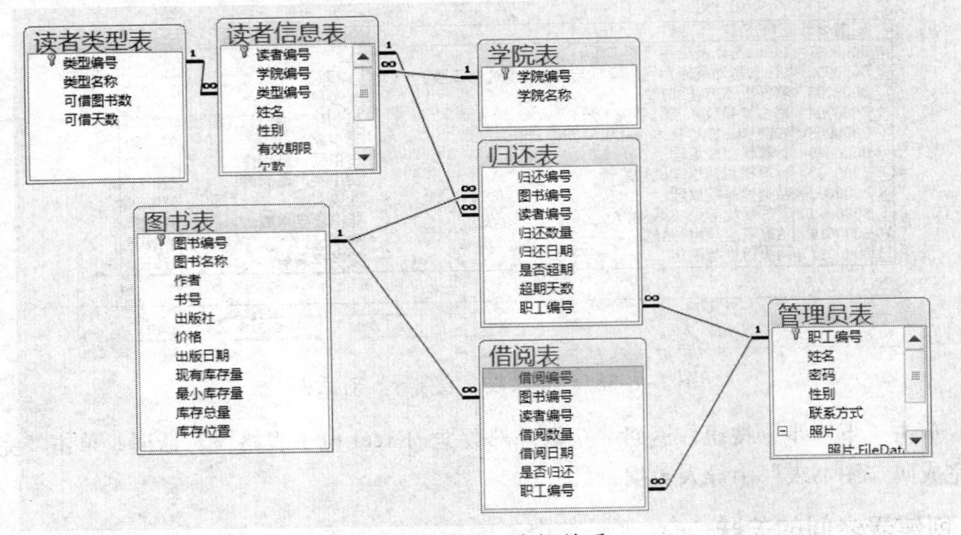

图 1–1–41 表间关系

(6) 单击“保存”按钮，保存表之间的关系，单击“关闭”按钮，关闭“关系”窗口。

实验1.4　维　护　表

实验要求：

（1）将“图书表”备份，备份表名称为“图书表1”。

（2）将“图书表1”中的“出版社”字段和“书号”字段显示位置互换。

（3）将“图书表1”中的“库存位置”字段列隐藏起来。

（4）在“图书表1”中冻结“图书名称”列。

（5）在“图书表1”中设置“作者”列的显示宽度为15。

（6）设置“图书表1”数据表格式，字体设置为黑体、字体大小16、加粗和红色。

操作步骤：

（1）打开“图书管信息管理系统.accdb”数据库，在“导航窗格”中选中“图书表”，单击“文件”选项卡中的“对象另存为”按钮，打开“另存为”对话框，将表“图书表”另存为“图书表1”，如图1-1-42所示。

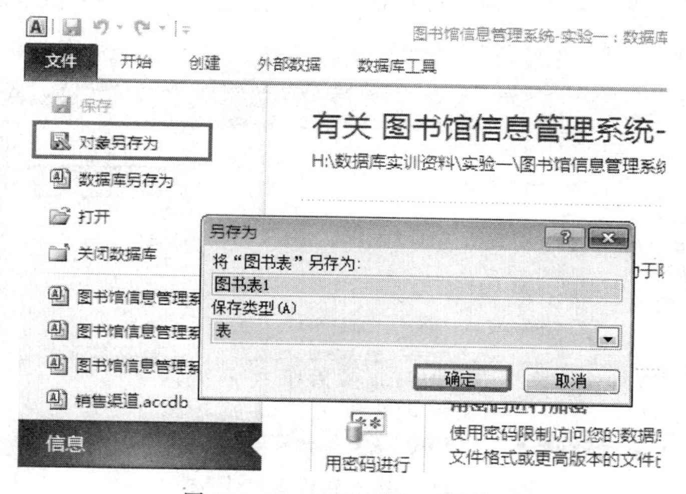

图1-1-42　“另存为”对话框

（2）双击“导航窗格”中的“图书表1”表，选中“出版社”字段列，按住鼠标左键并拖动到“书号”字段前，释放鼠标。

（3）右击“库存位置”列，弹出快捷菜单，选择“隐藏字段”命令。

（4）右击“图书名称”列，弹出快捷菜单，选择“冻结字段”命令。

（5）右击“作者”列，弹出快捷菜单，选择“字段宽度”命令，将列宽设置为15，单击“确定”按钮。

（6）选中“图书表1”整张表，在“开始”选项卡的“文本格式”组中，设置字体为黑体，字体大小为16，加粗和红色，如图1-1-43所示。

图1-1-43　数据表格式设置

（7）设置完成之后，单击快速访问工具栏中的“保存”按钮。

实验 1.5　操作数据表

1.5.1　查找、替换和排序记录

实验要求：

（1）查找“图书表 1”中“图书名称”为“数据挖掘概念与技术”的图书。

（2）将“图书表 1”中“出版社”字段值中的“中国铁道”全部改为“中国铁道出版社”。

（3）在“图书表 1”中，按“现有库存量”字段升序排序。

（4）在“图书表 1”中，先按“价格”升序排序，再按“书号”降序排序。

操作步骤：

（1）双击“导航窗格”中的“图书表 1”，打开“图书表 1”，单击 “开始”选项卡的“查找”组中的“查找”按钮，打开“查找和替换”对话框，按图 1-1-44 所示设置各个选项，单击“查找下一个”按钮，则会找到相应记录。

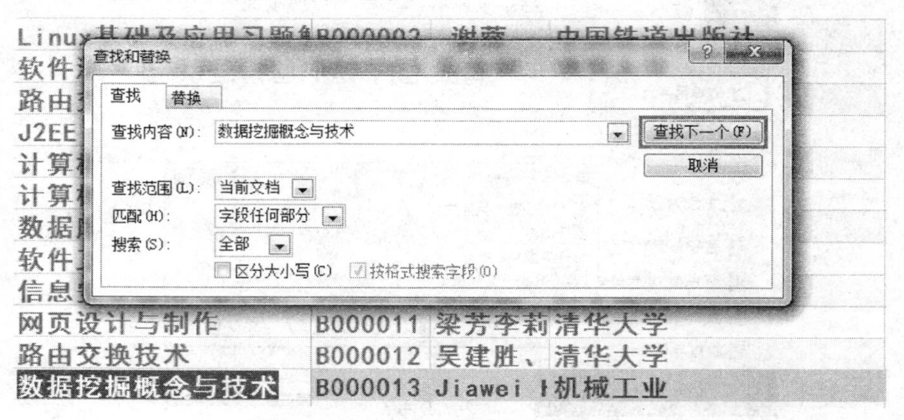

图 1-1-44 “查找和替换”对话框 1

（2）将光标定位到“出版社”字段任意一单元格中，单击“开始”选项卡的“查找”组中的“替换”按钮，打开“查找和替换”对话框，按图 1-1-45 所示设置各个选项，单击“全部替换”按钮。

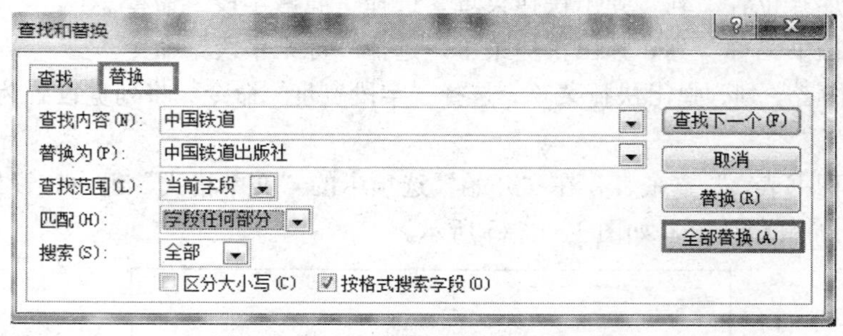

图 1-1-45 “替换和替换”对话框 2

（3）选中“现有库存量”字段，单击“开始”选项卡的“排序和筛选”组中的“升序”按钮，完成按“现有库存量”字段升序排序。

（4）单击“开始”选项卡的“排序和筛选”组的“高级”下拉列表中“高级筛选/排序”按钮，如图 1-1-46 所示；打开筛选窗口，在设计网格中“字段”行第 1 列选择“价格”字段，排序方式选“升序”，第 2 列选择“书号”字段，排序方式选“降序”，结果如图 1-1-47 所示；单击“开始”选项卡的“排序和筛选”组中的“切换筛选”按钮，观察排序结果。

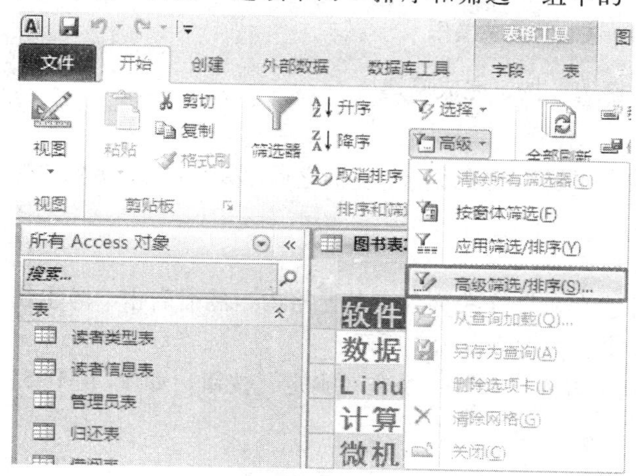

图 1-1-46　单击“高级筛选/排序”按钮

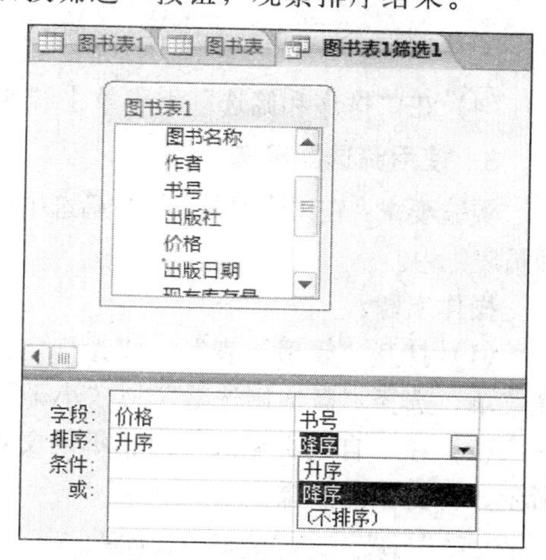

图 1-1-47　筛选窗口

1.5.2　筛选记录

1．按选定内容筛选记录

实验要求：在“图书表 1”中筛选出“出版社”是“清华大学”的记录。

操作步骤：

（1）打开“图书表 1”，选定“出版社”字段中为“清华大学”的任一单元格中“清华大学”四个字。

（2）单击“开始”选项卡的“排序和筛选”组中的“筛选器”按钮，在打开的“文本筛选器”对话框中选中“清华大学”，单击“确定”按钮完成筛选，如图 1-1-48 所示。

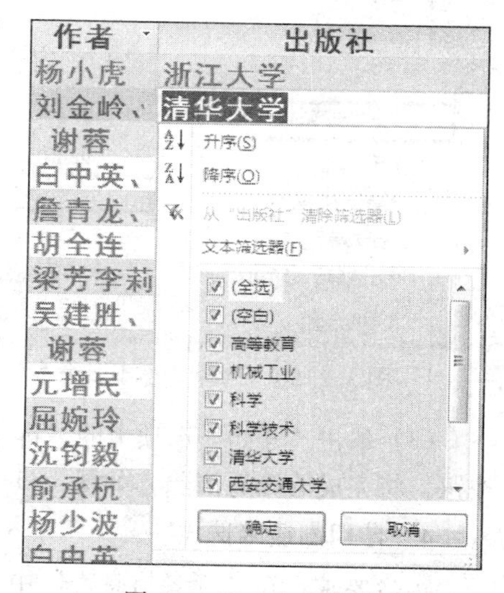

图 1-1-48　文本筛选

2．按窗体筛选

实验要求：将“读者信息表”中所在“学院编号”为“01”的男教师筛选出来。

操作步骤：

（1）双击“导航窗格”中的“读者信息表”，单击“开始”选项卡的“排序和筛选”组的“高级”下拉列表中的“按窗体筛选”按钮。

（2）这时数据表视图转变为一个记录，单击第一列的单元格，按【Tab】键，将光标移到“学院编号”字段列中。

（3）单击“学院编号”字段的下拉按钮，在打开的列表中选择“01”；然后把光标移到“性别”字段中，打开下拉列表，选择“男”，如图 1-1-49 所示。

读者信息表: 按窗体筛选

读者编号	学院编号	类型编号	姓名	性别	有效期限
	"01"			"男"	

图 1-1-49　按窗体筛选操作

（4）在“排序和筛选”组中单击“切换筛选”按钮完成筛选。

3．使用筛选器筛选

实验要求：在“管理员表”中筛选出年龄小于等于 40 的记录，完成之后，清除筛选，返回“管理员表”中。

操作步骤：

（1）打开“管理员表”，将光标定位于“年龄”字段列任一单元格内，然后右击，弹出快捷菜单，选择“数字筛选器”→“小于”命令，如图 1-1-50 所示。

（2）在“自定义筛选”对话框的文本框中输入“40”，单击“确定”按钮，如图 1-1-51 所示，得到筛选结果。

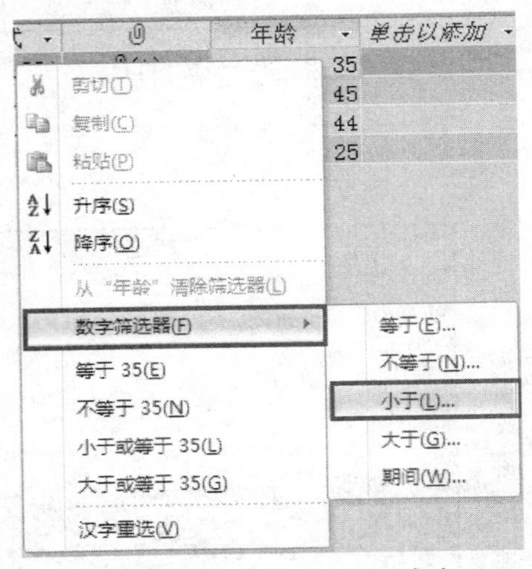

图 1-1-50　选择“小于”命令

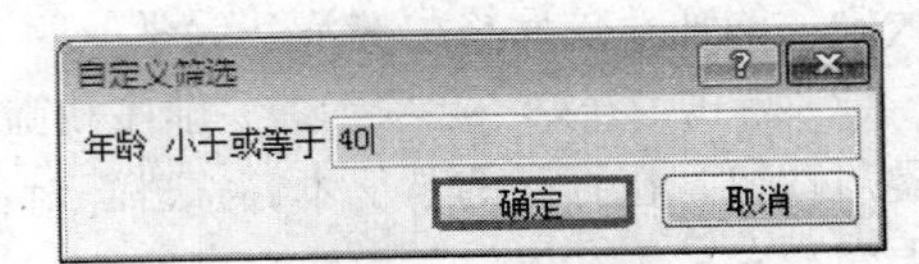

图 1-1-51　“自定义筛选”对话框

（3）单击“开始”选项卡的“排序和筛选”组的“高级”下拉列表中的“清除所有筛选器”按钮，将完成的筛选清除，如图 1-1-52 所示。

4．使用高级筛选

实验要求：在“读者信息表”中，筛选出“学院编号”为“03”或者“性别”为“女”的读者信息记录。

操作步骤：

（1）双击“导航窗口”中的“读者信息表”，打开该表。

（2）单击“开始”选项卡的“排序和筛选”组的“高级”下拉列表中的“高级筛选/排序”按钮，打开一个设计窗口，其窗口分为两个窗格，上部窗格显示“读者信息表”，下部是设置筛选条件的窗格。

（3）双击“读者信息表”中的“学院编号”字段，将其添加到下部窗格中，设置其“条件”行为“03”；双击“读者信息表”中的“性别”字段，将其添加到下部窗格中，设置其“或”行为“女”，如图 1-1-53 所示。

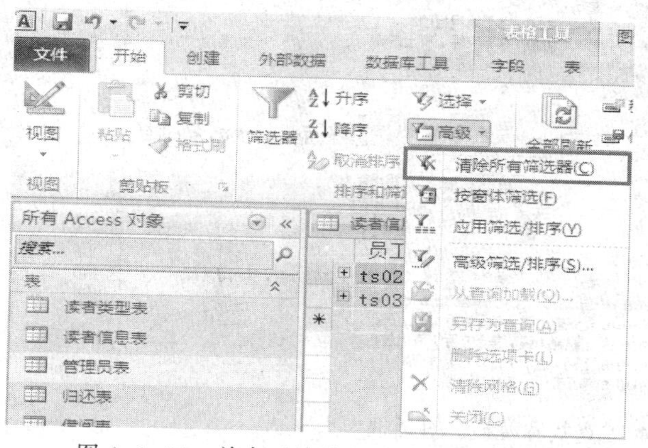

图 1-1-52　单击“清除所有筛选器”按钮

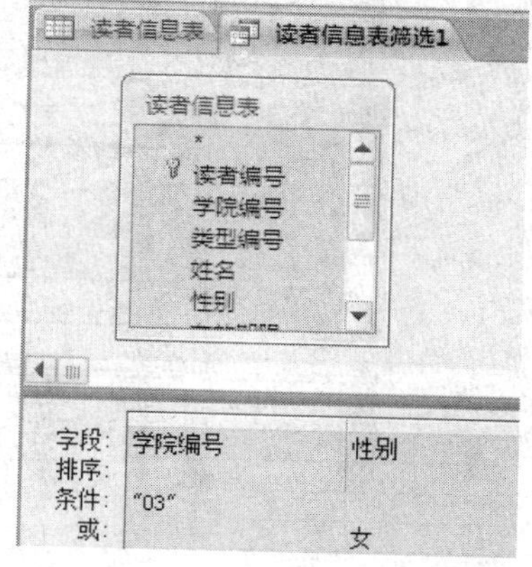

图 1-1-53　筛选视图

（4）单击“排序和筛选”组中的“切换筛选”按钮，显示筛选的结果。

二级真题练习及解析

一、选择题

1．假设学生表已有年级、专业、学号、姓名、性别和生日六个属性，其中可作为主关键字的是（　　）。

A．姓名　　B．学号　　C．专业　　D．年级

2．下列关于索引的叙述中，错误的是（　　）。

A．可以为所有的数据类型建立索引

B．可以提高对表中记录的查询速度

C．可以加快对表中记录的排序速度

D．可以基于单个字段或多个字段建立索引

3．在关系数据库中，能够唯一地标识一个记录的属性或属性组合，称为（　　）。

A．关键字　　B．属性　　C．关系　　D．域

4．可以插入图片的字段类型是（　　）。

A．文本　　B．备注　　C．OLE 对象　　D．超链接

5．输入掩码字符“C”的含义是（　　）。

A．必须输入字母或数字

B．可以选择输入字母或数字

C．必须输入一个任意的字符或一个空格

D．可以选择输入任意的字符或一个空格

6．在数据表中，对指定字段查找匹配项，按图 1-1-54 所示的“查找和替换”对话框中的设置，查找的结果是（　　）。

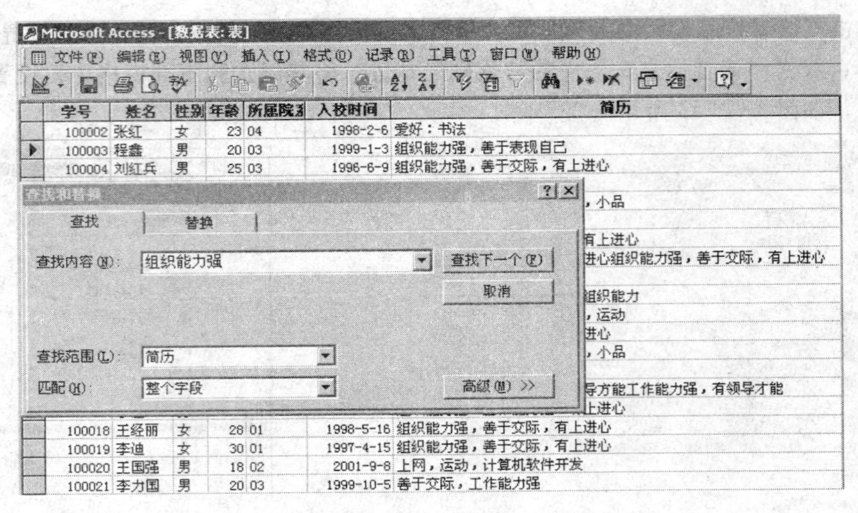

图 1-1-54 “查找和替换”对话框

A．定位简历字段中包含了字符串“组织能力强”的记录

B．定位简历字段仅为“组织能力强”的记录

C．显示符合查询内容的第一条记录

D．显示符合查询内容的所有记录

7．“教学管理”数据库中有学生表、课程表和选课表，为了有效地反映这三张表中数据之间的联系，在创建数据库时应设置（　　）。

A．默认值　　B．有效性规则　　C．索引　　D．表之间的关系

8．Access 数据库中，表的组成是（　　）。

A．字段和记录　　B．查询和字段　　C．记录和窗体　　D．报表和字段

9．若设置字段的输入掩码为“####-######”，该字段正确的输入数据是（　　）。

A．0755-123456　　B．0755-abcdef　　C．abcd-123456　　D．####-######

10．对数据表进行筛选操作，结果是（　　）。

A．只显示满足条件的记录，将不满足条件的记录从表中删除

B．显示满足条件的记录，并将这些记录保存在一个新表中

C．只显示满足条件的记录，不满足条件的记录被隐藏

D．将满足条件的记录和不满足条件的记录分为两个表进行显示

11．数据库中有 A、B 两表，均有相同字段 C，在两表中 C 字段都设为主键。当通过 C 字段建立两表关系时，则该关系为（　　）。

A．一对一　　B．一对多　　C．多对多　　D．不能建立关系

12．如果在创建表时建立字段“性别”，并要求用汉字表示，其数据类型应当是（　　）。

A．是/否　　B．数字　　C．文本　　D．备注

13．在 Access 数据库对象中，体现数据库设计目的的对象是（　　）。

A．报表　　B．模块　　C．查询　　D．表

14．下列关于空值的叙述中，正确的是（　　）。

A．空值是双引号中间没有空格的值　　B．空值是等于 0 的数值

C．空值是使用 Null 或空白来表示字段的值　　D．空值是用空格表示的值

15．在定义表中字段属性时，对要求输入相对固定格式的数据，如电话号码 010-65971234，应该定义该字段的（　　）。

A．格式　　B．默认值　　C．输入掩码　　D．有效性规则

16．在书写查询准则时，日期型数据应该使用适当的分隔符括起来，正确的分隔符是（　　）。

A．*　　B．%　　C．&　　D．#

17．下列选项中，不属于 Access 数据类型的是（　　）。

A．数字　　B．文本　　C．报表　　D．时间/日期

18．下列关于 OLE 对象的叙述中，正确的是（　　）。

A．用于输入文本数据

B．用于处理超链接数据

C．用于生成自动编号数据

D．用于链接或内嵌 Windows 支持的对象

19．在关系窗口中，双击两个表之间的连接线，会出现（　　）。

A．数据表分析向导　　B．数据关系图窗口

C．连接线粗细变化　　D．编辑关系对话框

20．在设计表时，若输入掩码属性设置为“LLLL”，则能够接收的输入是（　　）。

A．abcd　　B．1234　　C．AB+C　　D．ABa9

21．在数据表中筛选记录，操作的结果是（　　）。

A．将满足筛选条件的记录存入一个新表中

B．将满足筛选条件的记录追加到一个表中

C．将满足筛选条件的记录显示在屏幕上

D．用满足筛选条件的记录修改另一个表中已存在的记录

22．下列关于关系数据库中数据表的描述，正确的是（　　）。

A．数据表相互之间存在联系，但用独立的文件名保存

B．数据表相互之间存在联系，是用表名表示相互间的联系

C．数据表相互之间不存在联系，完全独立

D．数据表既相对独立，又相互联系

23．下列对数据输入无法起到约束作用的是（　　）。

A．输入掩码　　B．有效性规则　　C．字段名称　　D．数据类型

24．Access 中，设置为主键的字段（　　）。

A．不能设置索引　　B．可设置为“有（有重复）”索引

C．系统自动设置索引　　D．可设置为“无”索引

25．输入掩码字符“&”的含义是（　　）。

A．必须输入字母或数字

B．可以选择输入字母或数字

C．必须输入一个任意的字符或一个空格

D．可以选择输入任意的字符或一个空格

26．在 Access 中，如果不想显示数据表中的某些字段，可以使用的命令是（　　）。

A．隐藏　　B．删除　　C．冻结　　D．筛选

27．通配符“#”的含义是（　　）。

A．通配任意个数的字符　　B．通配任何单个字符

C．通配任意个数的数字字符　　D．通配任何单个数字字符

28．若要求在文本框中输入文本时达到密码“*”的显示效果，则应该设置的属性是（　　）。

A．默认值　　B．有效性文本　　C．输入掩码　　D．密码

29．下列关于货币数据类型的叙述中，错误的是（　　）。

A．货币型字段在数据表中占 8 个字节的存储空间

B．货币型字段可以与数字型数据混合计算，结果为货币型

C．向货币型字段输入数据时，系统自动将其设置为 4 位小数

D．向货币型字段输入数据时，不必输入人民币符号和千位分隔符

30．若将文本型字段的输入掩码设置为“####-######”，则正确的输入数据是（　　）。

A．0755-abcdef　　B．077 -12345　　C．a cd-123456　　D．####-######

31．如果在查询条件中使用通配符“[ ]”，其含义是（　　）。

A．错误的使用方法　　B．通配不在括号内的任意字符

C．通配任意长度的字符　　D．通配方括号内任一单个字符

32．下列可以建立索引的数据类型是（　　）。

A．文本　　B．超链接　　C．备注　　D．OLE 对象

33．下列关于字段属性的叙述中，正确的是（　　）。

A．可对任意类型的字段设置“默认值”属性

B．定义字段默认值的含义是该字段值不允许为空

C．只有“文本”型数据能够使用“输入掩码向导”

D．“有效性规则”属性只允许定义一个条件表达式

34．查询“书名”字段中包含“等级考试”字样的记录，应该使用的条件是（　　）。

A．Like "等级考试"　　B．Like "*等级考试"

C．Like "等级考试*"　　D．Like "*等级考试*"

35．在 Access 中对表进行“筛选”操作的结果是（　　）。

A．从数据中挑选出满足条件的记录

B．从数据中挑选出满足条件的记录并生成一个新表

C．从数据中挑选出满足条件的记录并输出到一个报表中

D．从数据中挑选出满足条件的记录并显示在一个窗体中

36．在学生表中用“照片”字段存放相片，当使用向导为该表创建窗体时，照片字段使用的默认控件是（　　）。

A．图形　　B．图像　　C．绑定对象框　　D．未绑定对象框

37．学校规定学生住宿标准是：本科生 4 人一间，硕士生 2 人一间，博士生 1 人一间，学生与宿舍之间形成了住宿关系，这种住宿关系是（　　）。

A．一对一联系　　B．一对四联系　　C．一对多联系　　D．多对多联系

38．邮政编码是由 6 位数字组成的字符串，为邮政编码设置输入掩码，正确的是（　　）。

A．000000　　B．999999　　C．CCCCCC　　D．LLLLLL

39．可以插入声音的字段类型是（　　）。

A．文本　　B．备注　　C．OLE 对象　　D．超链接

40．输入掩码字符“C”的含义是（　　）。

A．必须输入字母或数字

B．可以选择输入字母或数字

C．必须输入一个任意的字符或一个空格

D．可以选择输入任意的字符或一个空格

二、操作题

1．在“实验一：二级真题练习与解析-操作题素材”文件夹下有一个数据库文件“samp1.accdb”。在数据库文件中已经建立了一个表对象“学生基本情况”。根据以下操作要求，完成各种操作：

（1）将“学生基本情况”表名称改为“tStud”。

（2）设置“身份 ID”字段为主键；并设置“身份 ID”字段的相应属性，使该字段在数据表视图中的显示标题为“身份证”。

（3）将“姓名”字段设置为有重复索引。

（4）将“电话”字段的输入掩码设置为“010－********”的形式。其中，“010－”部分自动输出，后八位为 0～9 的数字显示。

2．在“实验一：二级真题练习与解析-操作题素材”文件夹下的“samp2.accdb”数据库文件中已建立两个表对象（名为“员工表”和“部门表”）。请按以下要求，顺序完成表的各种操作：

（1）将“员工表”的行高设为 15。

（2）设置表对象“员工表”的年龄字段有效性规则为：大于 17 且小于 65（不含 17 和 65）；同时设置相应有效性文本为“请输入有效年龄”。

（3）在表对象“员工表”的年龄和职务两字段之间新增一个字段，字段名称为“密码”，数据类型为文本，字段大小为 6，同时，要求设置输入掩码使其以星号方式（密码）显示。

（4）冻结“员工表”中的“姓名”字段。

（5）建立表对象“员工表”和“部门表”的表间关系，实施参照完整性。

3．在“实验一：二级真题练习与解析-操作题素材”文件夹下有一个“samp3”文件夹，文件夹中有一个数据库文件“samp3.accdb”，里边已建立两个表对象“tGrade”和“tStudent”；同时还存在一个 Excel 文件“tCourse.xls”。请按以下操作要求，完成表的编辑：

（1）将 Excel 文件“tCourse.xls”链接到“samp3.accdb”数据库文件中，链接表名称不变，要求：数据中的第一行作为字段名。

（2）将“tGrade”表中隐藏的列显示出来。

（3）将“tStudent”表中“政治面貌”字段的默认值属性设置为“团员”，并将该字段数据表视图中的显示标题改为“政治面目”。

（4）设置“tStudent”表的显示格式，使表的背景颜色为“蓝色”、网格线为“白色”、文字字号为 10。

参考答案与解析

一、选择题

1	2	3	4	5	6	7	8	9	10
B	A	A	C	D	B	D	A	A	C
11	12	13	14	15	16	17	18	19	20
A	C	D	C	C	D	C	D	D	A
21	22	23	24	25	26	27	28	29	30
C	D	C	C	C	A	D	C	C	B
31	32	33	34	35	36	37	38	39	40
D	A	D	D	A	C	C	A	C	D

二、操作题

1.[答案与解析]

(1) 打开“实验一：二级真题练习与解析-操作题素材”文件夹下的数据库文件 samp1.accdb，右击表“学生基本情况”，在弹出的快捷菜单中选择“重命名”命令，输入“tStud”。

(2) 进入设计视图按要求设置“身份 ID”为主键，在“身份 ID”字段的字段属性下的“标题”行输入“身份证”。

(3) 在设计视图中按要求设置“姓名”字段，在“姓名”字段的字段属性下的“索引”行选择“有(有重复)”。

(4) 在设计视图中按要求设置“电话”字段，在“电话”字段的字段属性下的“输入掩码”行输入“010” – 00000000，单击快速访问工具栏中的“保存”按钮，关闭设计视图界面。

2.[答案与解析]

(1)

步骤 1：打开“实验一：二级真题练习与解析-操作题素材”文件夹下的数据库文件 samp2.accdb，右击“员工表”，在弹出的快捷菜单中选择“打开”命令。

步骤 2：右击表左侧的行选项区域，在弹出的快捷菜单中选择“行高”命令，在打开的对话框中输入“15”，单击“确定”按钮。

步骤 3：单击快速访问工具栏中的“保存”按钮。

(2)

步骤 1：单击“表格工具/字段”选项卡的“视图”组中的“视图”下拉列表中的“设计视图”按钮。

步骤 2：单击“年龄”字段行任一点，在“有效性规则”行输入“>17And<65”，在“有效性文本”行中输入“请输入有效年龄”。

步骤 3：单击快速访问工具栏中的“保存”按钮。

(3)

步骤 1：选中“职务”字段行，右击“职务”行，选择“插入行”命令。

步骤 2：在“字段名称”列中输入“密码”，在“数据类型”列的下拉列表中选择“文本”，在字段属性下的“字段大小”行中输入“6”。

步骤 3：单击“输入掩码”右侧的“生成器”按钮，在打开的对话框中选择“密码”行，然后单击“下一步”按钮，再单击“完成”按钮。

步骤 4：单击快速访问工具栏中的“保存”按钮。

(4)

步骤 1：单击“表格工具/字段”选项卡的“视图”组中的“视图”下拉列表中的“数据表视图”按钮。

步骤 2：右击“姓名”字段列，在打开的对话框中选择“冻结字段”命令。

步骤 3：单击快速访问工具栏中的“保存”按钮，关闭数据表视图。

(5)

步骤 1：单击“数据库工具”选项卡的“关系”组中的“关系”按钮，打开“关系”对话框，分别添加表“员工表”和“部门表”，关闭“显示表”对话框。

步骤 2：选中表“部门表”中的“部门号”字段，拖动鼠标指针到表“员工表”的“所属部门”字段，释放鼠标，在打开的对话框中选中“实施参照完整性”复选框，然后单击“创建”按钮。

步骤 3：单击快速访问工具栏中的“保存”按钮，关闭“关系”界面。

3．[答案与解析]

(1)

步骤 1：打开“实验一：二级真题练习与解析-操作题素材” 文件夹下有一个“samp3”文件夹，文件夹中有一个数据库文件“samp3.accdb”，单击“外部数据”选项卡的“导入并链接”组中的“Excel”按钮，单击“浏览”按钮，在素材文件夹中找到要导入的文件，选中“tCourse.xls”文件，单击“打开”按钮，在“指定数据在当前数据库中的存储方式和存储位置”中选择“通过创建链接表来链接到数据源”，单击“确定”按钮。

步骤 2：单击“下一步”按钮，选中“第一行包含列标题”复选框，单击“下一步”按钮。

步骤 3：单击“完成”按钮。

(2)

步骤 1：选择“表”对象，右击“tGrade”表，在打开的快捷菜单中选择“打开”命令。

步骤 2：右击任意字段表头处，在打开的快捷菜单中选择“取消隐藏字段”命令，在打开的对话框中选中“成绩”复选框，单击“关闭”按钮。

步骤 3：单击快速访问工具栏中的“保存”按钮，关闭视图。

(3)

步骤 1：选择“表”对象，右击“tStudent”表，在打开的快捷菜单中选择“设计视图”命令。

步骤 2：单击“政治面貌”字段行任一点，在“默认值”行输入“团员”，在“标题”行输入“政治面目”。

步骤 3：单击快速访问工具栏中的“保存”按钮。

(4)

步骤 1：单击“表格工具/字段”选项卡的“视图”组的“视图”下拉列表中的“数据表视图”按钮。

步骤 2：单击“文本格式”组右下角的“设置数据表格式”按钮，在打开的对话框中，在“背景色”下拉列表中选择“蓝色”，在“网格线颜色”中选择“白色”，单击“确定”按钮。

步骤 3：在“文本格式”组的“字号”下拉列表中选择“10”。

步骤 4：单击快速访问工具栏中的“保存”按钮，关闭数据表。

实验2 查询练习

目的和要求

（1）掌握查询功能。

（2）掌握选择查询的创建与应用。

（3）掌握参数查询的创建与应用。

（4）掌握交叉表查询创建与应用。

（5）掌握操作查询的创建与应用。

（6）掌握 SQL 查询。

主要内容

（1）创建选择查询：使用查询向导，使用“设计视图”创建查询。

（2）创建交叉表查询：认识交叉表查询，使用“查询向导”，使用“设计视图”。

（3）创建参数查询：单参数查询，多参数查询。

（4）创建操作查询：生成表查询，删除查询，更新查询，追加查询。

（5）结构化查询语言 SQL：查询与 SQL 视图，数据定义，数据操纵，创建联合查询，创建子查询，创建传递查询。

实验 2.1 创建选择查询

2.1.1 使用查询向导

1. 使用简单查询向导

实验要求：查找“读者信息表”中的记录，并显示“读者编号”“姓名”“有效期限”三个字段信息，查询名为“读者信息查询”。

操作步骤：

(1) 在“创建”选项卡的“查询”组中，单击“查询向导”按钮，打开“新建查询”对话框，如图 1-2-1 所示。

(2) 选择“简单查询向导”选项，单击“确定”按钮，打开“简单查询向导”第 1 个对话框。在该对话框中，单击“表/查询”下拉按钮，从弹出的下拉列表中选择“读者信息表”，“可用字段”列表框中显示“读者信息表”中包含的所有字段。分别双击“读者编号”“姓名”“有效期限”字段，将选中的字段添加到“选定字段”列表框中，结果如图 1-2-2 所示。

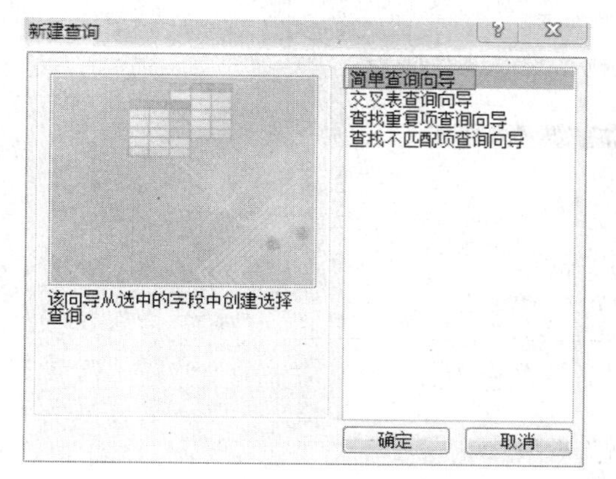

图 1-2-1 “新建查询”对话框

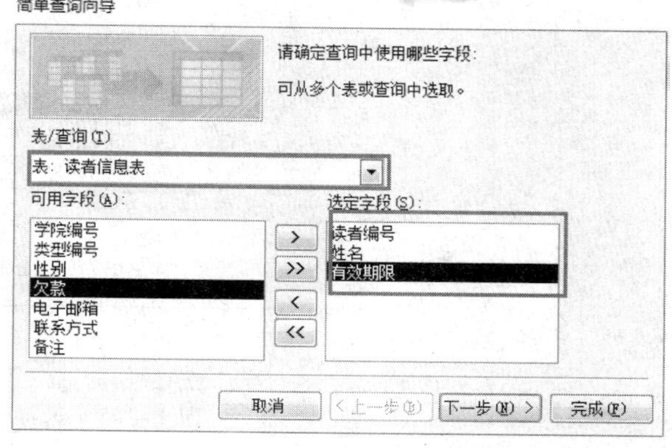

图 1-2-2 字段选定结果

（3）单击“下一步”按钮，在打开对话框的“请为查询指定标题”文本框中输入查询名称“读者信息查询”，如图 1-2-3 所示。单击“完成”按钮，查询结果如图 1-2-4 所示。

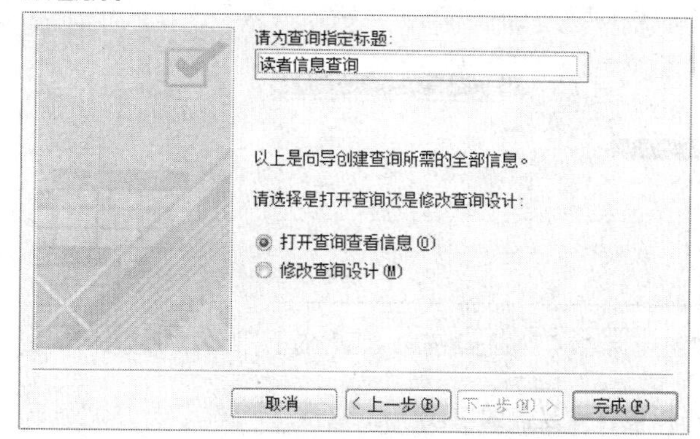

图 1-2-3 指定查询名称

读者信息查询

读者编号	姓名	有效期限
R0001	王平	2050年12月31日星期六
R0002	张璇	2050年12月31日星期六
R0003	沈心	2050年12月31日星期六
R0004	陈丽媛	2050年12月31日星期六
R0005	索涛涛	2050年12月31日星期六
R0006	李嘉	2050年12月31日星期六
R0007	周武	2050年12月31日星期六
R0008	王水	2050年12月31日星期六
R0009	王水	2050年12月31日星期六
R0010	郑青	2050年12月31日星期六
R0011	王丽丽	2050年12月31日星期六
R0012	杜亚轩	2050年12月31日星期六
R0013	李文静	2050年12月31日星期六

图 1-2-4 查询结果

2. 使用查找重复项查询向导

实验要求：判断“读者信息表”中是否有重名姓名。如果有则显示“姓名”“读者编号”“性别”及“联系方式”，查询名为“读者重名查询”。

操作步骤：

（1）在“创建”选项卡中，单击“查询”组中的“查询向导”按钮，打开“新建查询”对话框。选择“查找重复项查询向导”选项，然后单击“确定”按钮，打开“查找重复项查询向导”第 1 个对话框。

（2）选择查询数据源。在该对话框中，选中“表：读者信息表”选项，如图 1-2-5 所示。单击“下一步”按钮，打开“查找重复项查询向导”第 2 个对话框。

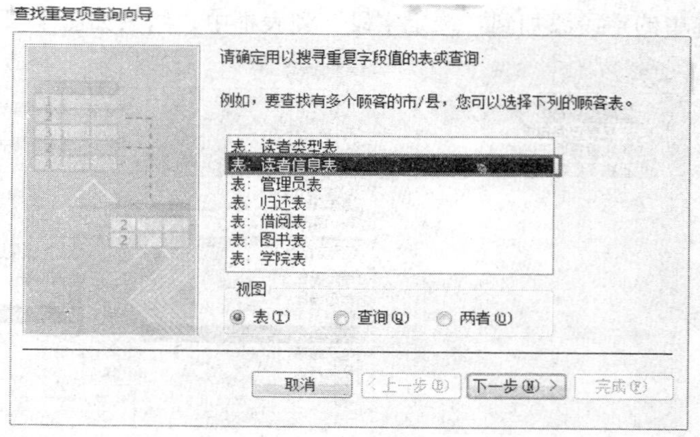

图 1-2-5 选择查询数据源

（3）选择包含重复值的字段。双击“姓名”字段，将其添加到“重复值字段”列表框中，如图 1-2-6 所示。单击“下一步”按钮，打开“查找重复项查询向导”第 3 个对话框。

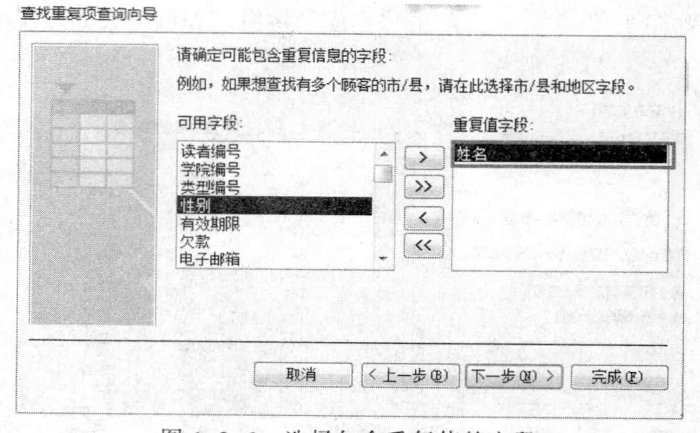

图 1-2-6 选择包含重复值的字段

（4）选择重复字段之外的其他字段。分别双击“读者编号”“性别”及“联系方式”字段，将它们添加到“另外的查询字段”列表框中，如图 1-2-7 所示。单击“下一步”按钮，打开“查找重复项查询向导”第 4 个对话框。

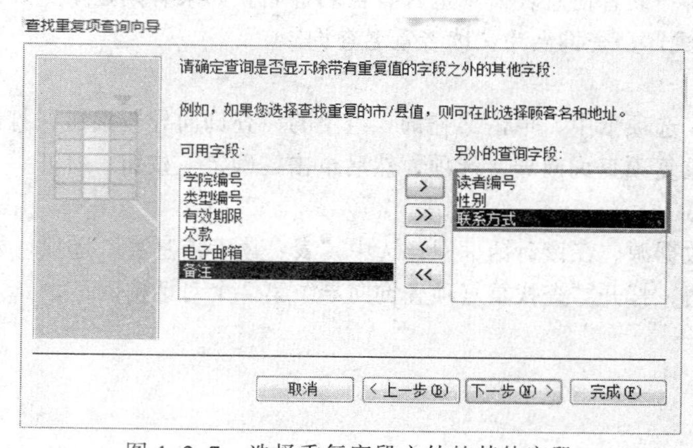

图 1-2-7 选择重复字段之外的其他字段

（5）指定查询名称。在“请指定查询的名称”文本框中输入“读者重名查询”，然后单击“查看结果”单选按钮，单击“完成”按钮，查询结果如图 1-2-8 和图 1-2-9 所示。

图 1-2-8　设置查询名称

3．使用查找不匹配项查询向导

实验要求：使用“读者信息表”和“借阅表”查找哪些学生没有借阅过书籍，并显示“读者编号”“性别”“联系方式”和“姓名”，查询名为“没有借阅过书籍学生查询”。

操作步骤：

（1）在“创建”选项卡中，单击“查询”组中的“查询向导”按钮，打开“新建查询”对话框。在该对话框中，选择“查找不匹配项查询向导”选项，如图 1-2-10 所示，然后单击“确定”按钮，打开“查找不匹配项查询向导”第 1 个对话框。

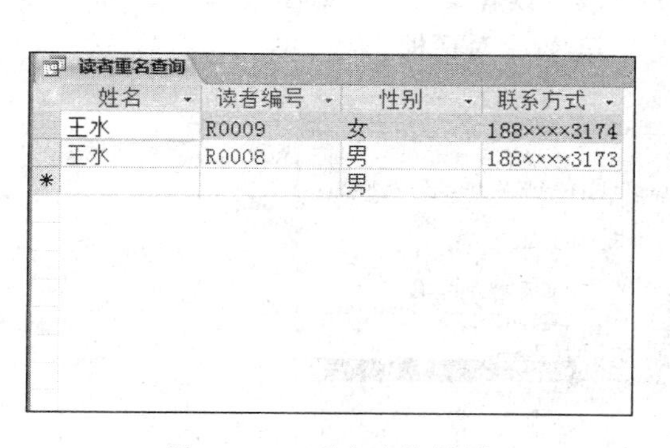
读者重名查询

姓名	读者编号	性别	联系方式
王水	R0009	女	188××××3174
王水	R0008	男	188××××3173
*		男	

图 1-2-9　重名查询结果

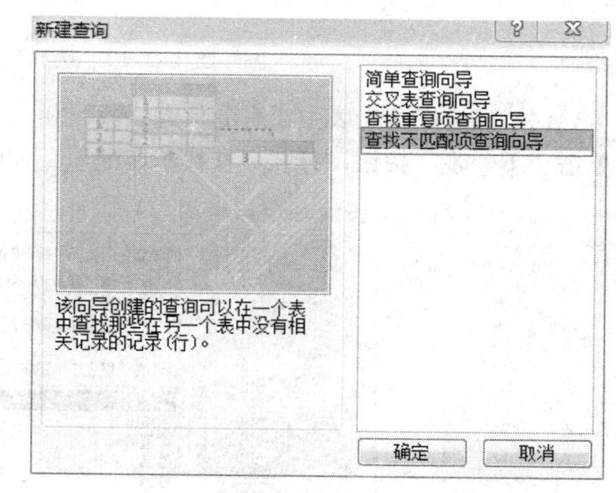

图 1-2-10　选择查询向导类型

（2）选择在查询结果中包含记录的表。在该对话框中，选中“表：读者信息表”选项，如图 1-2-11 所示。单击“下一步”按钮，打开“查找不匹配项查询向导”第 2 个对话框。

（3）选择包含相关记录的表。在该对话框中，选中“表：借阅表”选项，如图 1-2-12 所示。单击“下一步”按钮，打开“查找不匹配项查询向导”第 3 个对话框。

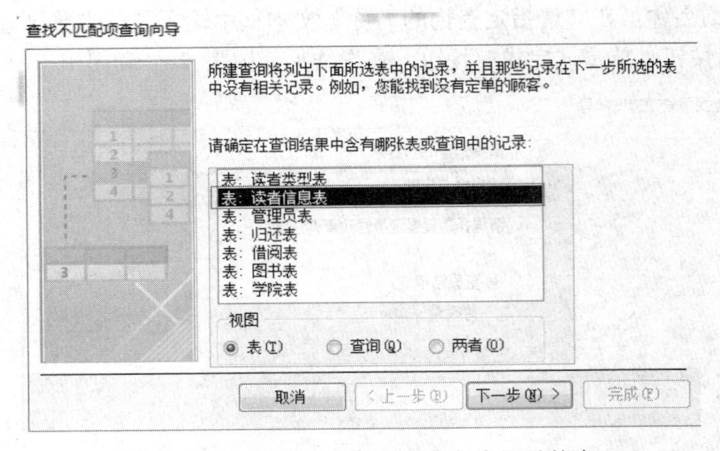

图 1-2-11　选择在查询结果中包含记录的表

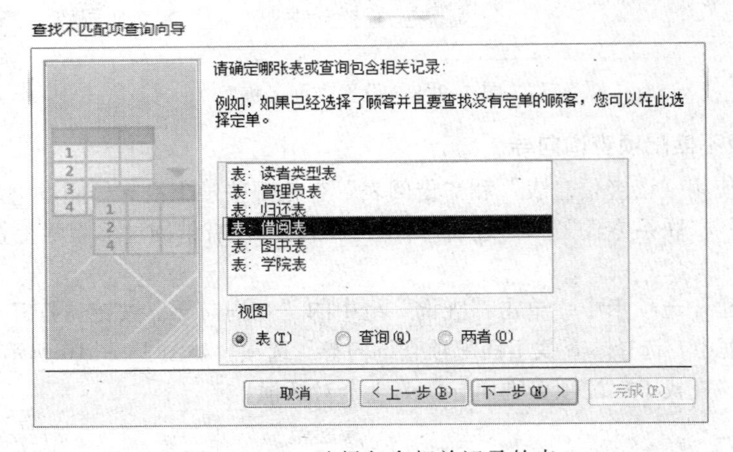

图 1-2-12　选择包含相关记录的表

（4）确定在两个表中都有的信息。找出相匹配的字段“读者编号”，如图 1-2-13 所示。单击“下一步”按钮，打开“查找不匹配项查询向导”第 4 个对话框。

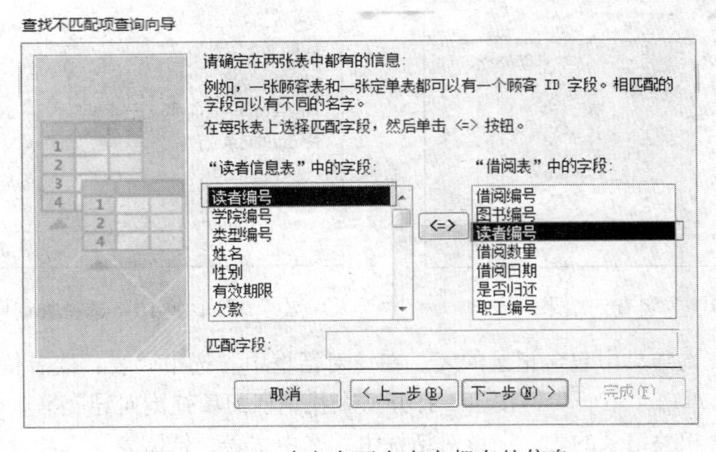

图 1-2-13　确定在两个表中都有的信息

（5）确定查询中所需显示的字段。分别双击“读者编号”“姓名”“性别”“联系方式”将它们添加到“选定字段”列表框中，如图 1-2-14 所示。单击“下一步”按钮，打开“查找不匹配项查询向导”最后一个对话框。

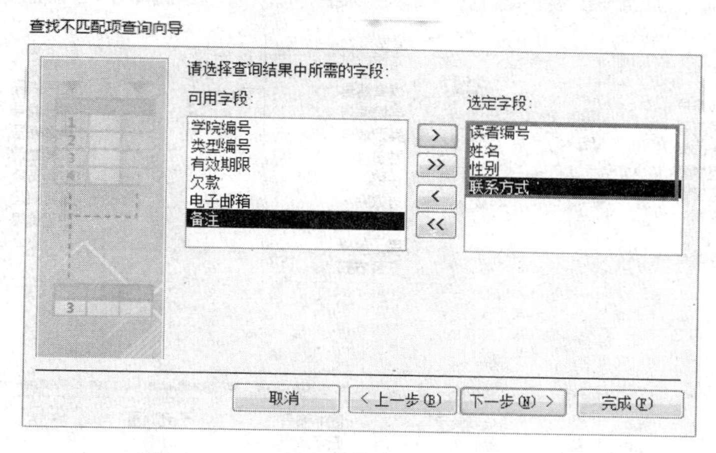

图 1-2-14　确定查询中需要显示的字段

（6）指定查询名称。在“请指定查询名称”文本框中输入“没有借阅过书籍学生查询”，然后选中“查看结果”单选按钮，单击“完成”按钮。查询结果如图 1-2-15 所示。

没有借阅过书籍学生查询

读者编号	姓名	性别	联系方式
R0009	王水	女	188××××3174
R0010	郑青	男	188××××3175
R0011	王丽丽	女	188××××3175
R0012	杜亚轩	女	188××××3175
R0013	李文静	女	188××××3175
*			

图 1-2-15　查询显示结果

2.1.2　使用“设计视图”创建查询

1．创建不带条件的查询

实验要求：查询学生的借阅情况，并显示“学院编号”“姓名”“图书编号”“借阅数量”和“归还数量”五个字段，查询名为“学生借阅情况”。

操作步骤：

（1）在“创建”选项卡的“查询”组中单击“查询设计”按钮，打开查询设计视图，并弹出“显示表”对话框，如图 1-2-16 所示。

（2）选择数据源。分别双击“读者信息表”“归还表”“借阅表”，将它们添加到查询设计视图的上部分窗口中，然后单击“关闭”按钮，关闭“显示表”对话框。

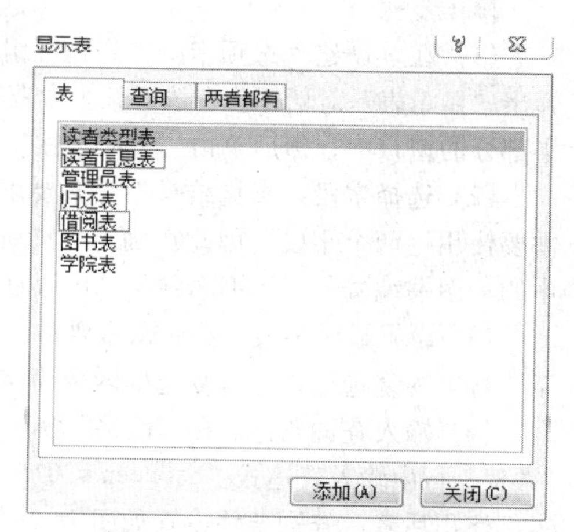

图 1-2-16　“显示表”对话框

（3）选择字段。在查询设计视图窗口的上半部分，分别双击“读者信息表”的“学院编号”和“姓名”字段，“归还表”表中的“图书编号”和“归还数量”字段，“借阅表”中的“借阅数量”字段，如图 1–2–17 所示。

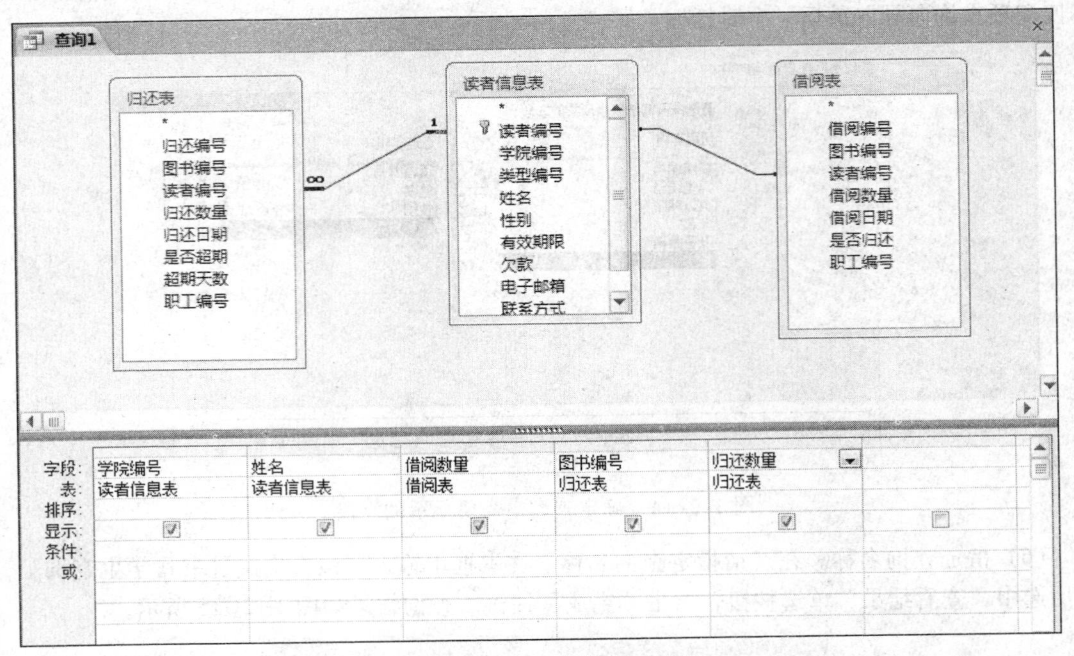

图 1–2–17　确定查询所需字段

（4）保存查询。单击快速访问工具栏中的“保存”按钮，打开“另存为”对话框，输入查询名称“学生借阅情况”，然后单击“确定”按钮。

（5）查看结果。单击“设计”选项卡的“结果”组中的“视图”按钮或“运行”按钮，切换到“数据表视图”，可以看到“学生借阅情况”查询的运行结果。

2．创建带条件的查询

实验要求：查询 2015 年出版的价格低于 30 元的图书的“图书编号”“图书名称”“书号”“出版社”，查询名为“2015 年出版图书信息”。

操作步骤

（1）在“创建”选项卡的“查询”组中，单击“查询设计”按钮，打开查询设计视图，并弹出“显示表”对话框。在该对话框中双击 “图书表”，将“图书表”添加到“设计视图”上半部分的窗口中，然后单击“关闭”按钮，关闭“显示表”对话框。

（2）选择字段。查询结果中没有要求显示“出版日期”和“价格”字段，但由于查询条件需要使用这两个字段，因此在确定查询所需字段时必须选择这两个字段。分别双击“图书表”中的“图书编号”“图书名称”“出版社”和“书号”字段。

（3）设置显示字段。按照题目要求，不显示“出版日期”字段。单击“出版日期”字段“显示”行上的复选框，这时复选框内变为空白。

（4）输入查询条件。在“价格”字段列的“条件”行中输入<30，在“出版日期”字段列的“条件”行中输入表达式“between #2015-1-1# and #2015-12-31#”或“Year([出版日期])=2015”，本例使用后者，查询条件设置如图 1–2–18 所示。

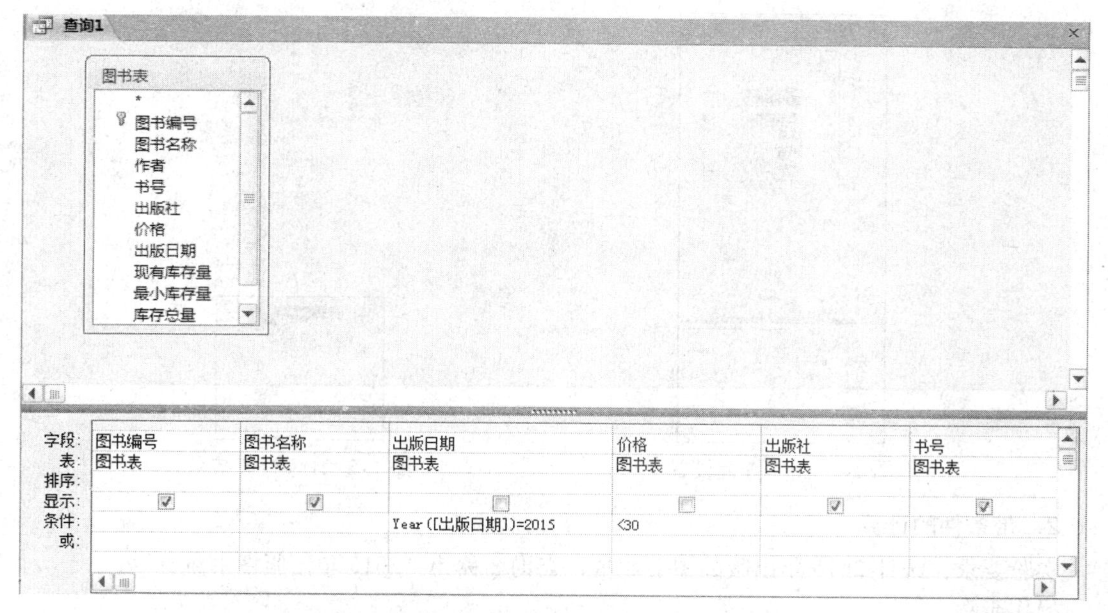

图 1-2-18　设置查询条件

（5）保存查询。单击快速访问工具栏中的“保存”按钮，弹出“另存为”对话框，在“查询名称”文本框中输入“2015 年出版图书信息”，单击“确定”按钮。

（6）切换到数据表视图，查询结果如图 1-2-19 所示。

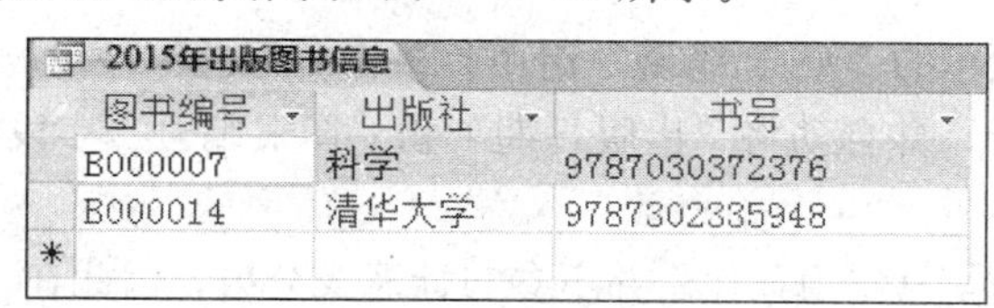

2015年出版图书信息

图书编号	出版社	书号
B000007	科学	9787030372376
B000014	清华大学	9787302335948

图 1-2-19　查询结果

2.1.3　在查询中进行计算

1．不带条件的计算

实验要求：统计图书的数量，查询名为“图书数量”。

操作步骤：

（1）在“创建”选项卡的“查询”组中，单击“查询设计”按钮，打开查询设计视图，将“图书表”添加到“设计视图”上半部分的窗口中。

（2）双击“图书表”中的“图书编号”字段，将其添加到设计视图下半部的“字段”行中。

（3）在“设计”选项卡的“显示/隐藏”组中，单击“汇总”按钮，这时 Access 在设计网格中插入一个“总计”行，并自动将“图书编号”字段的“总计”单元格设置为“GroupBy”。

（4）单击“总计”行最右端的下拉按钮，从打开的下拉列表中选择“计数”，将查询保存为“图书数量”，如图 1-2-20 所示。

（5）执行查询，结果如图 1-2-21 所示。

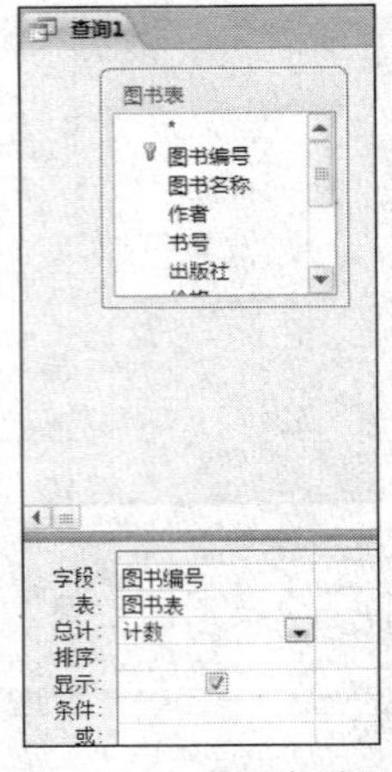

图 1-2-20　查询设置

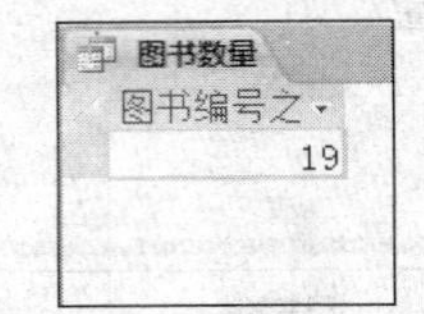

图 1-2-21　查询结果

2. 带条件的计算

实验要求：统计 2015 年出版的图书数量，查询名称为“2015 年出版图书统计”。

操作步骤：

(1) 在“创建”选项卡的“查询”组中，单击“查询设计”按钮，打开查询设计视图，将“图书表”添加到“设计视图”上半部分的窗口中。

(2) 双击“图书”表中的“出版日期”和“图书编号”字段，将其添加到设计视图下半部的“字段”行中。

(3) 在“设计”选项卡的“显示/隐藏”组中，单击“汇总”按钮，这时 Access 在设计网格中插入一个“总计”行，并自动将“出版日期”和“图书编号”字段的“总计”单元格设置为“Group By”。

(4) 由于“出版日期”只作为条件，并不参与计算或分组，因此在“出版日期”的“总计”行中选择“Where”，在“出版日期”的“条件”行中输入表达式“Year([出版日期])=2015”。在“图书编号”字段“总计”行上选择“计数”，设置结果如图 1-2-22 所示。

(5) 将查询保存为“2015 年出版图书统计”。

(6) 切换到数据表视图，查询结果如图 1-2-23 所示。

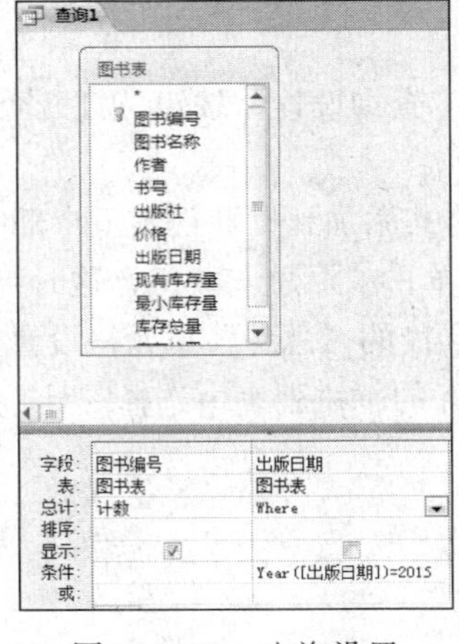

图 1-2-22　查询设置

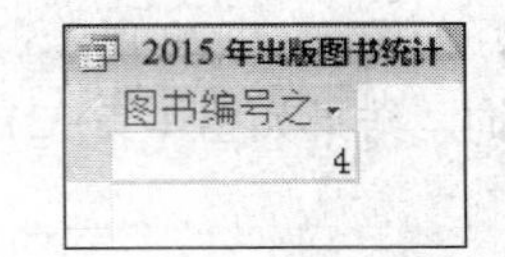

图 1-2-23　查询结果

3．分组计算

实验要求：统计各出版社出版图书的数量，查询名为“各出版社图书数量”。

操作步骤：

（1）在“创建”选项卡的“查询”组中，单击“查询设计”按钮，打开查询设计视图，将“图书表”添加到“设计视图”上半部分的窗口中。

（2）双击“图书表”中的“图书编号”和“出版社”字段，将其添加到设计视图下半部的“字段”行中。

（3）在“设计”选项卡的“显示/隐藏”组中，单击“汇总”按钮，在“图书编号”的“总计”行中选择“计数”，在“出版社”字段的“总计”行中使用默认选项“Group By”，将查询保存为“各出版社图书数量”，查询设计结果如图 1–2–24 所示。

（4）切换到数据表视图，查询结果如图 1–2–25 所示。

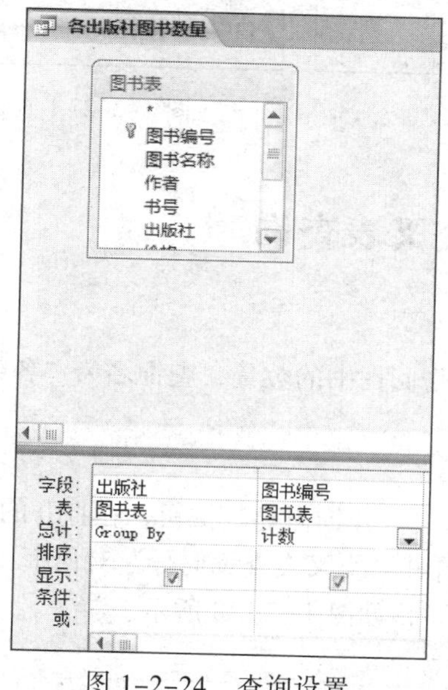

图 1–2–24　查询设置

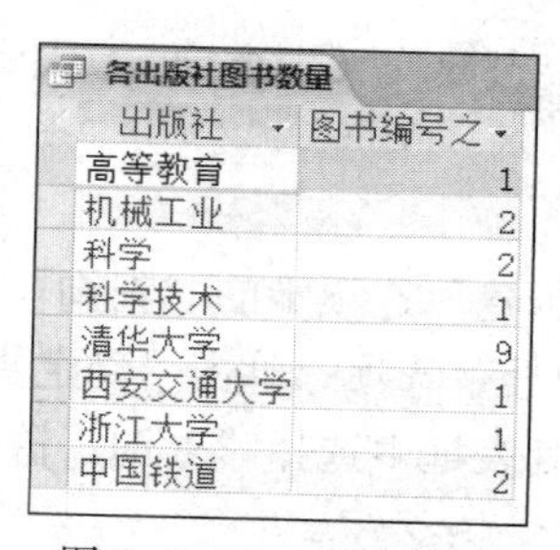

出版社	图书编号之
高等教育	1
机械工业	2
科学	2
科学技术	1
清华大学	9
西安交通大学	1
浙江大学	1
中国铁道	2

图 1–2–25　查询结果

4．添加计算字段

实验要求：查询借阅图书的天数，显示“作者”、“借阅数量”和“借阅天数”字段，查询名为“借阅天数”。

操作步骤：

（1）在“创建”选项卡的“查询”组中，单击“查询设计”按钮，打开查询设计视图，将“借阅表”“归还表”和“图书表”添加到上半部的窗口中。

（2）由于三个表中均没有“借阅天数”字段，但“归还”表中有“归还日期”字段，借阅表中有“借阅日期”字段，可以通过计算得到每位借阅者的借阅天数。计算表达式为“[归还日期]-[借阅日期]”，“借阅天数”为新字段，需要直接添加到字段列表中，因此在设计视图下半部的“字段”行的第一列添加“作者”字段、“借阅数量”字段，第三列直接输入“借阅天数:[归还日期]-[借阅日期]”，如图 1–2–26 所示。

（3）将查询保存为“借阅天数”，查询结果如图 1–2–27 所示。

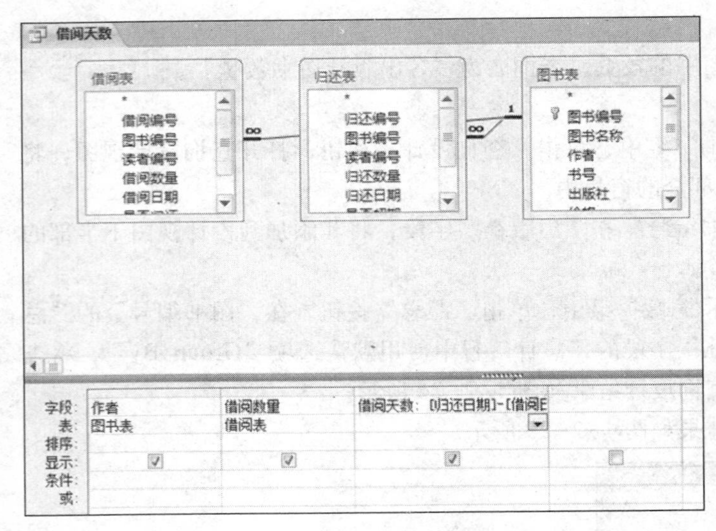

图 1-2-26 查询设置

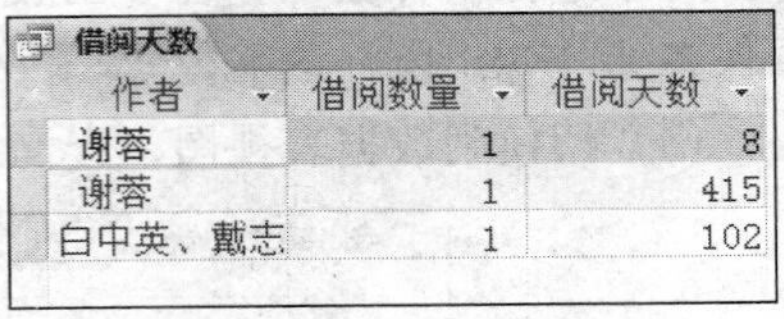

借阅天数

作者	借阅数量	借阅天数
谢蓉	1	8
谢蓉	1	415
白中英、戴志	1	102

图 1-2-27 查询结果

实验 2.2 交叉表查询

2.2.1 使用“查询向导”

实验要求：创建交叉表查询，统计每个部门借阅图书的数量，查询名为“各部门借阅图书-交叉表”。

操作步骤：

(1) 在“创建”选项卡的“查询”组中，单击“查询向导”按钮，在打开的对话框中选择“交叉表查询向导”选项，单击“确定”按钮，打开“交叉表查询向导”对话框，选择“查询”单选按钮，在列表框中选择“查询：借阅情况 1”，如图 1-2-28 所示。

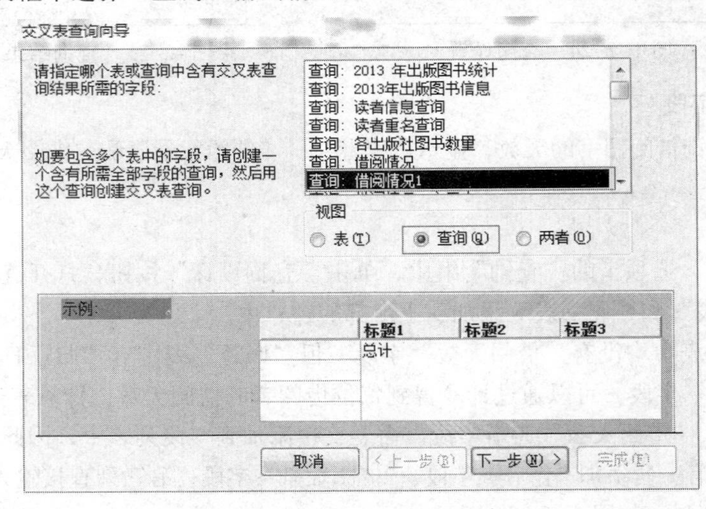

图 1-2-28 “交叉表查询向导”对话框

（2）单击“下一步”按钮，进入确定行标题界面，双击可用字段“图书名称”作为行标题，如图 1-2-29 所示。

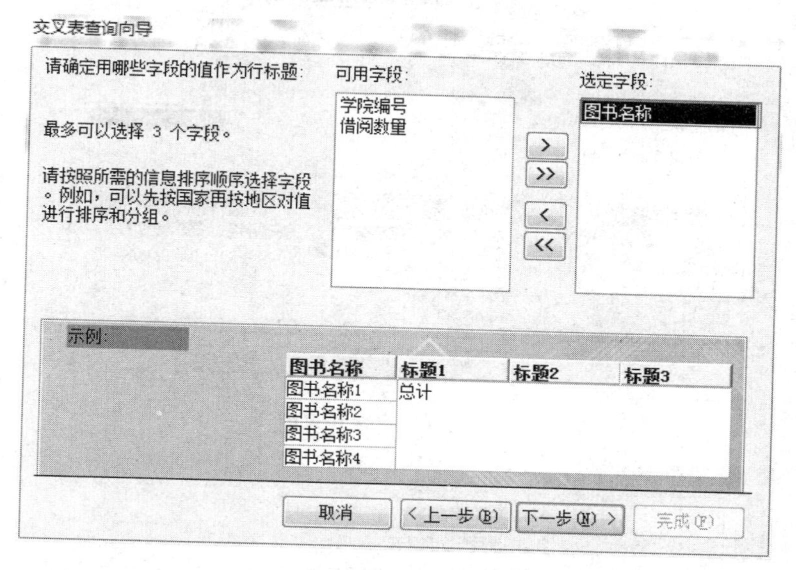

图 1-2-29　选择行标题界面

（3）单击“下一步”按钮，进入确定列标题界面，双击“学院编号”字段作为列标题，如图 1-2-30 所示。

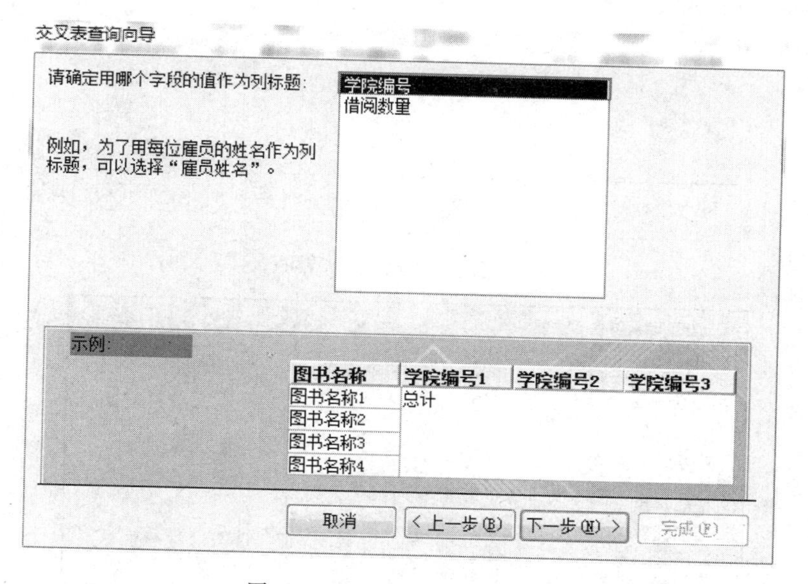

图 1-2-30　选择列标题界面

（4）单击“下一步”按钮，进入确定交叉点字段界面，选择“借阅数量”字段作为值，如图 1-2-31 所示。

（5）单击“下一步”按钮，进入查询命名界面，输入查询标题，如图 1-2-32 所示。

（6）单击“完成”按钮，结果显示如图 1-2-33 所示。

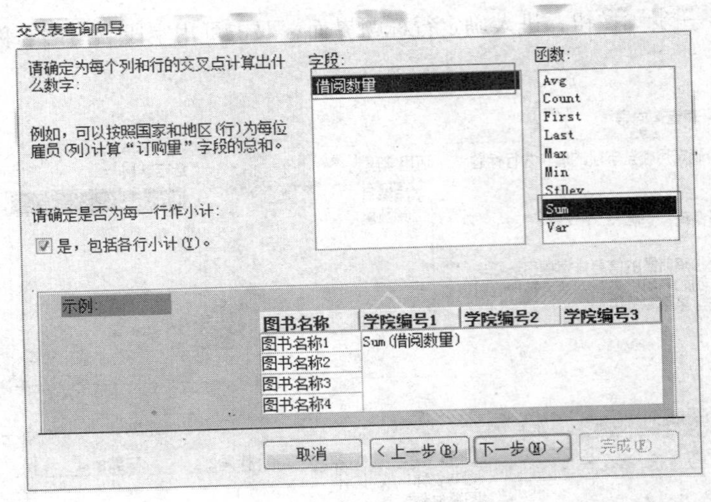

图 1-2-31　值选择界面

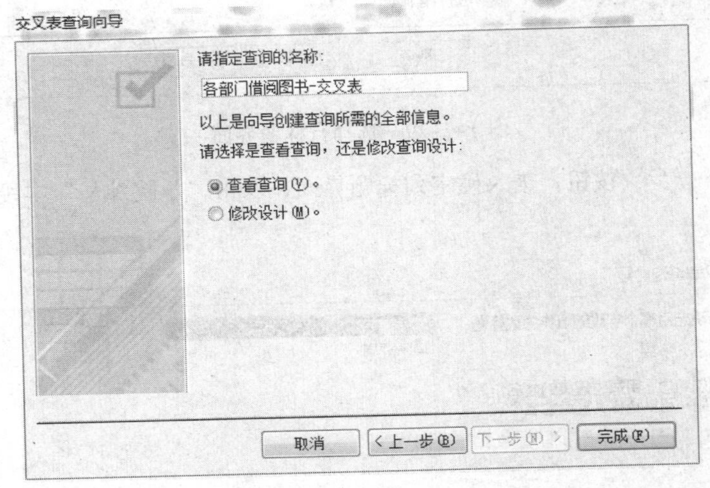

图 1-2-32　查询命名界面

各部门借阅图书- 交叉表

图书名称	总计 借阅数	01	02	03
J2EE Web核心	1	1		
Linux基础及	3	2	1	
Linux基础及	2	1	1	
计算机组成原	1		1	
计算机组成原	1		1	
离散数学	1			1
路由交换技术	1	1		
路由交换技术	1	1		
模拟电子技术	1			1
软件测试方法	1	1		
软件工程课程	1			1
数据库系统及	1			1
数据挖掘概念	1			1
数字电路与逻	1			1
微机组装与维	1			1

图 1-2-33　查询结果

2.2.2　使用“设计视图”

实验要求：创建交叉表查询，统计并显示每名读者借阅图书的数量，交叉表查询保存为“读者借阅情况-交叉表”。

操作步骤：

（1）在“创建”选项卡的“查询”组中，单击“查询设计”按钮，打开设计视图，将“借阅表”和“图书表”添加到设计视图上半部分的窗口中。

（2）在“字段”行第 1 列单元格中，双击“借阅表”中的“读者编号”“借阅编号”字段和“图书表”中的“图书名称”字段，分别添加到“字段”行的第 1 列、第 2 列和第 3 列中。

（3）单击“设计”选项卡的“查询类型”组中的“交叉表”按钮，这时查询设计网格中显示一个“总计”行和一个“交叉表”行。

（4）将“读者编号”放在第 1 行，然后单击右侧的向下按钮，从打开的下拉列表中选择“列标题”；为了将“图书名称”放在第 1 列上，应在“图书名称”字段的“交叉表”行选择“行标题”；为了在行和列交叉处显示借阅数量，应在“借阅编号”字段的“交叉表”行选择“值”；将“借阅编号”字段的“总计”行设置为“计数”，保存查询，将其命名为“读者借阅情况-交叉表”，设计结果如图 1-2-34 所示。

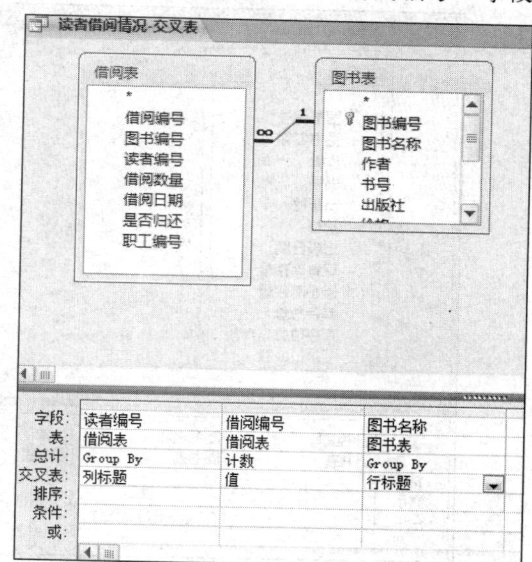

图 1-2-34　设计界面

（5）运行查询，查询结果如图 1-2-35 所示。

读者借阅情况-交叉表

图书名称	R0001	R0002	R0003	R0004	R0005	R0006	R0007	R0008
J2EE Web核心		1						
Linux基础及	2			1				
Linux基础及	1			1				
计算机组成原			1					
计算机组成原				1				
离散数学							1	
路由交换技术					1			
路由交换技术		1						
模拟电子技术							1	
软件测试方法					1			
软件工程课程							1	
数据库系统及						1		
数据挖掘概念						1		
数字电路与逻							1	
微机组装与维								1

图 1-2-35　交叉表查询结果界面

实验 2.3　创建参数查询

2.3.1　单参数查询

实验要求：使用设计视图完成单参数查询，输入读者图书名称，查询该图书的所有信息，查询名为“图书信息-单参数查询”。

操作步骤：

(1) 在“创建”选项卡的“查询”组中，单击“查询设计”按钮，打开设计视图，将“图书表”添加到设计视图上半部分的窗口中。

(2) 双击“图书表”字段列表中的所有字段，将所有字段添加到设计网格的“字段”行中。

(3) 在“图书”字段的“条件”行中输入“[请输入图书名称]”，设置结果如图 1-2-36 所示。

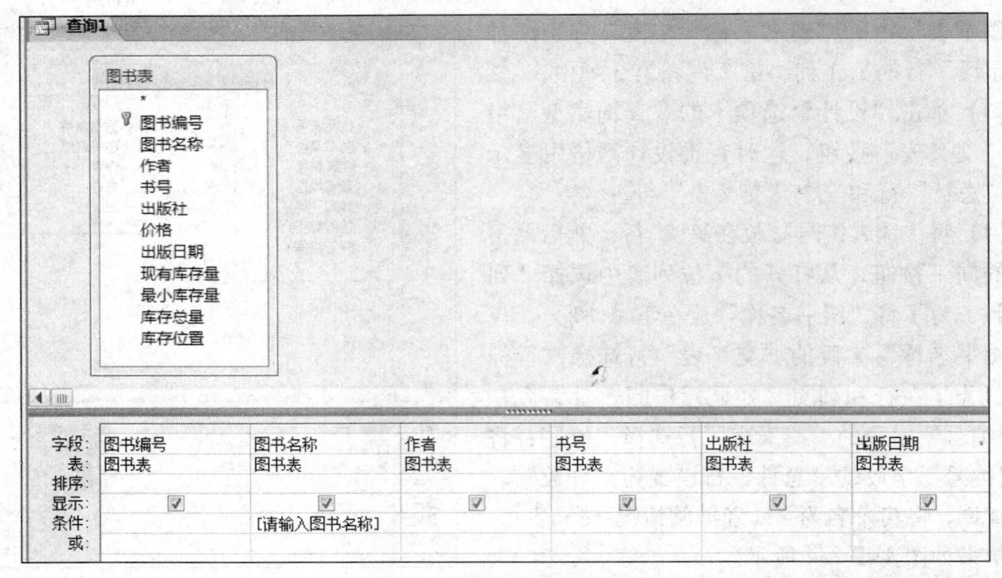

图 1-2-36 单参数设计界面

(4) 单击“运行”按钮，弹出“输入参数值”对话框，在文本框中输入任意书名，如图 1-2-37 所示，单击“确定”按钮，查询结果如图 1-2-38 所示。

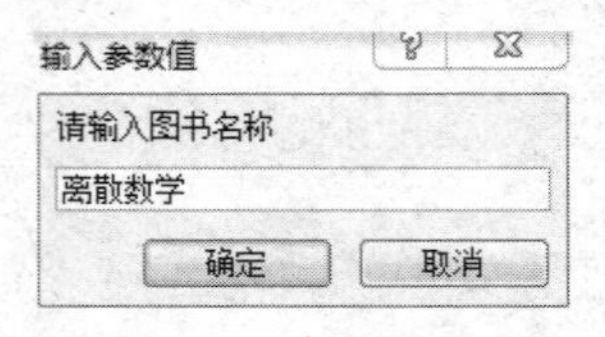

图 1-2-37 参数运行界面

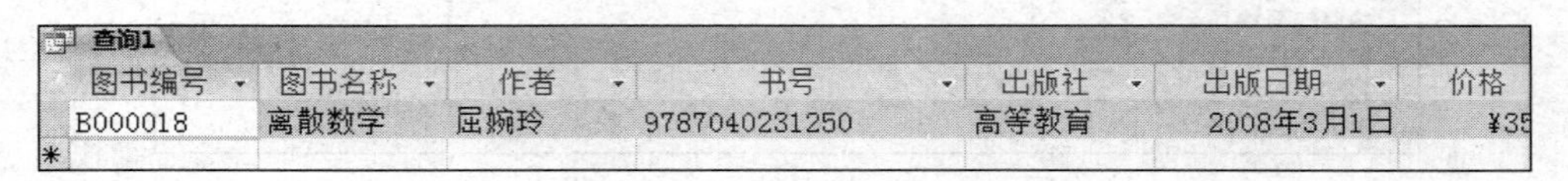

图 1-2-38 结果界面

(5) 单击“保存”按钮，保存查询名称为“图书信息-单参数查询”。

2.3.2 多参数查询

实验要求：创建多参数表查询，输入图书名称和作者，能够查询相应图书的信息，查询名为“图书信息-多参数查询”。

操作步骤：

（1）在“创建”选项卡的“查询”组中，单击“查询设计”按钮，打开设计视图，将“图书表”添加到设计视图上半部分的窗口中。

（2）双击“图书”表中的“图书名称”“作者”“出版社”“价格”和“现有库存量”字段，将所有字段添加到设计网格的“字段”行中。

（3）在“图书名称”字段的“条件”行中输入“[请输入图书名称]”，在“作者”字段的“条件”行中输入“[请输入作者名称]”，如图 1–2–39 所示。

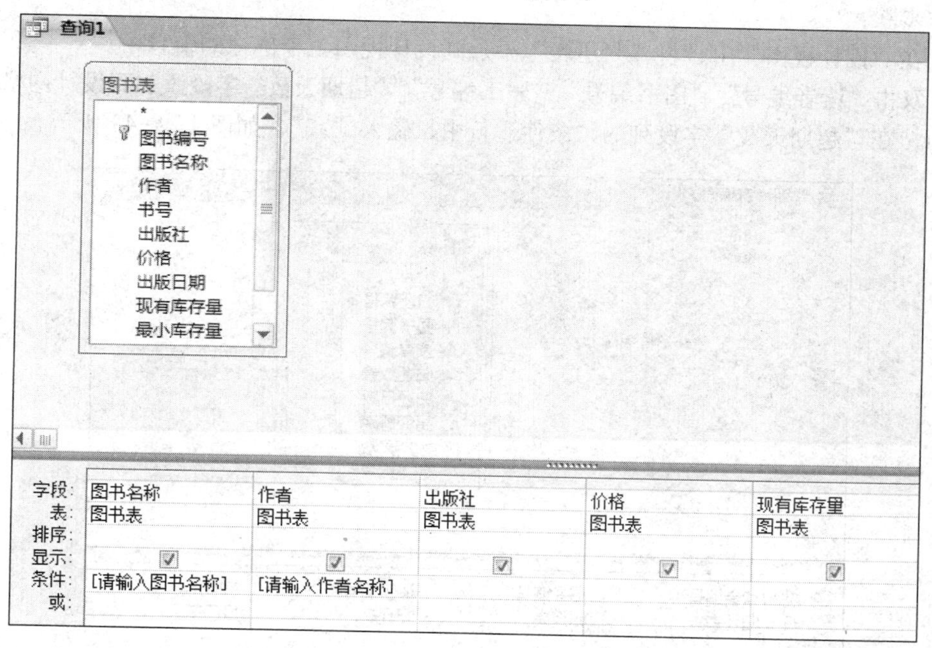

图 1–2–39　多参数设计界面

（4）单击“保存”按钮，保存查询名称为“图书信息-多参数查询”。

（5）单击“运行”按钮，弹出第一个“输入参数值”对话框，在文本框中输入图书名称，如图 1–2–40 所示。

（6）单击“确定”按钮，弹出第二个“输入参数值”对话框，在文本框中输入作者名称，如图 1–2–41 所示，单击“确定”按钮，显示查询结果，如图 1–2–42 所示。

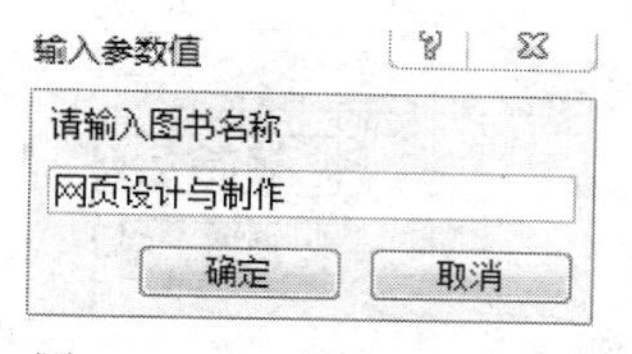

图 1–2–40　输入图书名称

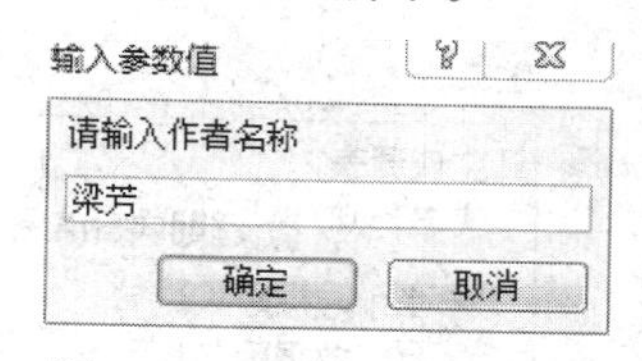

图 1–2–41　输入作者名称

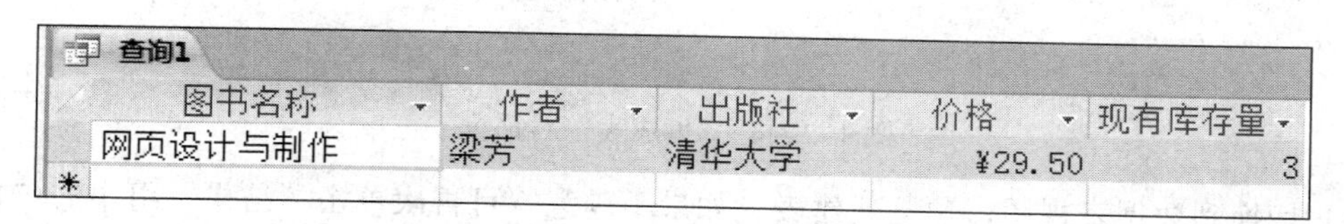

图 1–2–42　查询结果

实验 2.4 创建操作查询

2.4.1 生成表查询

实验要求：创建生成表查询，将借阅天数超过 3 天的借阅者信息保存到一个新的数据表，要求显示“读者编号”“图书编号”“职工编号”“超期天数”四个字段，并将查询命名为 “超期读者信息”。

操作步骤：

(1) 在“设计视图”中，将“归还表”添加到设计视图上半部分的窗口中。

(2) 双击“读者编号”“图书编号”“职工编号”“超期天数”字段添加到设计网格的“字段”行中，在“超期天数”字段列的“条件”行中，输入“>3”，如图 1-2-43 所示。

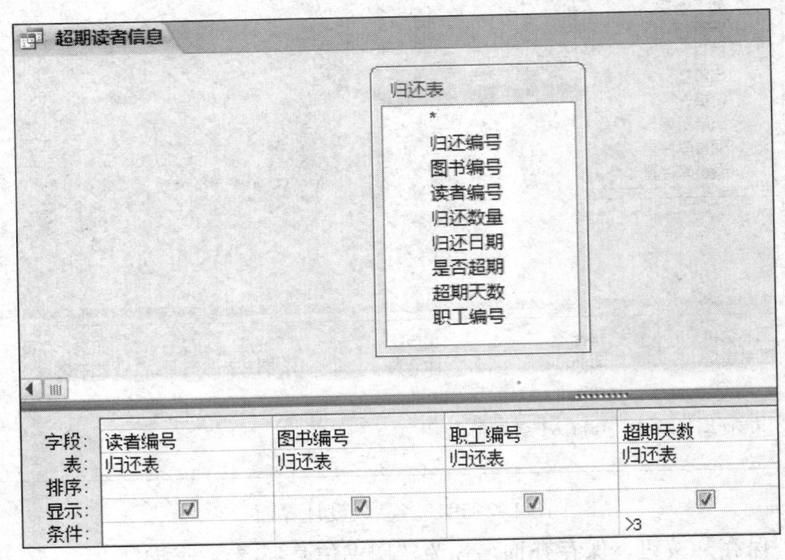

图 1-2-43 条件输入

(3) 单击“设计”选项卡的“查询类型”组中的“生成表”按钮，打开“生成表”对话框，在“表名称”文本框中输入“超期读者信息”，选中“当前数据库”单选按钮，将新表放入当前打开的“图书管管理信息”数据库中，如图 1-2-44 所示，单击“确定”按钮。

图 1-2-44 “生成表”对话框

(4) 切换到数据表视图，预览新建表。如果不满意，可再次单击“结果”组中的“视图”按钮，返回设计视图，对查询进行更改，直到满意为止。

（5）在“设计视图”中，单击“结果”组中的“运行”按钮，弹出一个生成表提示框，如图 1-2-45 所示。单击“是”按钮，开始创建“超期读者信息”表，生成新表后不能撤销所做的更改，单击“否”按钮，不创建新表，本例单击“是”按钮。

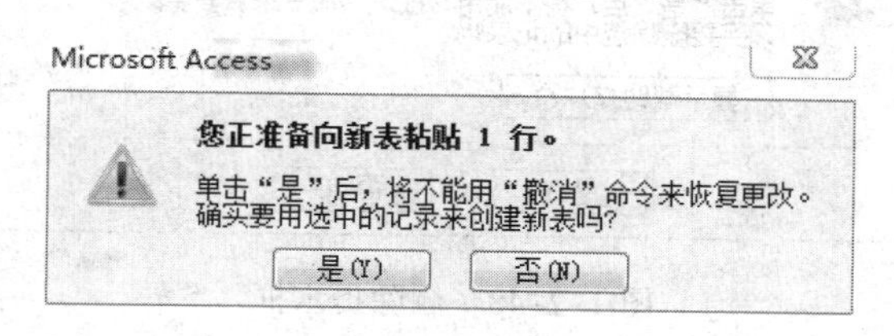

图 1-2-45　生成表提示框

（6）此时在“导航窗格”中可以看到名为“超期读者信息”的新表。

2.4.2　删除查询

实验要求：创建删除查询，删除“归还表”中“超期天数为 0”的读者记录，查询名称为“超期为 0 读者信息-删除查询”。

操作步骤：

（1）打开查询设计视图，将“归还表”添加到设计视图上半部分的窗口中，双击“*”和“超期天数”字段添加到设计网格的“字段”行，如图 1-2-46 所示。

（2）在“设计”选项卡的“查询类型”组中单击“删除”按钮。

（3）在“超期天数”字段的“条件”行中输入条件“0”，设置结果如图 1-2-47 所示。

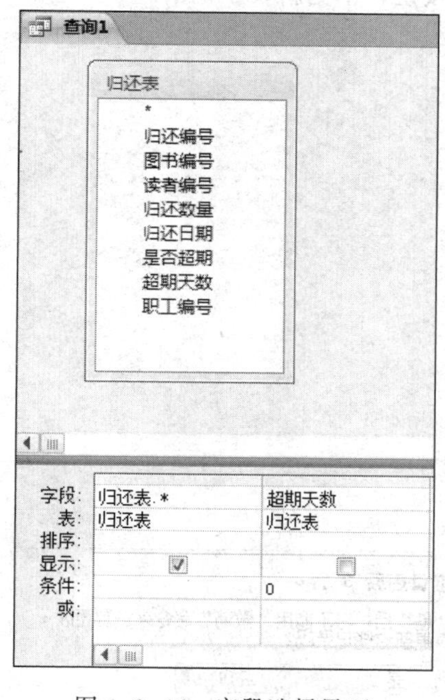

图 1-2-46　字段选择界面

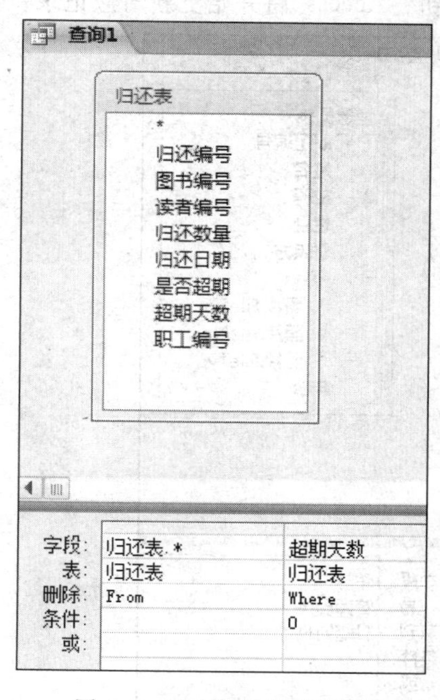

图 1-2-47　条件设置界面

（4）单击“保存”按钮，输入查询的名称“超期为 0 读者信息-删除查询”后保存。

（5）双击保存好的删除查询，弹出提示框，如图 1-2-48 所示。单击“是”按钮，“归还表”表中“超期为 0”的读者记录就会删除。

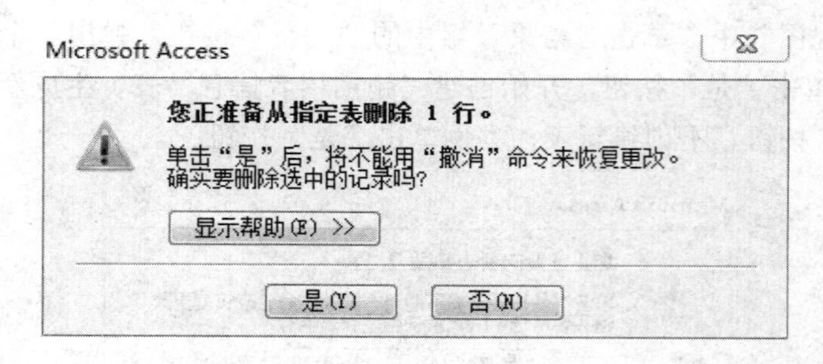

图 1-2-48　删除提示框

2.4.3　更新查询

实验要求：将“管理员表”中“年龄”加 1。

操作步骤：

(1) 打开查询设计视图，将“管理员”表添加到设计视图上半部分的窗口中，双击“年龄”字段添加到设计网格的“字段”行中。

(2) 在“设计”选项卡的“查询类型”组中单击“更新”按钮。

(3) 在“更新到”行中输入“[年龄]+1”，如图 1-2-49 所示。

(4) 单击“结果”组中的“视图”按钮，能够预览到要更新的记录。再次单击“视图”按钮，返回“设计视图”，可对查询进行修改。

(5) 单击“结果”组中的“运行”按钮，弹出一个更新提示框，如图 1-2-50 所示。单击“是”按钮，Access 将开始更新对应记录；单击“否”按钮，不更新表中记录。

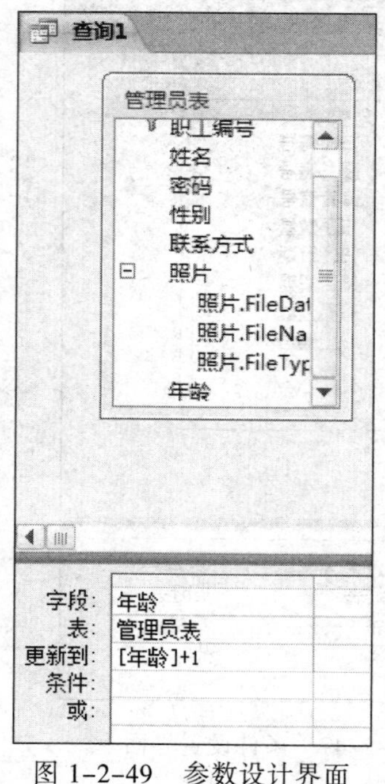

图 1-2-49　参数设计界面

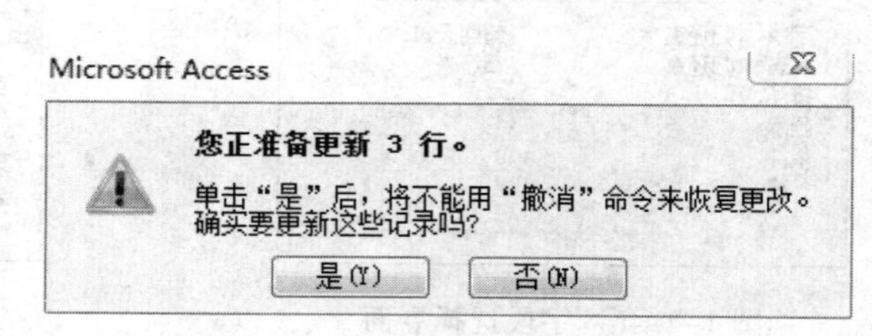

图 1-2-50　更新提示框

2.4.4　追加查询

实验要求：创建追加查询，将超期在 1～2 天之间的读者信息添加到已创建的“超期读者信息”表中。

操作步骤：

（1）打开查询“设计视图”，将“归还表”添加到设计视图上半部分的窗口中，双击“读者编号”“图书编号”“职工编号”和“超期天数”字段添加到设计网格的“字段”行中。

（2）在“设计”选项卡的“查询类型”组中单击“追加”按钮，打开“追加”对话框，并在超期天数条件中分别输入“1”和“2”，如图 1-2-51 所示。

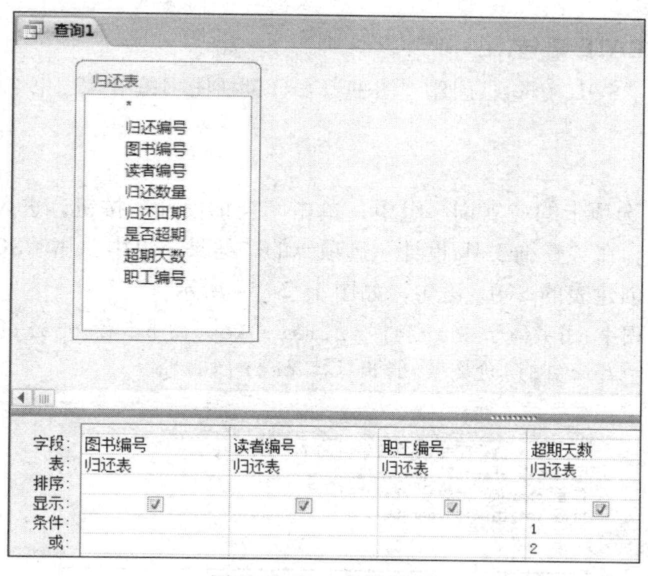

图 1-2-51　条件设置

（3）在“表名称”文本框中输入“超期读者信息表”或从下拉列表中选择“超期读者信息表”表，选中“当前数据库”单选按钮，如图 1-2-52 所示。

图 1-2-52　追加表名称设置

（4）单击“结果”组中的“运行”按钮，弹出一个追加查询提示框，如图 1-2-53 所示。

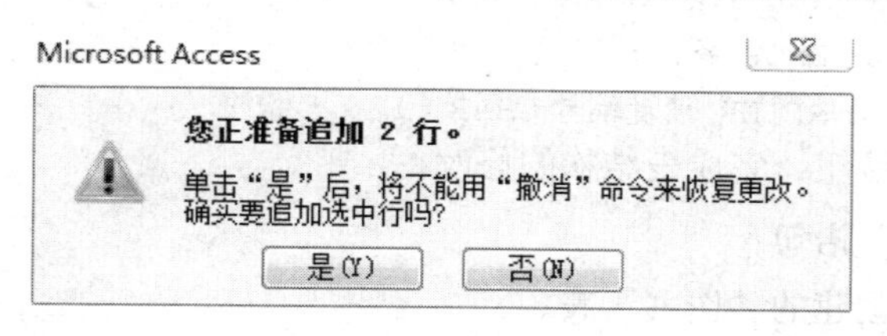

图 1-2-53　追加查询提示框

（5）单击“是”按钮，Access 开始将符合条件的一组记录追加到指定表中。一旦利用“追加查询”追加了记录，就不能用“撤销”命令恢复所做的更改。单击“否”按钮，不将记录追加到指定的表中，这里单击“是”按钮。如果打开“超期读者信息表”，即可看到增加了超期天数为 1～2 天读者的记录。

实验 2.5　结构化查询语句 SQL

2.5.1　数据定义

1. 创建表：CREATE 语句

实验要求：使用“SQL 语句”创建“图书”表，包括图书编号、图书名称、作者、出版号、价格及出版社。

操作步骤：

(1) 在“创建”选项卡的“查询”组中，单击“查询设计”按钮，进入查询设计界面，关闭“显示表”对话框，在“查询工具/设计”选项卡的“结果”组中单击“SQL 视图”按钮，在“SQL 视图”中输入创建表的 SQL 语句，如图 1-2-54 所示。

```
CREATE TABLE 图书(图书编号 char(4) primary key,图书名称 char(12) not null,作者
char(8),出版号 char(18),价格 int,出版社 char(50));
```

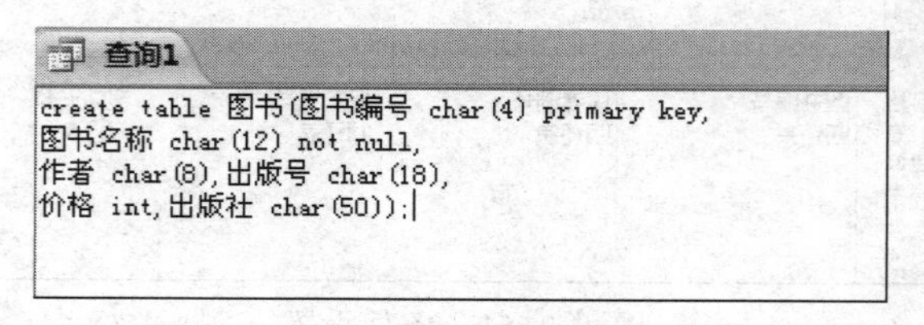

图 1-2-54　SQL 视图界面

(2) 单击“运行”按钮，图书表创建完成。

2. 修改表的结构：ALTER 语句

实验要求：在“借阅表”中增加一个字段，字段名为“姓名”，数据类型为“文本”，字段大小为 5；将“备注”字段删除，将“读者编号”字段的字段大小修改为 12。

操作步骤：

(1) 在“创建”选项卡的“查询”组中，单击“查询设计”按钮，进入查询设计界面，关闭“显示表”对话框，在“查询工具/设计”选项卡的“结果”组中单击“视图”下拉列表中的“SQL 视图”按钮，在“SQL 视图”中分别输入下面的 SQL 语句：

```
ALTER TABLE 借阅表 ADD 姓名 CHAR(5);
ALTER TABLE 借阅表 DROP 备注;
ALTER TABLE 借阅表 ALTER 读者编号 CHAR(12);
```

(2) 单击“运行”按钮，完成表结构的修改。

3. 删除表：DROP 语句

实验要求：删除已创建的“图书”表。

操作步骤：

（1）在“创建”选项卡的“查询”组中，单击“查询设计”按钮，进入查询设计界面，关闭“显示表”对话框，在“设计”选项卡的“结果”组中单击“视图”下拉列表中的“SQL 视图”按钮，在“SQL 视图”中输入下面的 SQL 语句：

```
DROP TABLE 图书;
```

（2）单击“运行”按钮，删除表。

2.5.2　数据操纵

1. INSERT 语句：实现数据的插入功能

将一条新记录插入到“学院表”中。

操作步骤如下：

（1）在“创建”选项卡的“查询”组中，单击“查询设计”按钮，进入查询设计界面，关闭“显示表”对话框，在“设计”选项卡的“结果”组中单击“视图”下拉列表中的“SQL”按钮，在“SQL 视图”输入下面的 SQL 语句。

```
INSERT INTO 学院表 VALUES("08","计算机学院");
```

（2）单击“运行”按钮，弹出询问是否追加对话框，单击“是”按钮，完成添加，如图 1-2-55 所示。

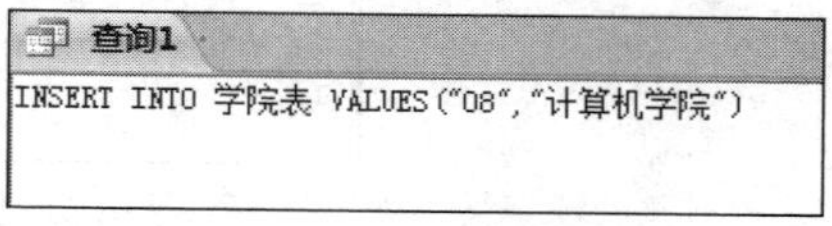

查询1

INSERT INTO 学院表 VALUES("08","计算机学院")

图 1-2-55　SQL 视图

2. UPDATE 语句：实现数据的更新功能

实验要求：将“学院表”信息与自动化学院记录的备注改为“信息与自动化学院共 50 人”。

实验步骤：

```
UPDATE 学院表 SET 备注="信息与自动化学院共 50 人"WHERE 学院名称="信息与自动化学院";
```

3. DELETE 语句：实现数据的删除功能

实验要求：将“借阅表”中借阅编号为“002”的记录删除。

实验步骤：

```
DELETE FROM 借阅表 WHERE 借阅编号="002";
```

2.5.3　数据查询

实验要求 1：查找并显示“图书表”中的所有字段。

实验步骤：

（1）在“创建”选项卡的“查询”组中，单击“查询设计”按钮，进入查询设计界面，关闭“显示表”对话框，在“设计”选项卡的“结果”组中单击“视图”下拉列表中的“SQL 视图”按钮，在“SQL 视图”输入下面的 SQL 语句：

```
SELECT * FROM 图书表;
```

（2）检索表中所有记录指定的字段。

实验要求 2：查找并显示“图书表”中“图书编号”“图书名称”“出版社”和“价格”四个字段。

实验步骤：

在“创建”选项卡的“查询”组中，单击“查询设计”按钮，进入查询设计界面，关闭“显示表”对话框，在“设计”选项卡的“结果”组中单击“视图”下拉列表中的“SQL 视图”按钮，在“SQL 视图”输入下面的 SQL 语句：

```
SELECT 图书编号,图书名称,出版社,价格 FROM 图书表;
```

实验 2.6 创建 SQL 的特定查询

2.6.1 创建联合查询

实验要求：将图书表中出版社为铁道出版社的书籍与查询“价格大于 20 图书”中的记录合并，显示“图书编号”“图书名称”和“价格”三个字段。

操作步骤：

(1) 在“创建”选项卡的“查询”组中，单击“查询设计”按钮，进入查询设计界面，关闭“显示表”对话框，在“设计”选项卡的“结果”组中单击“视图”下拉列表中的“SQL 视图”按钮，在“SQL 视图”输入图 1-2-56 所示的 SQL 语句。

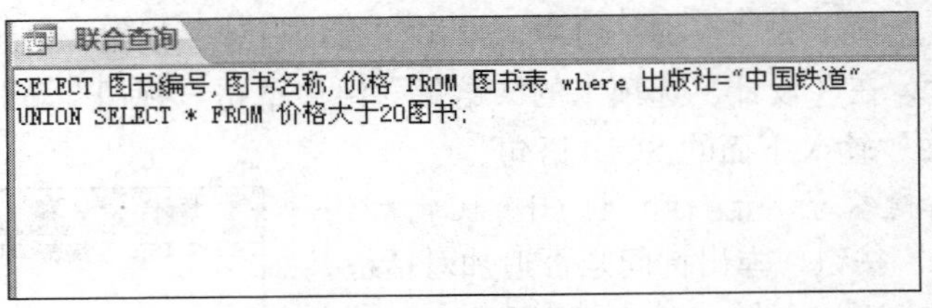

图 1-2-56 联合查询语句

(2) 单击“运行”按钮，完成联合查询。

2.6.2 创建子查询

实验要求：查询并显示“图书表”中图书高于图书平均价格的图书记录。

操作步骤：

(1) 在“创建”选项卡的“查询”组中，单击“查询设计”按钮，进入查询设计界面，双击“图书表”，将“图书表”添加到查询设计视图上半部分的窗口中。

(2) 关闭“显示表”对话框，双击“图书表”字段列表中的“*”以及“价格”字段，将其添加到设计网格中的字段行中。

(3) 在“价格”字段下的“条件”行中输入 SQL 语句：“>(SELECT AVG([价格]) FROM [图书表])”，取消选中“显示”行上的复选框，如图 1-2-57 所示。

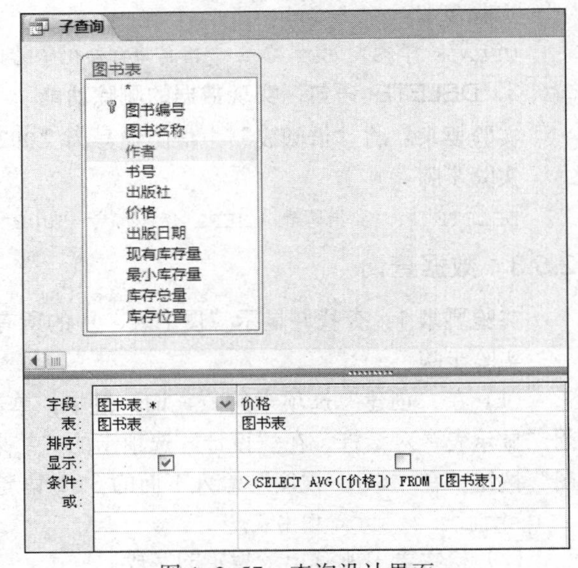

图 1-2-57 查询设计界面

2.6.3 创建传递查询

实验要求：查询 SQL Server 数据库中的“图书馆信息管理系统”库中的“图书表”和“借阅表”信息，显示“图书编号”“图书名称”及“借阅数量”三个字段的内容。

操作步骤：

(1) 打开 SQL 视图，单击“查询类型”组中的“传递”按钮。

（2）打开“属性表”窗格，在“ODBC 连接字符串”中输入要连接的数据库位置，例如，“ODBC;DSN=数据源；UID=Administrator;DATABASE=图书馆信息管理系统；AutoTranslate=No;Trusted_Connection=Yes”。

（3）关闭“查询表”对话框，在“SQL 视图”中输入下面的 SQL 语句：

```
SELECT 图书表.图书编号,图书表.图书名称,借阅表.借阅数量 FROM 图书表,借阅表;
```

（4）切换到数据表视图，可以看到查询结果。

二级真题练习及解析

一、选择题

1．Access 支持的查询类型有（　　）。

A．选择查询、交叉表查询、参数查询、SQL 查询和操作查询

B．选择查询、基本查询、参数查询、SQL 查询和操作查询

C．多表查询、单表查询、参数查询、SQL 查询和操作查询

D．选择查询、汇总查询、参数查询、SQL 查询和操作查询

2．假设“公司”表中有编号、名称、法人等字段，查找公司名称中有“网络”二字的公司信息，正确的命令是（　　）。

A．SELECT * FROM 公司 FOR 名称 = "*网络*"

B．SELECT * FROM 公司 FOR 名称 LIKE "*网络*"

C．SELECT * FROM 公司 WHERE 名称 = "*网络*"

D．SELECT * FROM 公司 WHERE 名称 LIKE "*网络*"

3．若要将“产品”表中所有供货商是“ABC”的产品单价下调 50，则正确的 SQL 语句是（　　）。

A．update 产品 set 单价=50 where 供货商="ABC"

B．update 产品 set 单价=单价-50 where 供货商="ABC"

C．update from 产品 set 单价=50 where 供货商="ABC"

D．update from 产品 set 单价=单价-50 where 供货商="ABC"

4．从“销售”表中找出部门号为“04”的部门中，单价最高的前两条商品记录，正确的 SQL 命令是（　　）。

A．SELECT TOP 2 * FROM 销售 WHERE 部门号="04" GROUP BY 单价;

B．SELECT TOP 2 * FROM 销售 WHERE 部门号="04" GROUP BY 单价 DESC;

C．SELECT TOP 2 * FROM 销售 WHERE 部门号="04" ORDER BY 单价;

D．SELECT TOP 2 * FROM 销售 WHERE 部门号="04" ORDER BY 单价 DESC;

5．下列关于 Access 查询条件的叙述中，错误的是（　　）。

A．同行之间为逻辑“与”关系，不同行之间为逻辑“或”关系

B．日期/时间类型数据在两端加上#

C．数字类型数据需在两端加上双引号

D．文本类型数据需在两端加上双引号

6．若要在文本型字段查询“Access”开头的字符串，正确的条件表达式是（　　）。

A. like "Access*"　B. like "Access"　C. like "*Access*"　D. like "*Access"

7. 条件“性别='女' Or 工资额>2000”的含义是（　　）。

A. 性别为'女'并且工资额大于 2000 的记录

B. 性别为'女'或者工资额大于 2000 的记录

C. 性别为'女'并非工资额大于 2000 的记录

D. 性别为'女'或工资额大于 2000，且二者择一的记录

8. Access 中，可与 Like 一起使用，代表 0 个或者多个字符的通配符是（　　）。

A. *　B. ?　C. #　D. $

9. 建立一个基于“tEmp”表的查询，要查找“工作时间”（日期/时间型）在 1980-07-01 和 1980-09-01 之间的职工，正确的条件表达式是（　　）。

A. Between 1980-07-01 Or 1980-09-01

B. Between 1980-07-01 And 1980-09-01

C. Between #1980-07-01# Or #1980-09-01#

D. Between #1980-07-01# And #1980-09-01#

10. 如果字段“成绩”的取值范围为 0～100，则下列选项中，错误的有效性规则是（　　）。

A. >=0 and <=100　B. [成绩]>=0 and [成绩]<=100

C. 成绩>=0 and 成绩<=100　D. 0<=[成绩]<=100

11. 在已建数据表中有“专业”字段，若查找包含“经济”两个字的记录，正确的条件表达式是（　　）。

A. =left([专业],2)="经济"　B. Mid([专业],2)="经济"

C. ="*经济*"　D. like"*经济*"

12. 下列 Access 内置函数中，属于 SQL 聚合函数的是（　　）。

A. Int　B. Fix　C. Count　D. Chr

13. 在 Access 数据库中使用向导创建查询，其数据可以来自（　　）。

A. 多个表　B. 一个表　C. 一个表的一部分　D. 表或查询

14. 要调整数据表中信息系 1990 年以前参加工作教师的住房公积金，应使用的操作查询是（　　）。

A. 生成表查询　B. 更新查询　C. 删除查询　D. 追加查询

15. 下列 SQL 查询语句中，与图 1-2-58 所示的查询结果等价的是（　　）。

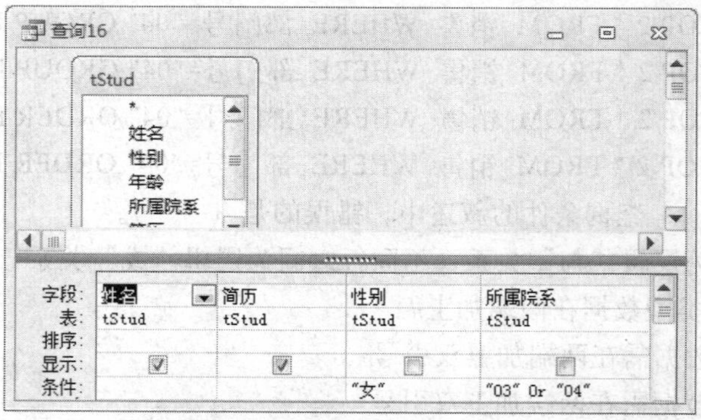

图 1-2-58　查询设计视图

A．SELECT 姓名，性别，所属院系，简历 FROM tStud
　WHERE 性别="女" AND 所属院系 IN("03"，"04")

B．SELECT 姓名，简历 FROM tStud
　WHERE 性别="女" AND 所属院系 IN("03"，"04")

C．SELECT 姓名，性别，所属院系，简历 FROM tStud
　WHERE 性别="女" AND 所属院系 ="03" OR 所属院系 = "04"

D．SELECT 姓名，简历 FROM tStud
　WHERE 性别="女" AND 所属院系 ="03" OR 所属院系 = "04"

16．若查询的设计如图 1-2-59 所示，则查询的功能是（　　）。

图 1-2-59　查询设计视图

A．设计尚未完成，无法进行统计

B．统计班级信息仅含 Null（空）值的记录个数

C．统计班级信息不包括 Null（空）值的记录个数

D．统计班级信息包括 Null（空）值全部记录个数

17.在已建“图书”表中查找定价大于等于 20 并且小于 30 的记录，正确的 SQL 命令是(　　)。

A．SELECT * FROM 图书 WHERE 定价 BETWEEN 20 AND 30

B．SELECT * FROM 图书 WHERE 定价 BETWEEN 20 TO 30

C．SELECT * FROM 图书 WHERE 定价 BETWEEN 20 AND 29

D．SELECT * FROM 图书 WHERE 定价 BETWEEN 20 TO 29

18．下列不属于操作查询的是（　　）。

A．参数查询　　B．生成表查询　　C．更新查询　　D．删除查询

19．下列关于 SQL 命令的叙述中，正确的是（　　）。

A．UPDATE 命令中必须有 FROM 关键字

B．UPDATE 命令中必须有 INTO 关键字

C．UPDATE 命令中必须有 SET 关键字

D．UPDATE 命令中必须有 WHERE 关键字

20．下列关于查询能够实现的功能的叙述中，正确的是（　　）。

A．选择字段，选择记录，编辑记录，实现计算，建立新表，设置格式

B．选择字段，选择记录，编辑记录，实现计算，建立新表，更新关系

C．选择字段，选择记录，编辑记录，实现计算，建立新表，建立数据库

D．选择字段，选择记录，编辑记录，实现计算，建立新表，建立基于查询的查询

二、操作题

1．在“实验二：二级真题练习与解析-操作题素材”文件夹下有一个数据库文件“samp1.accdb”，里面已经设计好3个关联表对象“tStud”“tCourse”“tScore”和一个空表“tTemp”。请按以下要求完成查询设计：

（1）创建一个选择查询，查找并显示简历信息为空的学生的“学号”“姓名”“性别”和“年龄”四个字段的内容，所建查询命名为“qT1”。

（2）创建一个选择查询，查找1月份入校学生的基本信息，并显示“姓名”“课程名”和“成绩”三个字段的内容，所建查询命名为“qT2”。

（3）创建一个选择查询，按系别统计各自男女学生的平均年龄，显示字段标题为“所属院系”“性别”和“平均年龄”，将查询命名为“qT3”。

（4）创建一个操作查询，将表对象“tStud”中没有书法爱好的学生的“学号”“姓名”和“年龄”3个字段内容追加到目标表“tTemp”的对应字段内，将查询命名为“qT4”。

2．在“实验二：二级真题练习与解析-操作题素材”文件夹下有一个数据库文件“samp2.accdb”，其中存在已经设计好的两个表对象“tStud”和“tScore”。请按照以下要求完成设计：

（1）创建一个查询，计算并输出学生中最大年龄与最小年龄的差值，显示标题为“s_data”，将查询命名为“qStud1”。

（2）建立“tStud”和“tScore”两表之间的一对一关系。

（3）创建一个查询，查找并显示数学成绩不及格的学生的“姓名”“性别”和“数学”三个字段的内容，所建查询命名为“qStud2”。

（4）创建一个查询，计算并显示“学号”和“平均成绩”两个字段的内容，其中“平均成绩”是计算数学、计算机和英语三门课成绩的平均值，将查询命名为“qStud3”。

3．在“实验二：二级真题练习与解析-操作题素材”文件夹下有一个数据库文件“samp3.accdb”，其中存在已经设计好的表对象“tCourse”“tSinfo”“tGrade”和“tStudent”，请按以下要求完成设计：

（1）创建一个查询，查找并显示“姓名”“政治面貌”“课程名”和“成绩”四个字段的内容，将查询命名为“qT1”。

（2）创建一个查询，计算每名学生所选课程的学分总和，并显示“姓名”和“学分”，其中“学分”为计算出的学分总和，将查询命名为“qT2”。

（3）创建一个查询，查找年龄小于平均年龄的学生，并显示其“姓名”，将查询命名为“qT3”。

（4）创建一个查询，将所有学生的“班级编号”“姓名”“课程名”和“成绩”等值填入“tSinfo”表的相应字段中，其中“班级编号”值是“tStudent”表中“学号”字段的前6位，将查询命名为“qT4”。

参考答案与解析

选择题

1	2	3	4	5	6	7	8	9	10
A	D	B	D	C	A	B	A	D	D
11	12	13	14	15	16	17	18	19	20
D	C	D	B	B	C	C	A	C	D

操作题

1．[答案与解析]

(1)

步骤 1：单击“创建”选项卡的“查询”组中的“查询设计”按钮。在“显示表”对话框双击表“tStud”，关闭“显示表”对话框。

步骤 2：分别双击“学号”“姓名”“性别”“年龄”和“简历”字段。

步骤 3：在“简历”字段的“条件”行中输入“is null”，单击“显示”行取消该字段显示。

步骤 4：单击快速访问工具栏中“保存”按钮，另存为“qT1”，关闭设计视图。

(2)

步骤 1：单击“创建”选项卡的“查询”组中的“查询设计”按钮。在“显示表”对话框分别双击表“tCourse”“tScore”“tStud”，关闭“显示表”对话框。

步骤 2：分别双击“姓名”“课程名”“成绩”“入校时间”字段，添加到“字段”行。

步骤 3：在“入校时间”的“条件”行中输入“Month([入校时间])”，取消选中显示的行。

步骤 4：单击快速访问工具栏中“保存”按钮，另存为“qT2”。关闭设计视图。

(3)

步骤 1：单击“创建”选项卡的“查询”组中的“查询设计”按钮。在“显示表”对话框双击表“tStud”，关闭“显示表”对话框。

步骤 2：单击“查询类型”组中的“交叉表”按钮。

步骤 3：分别双击“所属院系”“性别”和“年龄”字段。

步骤 4：在“年龄”字段“总计”行右侧的下拉列表中选择“平均值”。

步骤 5：分别在“所属院系”“性别”和“年龄”字段的“交叉表”行右侧的下拉列表中选择“行标题”“列标题”和“值”。

步骤 6：单击快速访问工具栏中“保存”按钮，另存为“qT3”，关闭设计视图。

(4)

步骤 1：单击“创建”选项卡的“查询”组中的“查询设计”按钮。在“显示表”对话框双击表“tStud”，关闭“显示表”对话框

步骤 2：单击“查询类型”组中的“追加查询”按钮，在弹出的对话框中输入“tTemp”，单击“确定”按钮。

步骤 3：分别双击“学号”“姓名”“年龄”和“简历”字段。

步骤 4：在“简历”字段的“条件”行中输入“not like "*书法*"”。

步骤 5：单击“结果”组中的“运行”按钮，在弹出的对话框中单击“是”按钮。

步骤 6：单击快速访问工具栏中的“保存”按钮，另存为“qT4”。关闭设计视图。

2. [答案与解析]

(1)

步骤 1：单击“创建”选项卡的“查询”组中的“查询设计”按钮。在“显示表”对话框中，双击表“tStud”添加到关系界面中，关闭“显示表”对话框。

步骤 2：在第一个字段处输入“s_data:Max([年龄])-Min([年龄])”。

步骤 3：单击快速访问工具栏中的“保存”按钮，另存为“qStud1”，关闭设计视图。

(2)

步骤 1：单击“数据库工具”选项卡的“关系”组中的“关系”按钮，如不出现“显示表”对话框则单击“关系”组中的“显示表”按钮，分别添加表“tStud”和“tScore”，关闭“显示表”对话框。

步骤 2：选中表“tStud”中的”学号”字段，拖动鼠标到表“tSore”的“学号”字段上，释放鼠标，在弹出的对话框中单击“创建”按钮。

步骤 3：单击快速访问工具栏中的“保存”按钮，关闭“关系”界面。

(3)

步骤 1：单击“创建”选项卡的“查询”组中的“查询设计”按钮。在“显示表”对话框分别双击表“tStud”“tScore”，关闭“显示表”对话框。

步骤 2：分别双击“姓名”“性别”和“数学”字段。

步骤 3：在“数学”字段的“条件”行中输入“<60”。

步骤 4：单击快速访问工具栏中“保存”按钮，另存为“qStud2”，关闭设计视图。

(4)

步骤 1：单击“创建”选项卡的“查询”组中的“查询设计”按钮。在“显示表”对话框双击表“tScore”，关闭“显示表”对话框。

步骤 2：双击“学号”字段，添加其到“字段”行。

步骤 3：在“字段”行下一列中输入“平均成绩: ([数学]+[计算机]+[英语])/3”。

步骤 4：单击快速访问工具栏中的“保存”按钮，另存为“qStud3”，关闭设计视图。

3. [答案与解析]

(1)

步骤 1：单击“创建”选项卡的“查询”组中的“查询设计”按钮。在“显示表”对话框分别双击表“tStudent”“tCourse”“tGrade”，关闭“显示表”对话框。

步骤 2：分别双击“姓名”“政治面貌”“课程名”和“成绩”字段添加到“字段”行。

步骤 3：单击快速访问工具栏中的“保存”按钮，另存为“qT1”，关闭设计视图。

(2)

步骤 1：单击“创建”选项卡的“查询”组中的“查询设计”按钮。在“显示表”对话框分别双击表“tStudent”“tCourse”“tGrade”，关闭“显示表”对话框。

步骤 2：分别双击“姓名”“学分”字段，将其添加到“字段”行。

步骤 3：单击“设计”选项卡的“显示/隐藏”组中的“汇总”按钮Σ，在“学分”字段“总计”行下拉列表中选择“合计”。

步骤 4：在“学分”字段前添加“学分：”字样。

步骤 5：单击快速访问工具栏中的“保存”按钮，另存为“qT2”，关闭设计视图。

(3)

步骤 1：单击“创建”选项卡的“查询”组中的“查询设计”按钮。在“显示表”对话框中双击表“tStudent”，关闭“显示表”对话框。

步骤 2：分别双击“姓名”“年龄”字段，将其添加到“字段”行。

步骤 3：在“年龄”字段“条件”行中输入“<(SELECT AVG([年龄])from[tStudent])”，单击“显示”行取消字段显示。

步骤 4：单击快速访问工具栏中的“保存”按钮，另存为“qT3”，关闭设计视图。

(4)

步骤 1：单击“创建”选项卡的“查询”组中的“查询设计”按钮。在“显示表”对话框分别双击表“tStudent”“tCourse”“tGrade”，关闭“显示表”对话框。

步骤 2：单击“查询类型”组中的“追加查询”按钮，在弹出的对话框中输入“tSinfo”，单击“确定”按钮。

步骤 3：在“字段”行第一列输入“班级编号: Left([tStudent]![学号],6)”，在”追加到”行下拉列表中选择”班级编号”。分别双击“姓名”“课程名”“成绩”字段，将其添加到“字段”行。

步骤 4：单击“结果”组中的“运行”按钮，在弹出的对话框中单击“是”按钮。

步骤 5：单击快速访问工具栏中的“保存”按钮，另存为“qT4”，关闭设计视图。

实验3 窗体练习

目的和要求

（1）掌握窗体的创建方法。

（2）掌握窗体的设计方法。

（3）掌握窗体的格式化。

主要内容

（1）创建窗体：自动创建窗体、创建图表窗体、使用“空白窗体”按钮创建窗体、使用向导创建窗体。

（2）设计窗体：常用控件的使用、窗体和控件属性、使用计算控件。

（3）格式化窗体：使用条件格式、添加当前日期和时间、对齐窗体中的控件。

实验3.1 创建窗体

1．自动创建窗体

实验要求：使用“窗体”按钮创建“读者信息表”窗体。

操作步骤：

（1）打开“图书馆信息管理系统”数据库，在“导航窗格”中选中作为窗体数据源的“读者信息表”表。

（2）在“创建”选项卡的“窗体”组中，单击“窗体”按钮，如图1–3–1所示，系统自动创建“读者信息表”窗体，结果如图1–3–2所示。

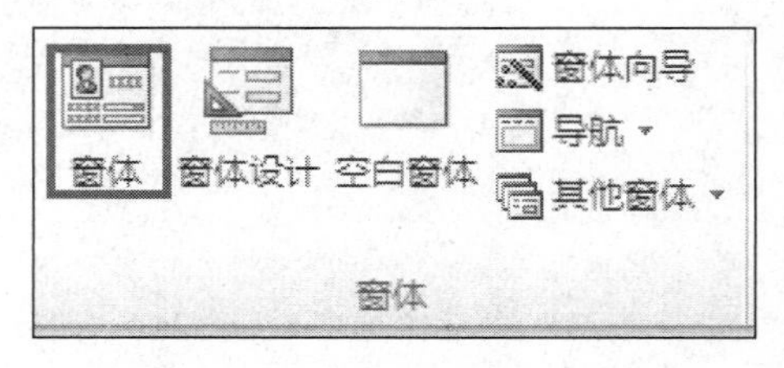

图1–3–1 单击“窗体”按钮

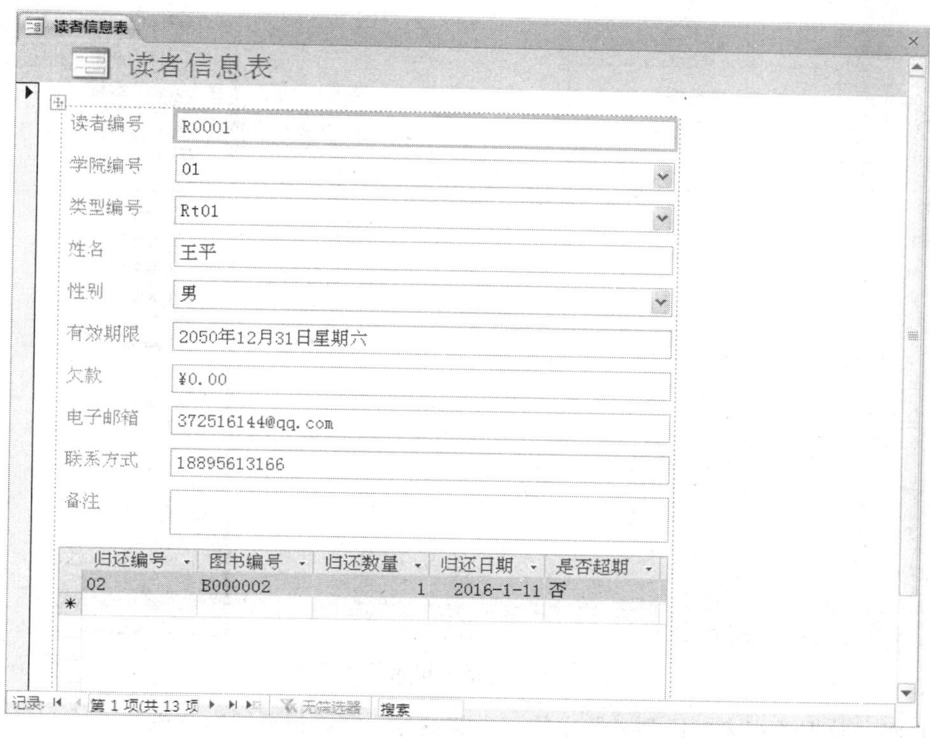

图 1-3-2 “读者信息表”窗体

(3) 将窗体保存为“读者信息表”。

2. 创建图表窗体

实验要求：以“读者信息表”表为数据源，创建各学院不同性别人数的数据透视表窗体。

操作步骤：

(1) 在“导航窗格”中选中“读者信息表”表。

(2) 单击“创建”选项卡的“窗体”组的“其他窗体”下拉列表中的“数据透视表”按钮，如图 1-3-3 所示，进入数据透视表的设计界面，如图 1-3-4 所示。

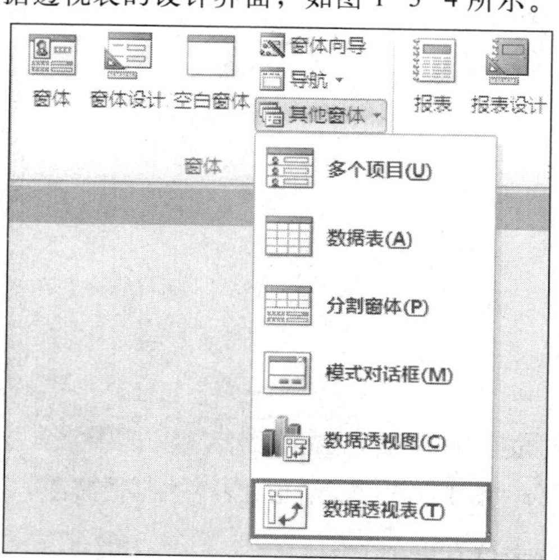

图 1-3-3 单击“数据透视表”按钮

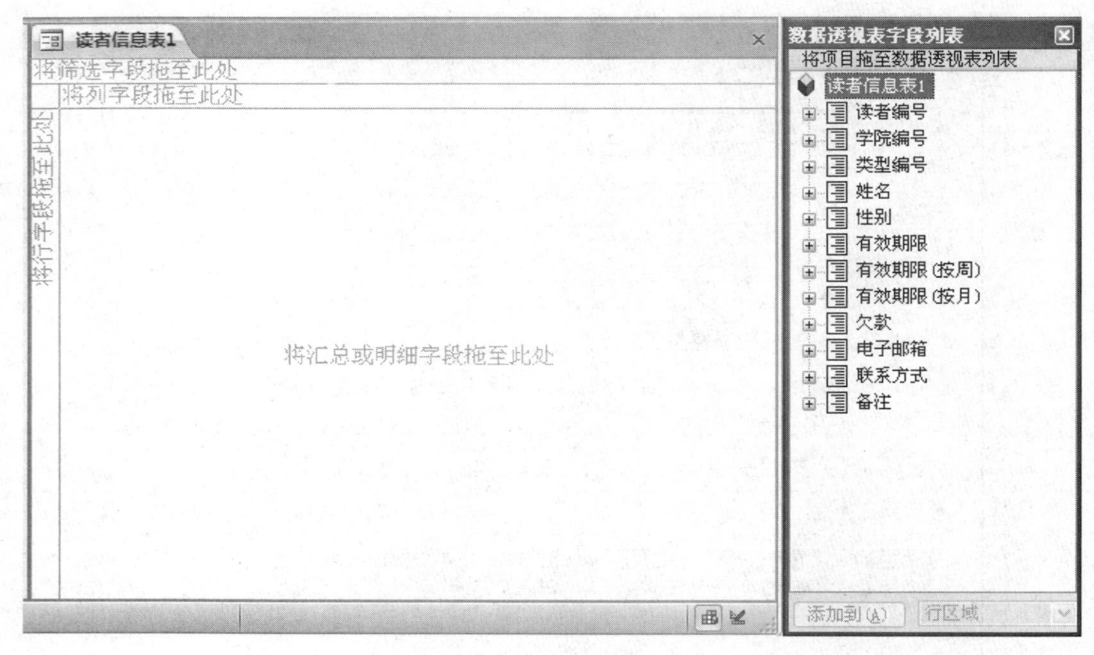

图 1-3-4　数据透视表设计界面

（3）将“数据透视表字段列表”中的“学院编号”字段拖至“行字段”区域，将“性别”字段拖至“列字段”区域，选中“读者编号”字段，在右下角的下拉列表中选择“数据区域”，单击“添加到”按钮，如图 1-3-5 所示，完成数据透视表的创建。

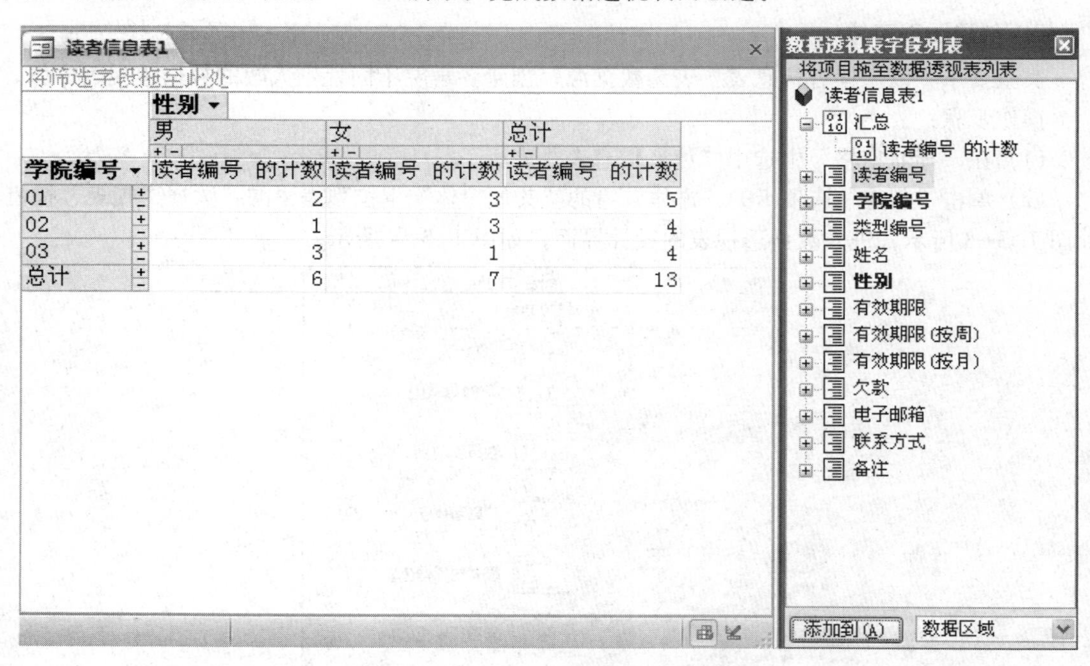

图 1-3-5　“读者信息表”数据透视表

（4）将窗体保存为“读者信息表 1”窗体。

3．使用“空白窗体”按钮创建窗体

实验要求：利用“空白窗体”按钮，以“管理员表”为数据源，创建显示“职工编号”“姓名”和“密码”的窗体。

操作步骤：

（1）在“创建”选项卡的“窗体”组中，单击“空白窗体”按钮，如图 1–3–6 所示，打开空白窗体，同时打开“字段列表”窗格。

（2）单击“字段列表”中的“显示所有表”超链接，单击“管理员表”表左侧的“+”，展开“管理员表”表所包含的字段，如图 1–3–7 所示。

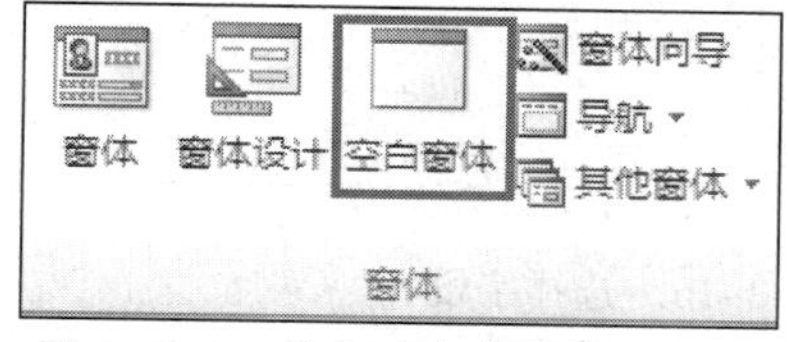

图 1–3–6　单击“空白窗体”按钮

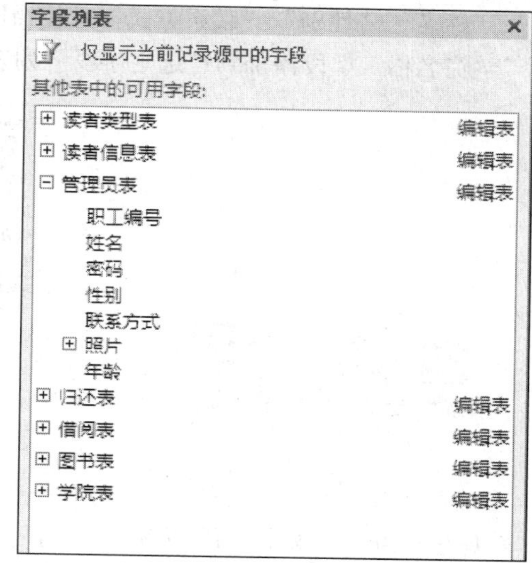

图 1–3–7　“字段列表”窗格

（3）依次双击“管理员表”表中的“职工编号”“姓名”“密码”字段。这些字段将被添加到空白窗体中，且显示“管理员表”表中的第 1 条记录。

（4）关闭“字段列表”窗格，调整控件布局，保存为“管理员表”窗体，如图 1–3–8 所示。

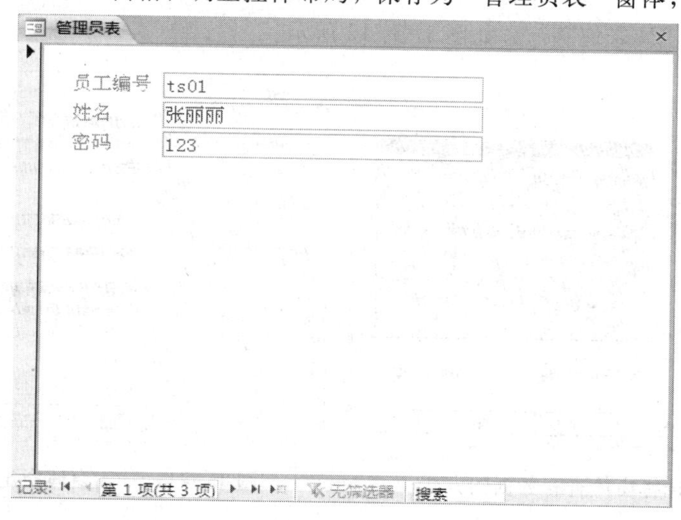

图 1–3–8　“管理员表”窗体

4．使用向导创建窗体

实验要求：利用“窗体向导”创建基于“读者信息表”“学院表”数据表的窗体并命名为“读者学院窗体”。要求显示“学院编号”“学院名称”“读者编号”“姓名”“性别”和“联系方式”信息。

操作步骤：

（1）打开“图书馆信息管理系统”数据库，选择“创建”选项卡。

（2）在“窗体”组中单击“窗体向导”按钮，如图 1–3–9 所示，弹出“窗体向导”对话框。

（3）在“表/查询”下拉列表中选择所需数据源“读者信息表”表，并选择所需字段“读者编号”“姓名”“性别”“联系方式”；按照同样的方法将“学院表”表中的“学院编号”字段和“学院名称”字段添加到“选定字段”列表中，选择结果如图 1–3–10 所示。

图 1–3–9　单击“窗体向导”按钮

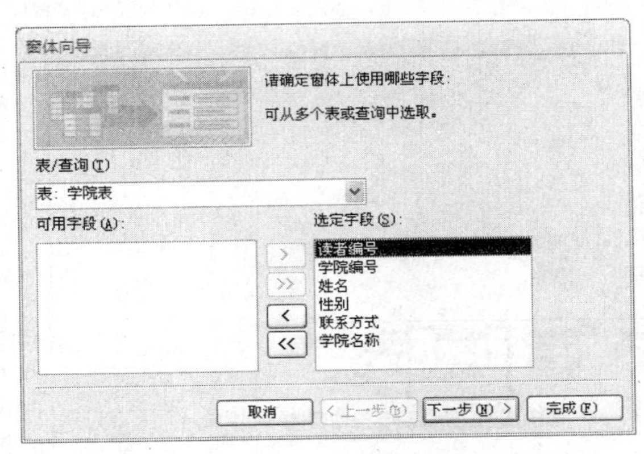

图 1–3–10　选择字段

（4）单击“下一步”按钮，打开“请确定查看数据的方式”对话框，选择“通过 学院表”查看读者信息，并选中“带有子窗体的窗体”单选按钮，如图 1–3–11 所示。

（5）单击“下一步”按钮，打开“请确定子窗体所使用的布局”对话框，使用默认的“数据表”选项。单击“下一步”按钮，在打开的对话框中为窗体指定标题为“读者学院窗体”，并将子窗体命名为“读者信息”，如图 1–3–12 所示。

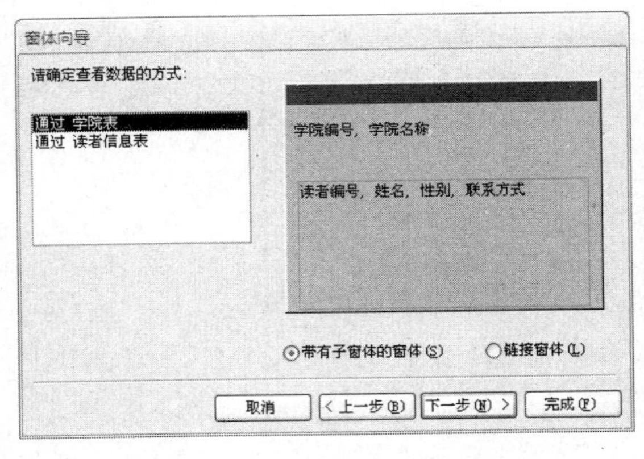

图 1–3–11　选择窗体查看数据的方式

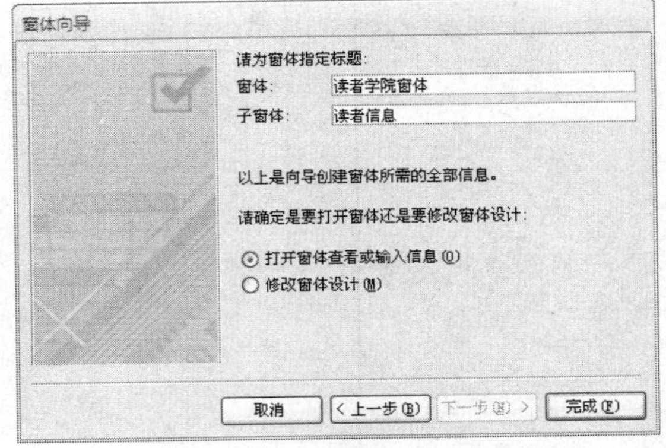

图 1–3–12　“为窗体指定标题”对话框

（6）单击“完成”按钮，创建的窗体如图 1–3–13 所示。

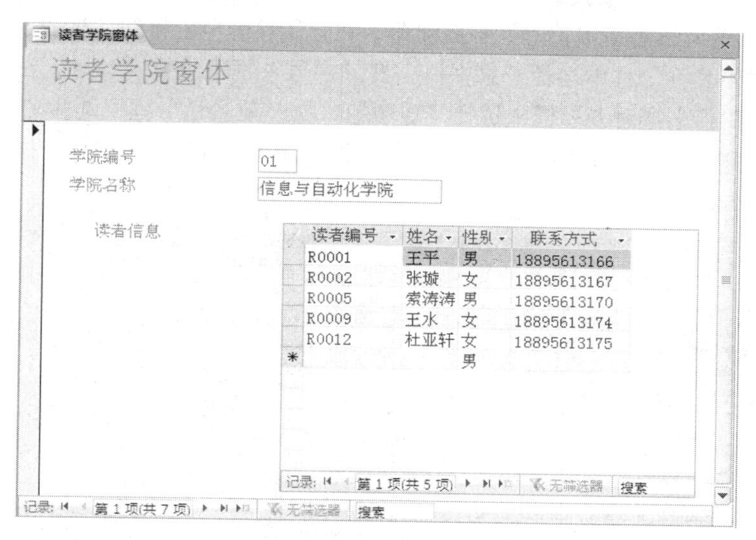

图 1-3-13　主子窗体设置结果

实验 3.2　设 计 窗 体

实验要求：使用“窗体设计”按钮创建“输入读者信息”窗体。

操作步骤：

（1）单击“创建”选项卡的“窗体”组中的“窗体设计”按钮，如图 1-3-14 所示，打开窗体设计视图。将窗体保存为“输入读者信息”。

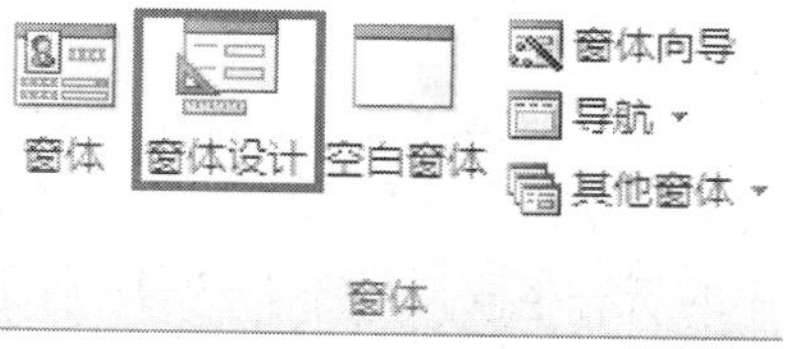

图 1-3-14　单击“窗体设计”按钮

（2）右击主体节的空白区域，在弹出的快捷菜单中选择“窗体页眉/页脚”命令，如图 1-3-15 所示，在窗体“设计视图”中同时添加了“窗体页眉”和“窗体页脚”。

（3）单击“设计”选项卡的“控件”组中的“标签”按钮，在窗体页眉处单击要放置标签的位置，然后在标签内输入文本“输入读者基本信息”。

（4）单击“设计”选项卡的“工具”组中“属性表”按钮，如图 1-3-16 所示，打开“属性表”对话框。

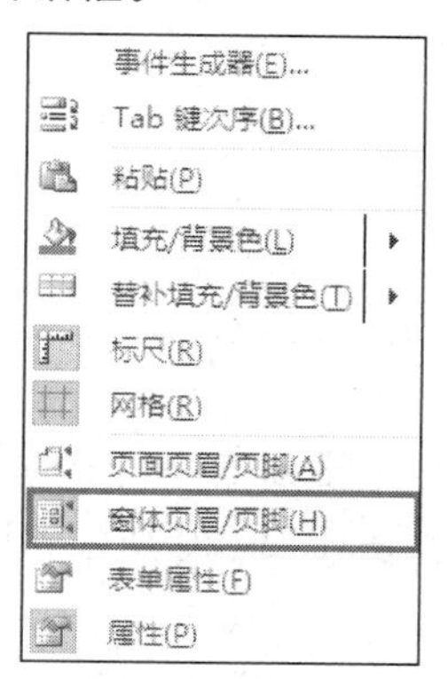

图 1-3-15　选择“窗体页眉/页脚”命令

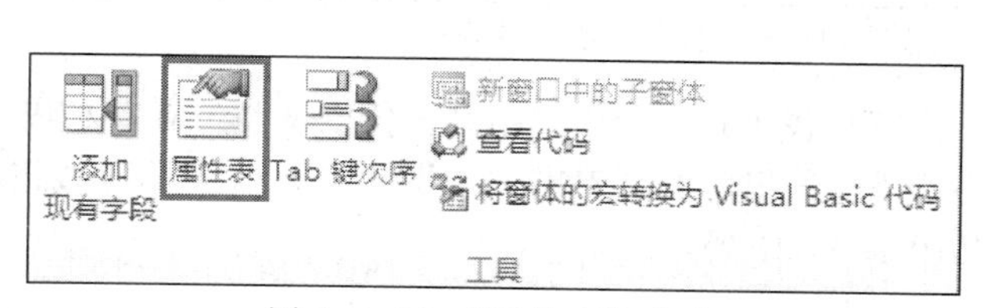

图 1-3-16　“属性表”命令

(5) 选中 “输入读者基本信息” 标签对象，在“属性表”窗格的“格式”选项卡中进行属性设置，在“字体名称”框中选择“隶书”，在“字号”框中选择“24”，在字体粗细”框中选择“加粗”，在“文本对齐”框中选择“居中”，在“前景色”框中选择“Access 主题 1”，在“背景色”框中选择“突出显示”，在“宽度”框中输入“8cm”，“高度”框中输入“1cm”，如图 1-3-17 所示。

图 1-3-17　标签对象及属性表界面

(6) 单击“设计”选项卡的“工具”组中的“添加现有字段”按钮，如图 1-3-18 所示，打开“字段列表”窗格，单击“显示所有表”，展开“读者信息表”，显示出“读者信息表”中的所有字段，如图 1-3-19 所示。

图 1-3-18　单击“添加现在字段”命令

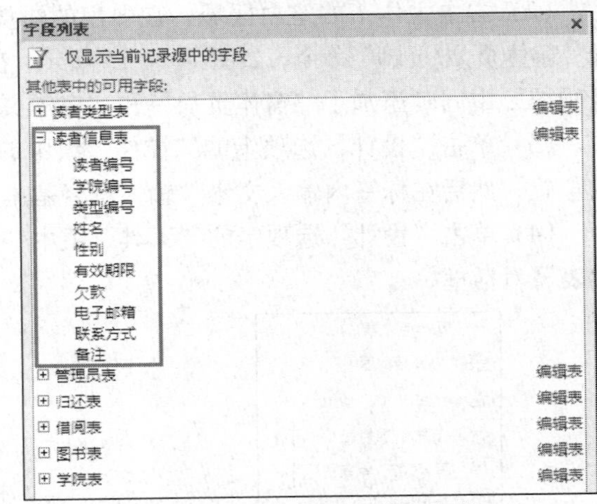

图 1-3-19　“字段列表”窗格

(7) 将所有字段依次拖到窗体内适当位置。利用“窗体设计工具|排列”选项卡的“调整大小和排序”组中的“对齐”按钮和“大小/空格”按钮进行排版，如图 1-3-20 所示。设置效果如图 1-3-21 所示。

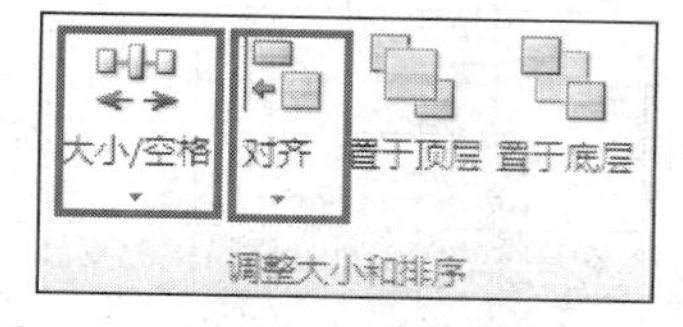

图 1-3-20　“调整大小和排序”组

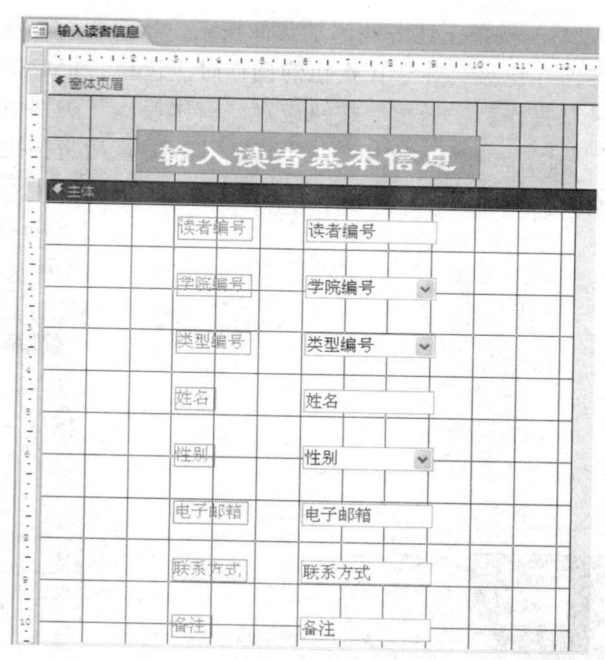

图 1-3-21　设计界面

（8）单击“设计”选项卡的“控件”组中的“按钮”控件，如图 1-3-22 所示，在“窗体页脚”节单击要放置按钮的位置，打开“命令按钮向导”第 1 个对话框。在“类别”框中选择“记录导航”，在“操作”框中选择“转至下一项记录”，如图 1-3-23 所示。

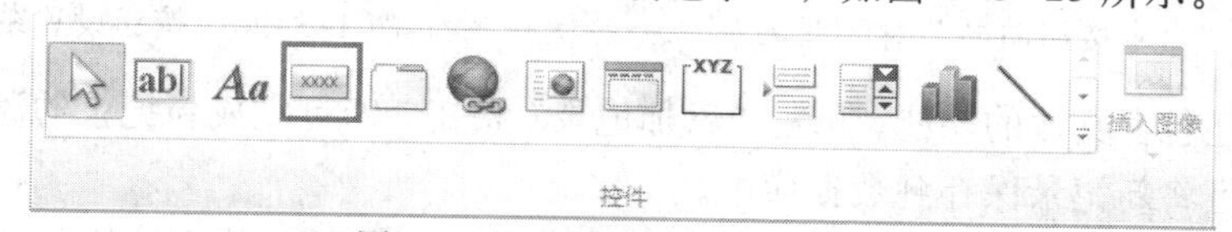

图 1-3-22　单击“按钮”控件

（9）单击“下一步”按钮，打开“命令按钮向导”第 2 个对话框。选中“文本”单选按钮，并在其后的文本框中输入“下一条记录”，如图 1-3-24 所示。

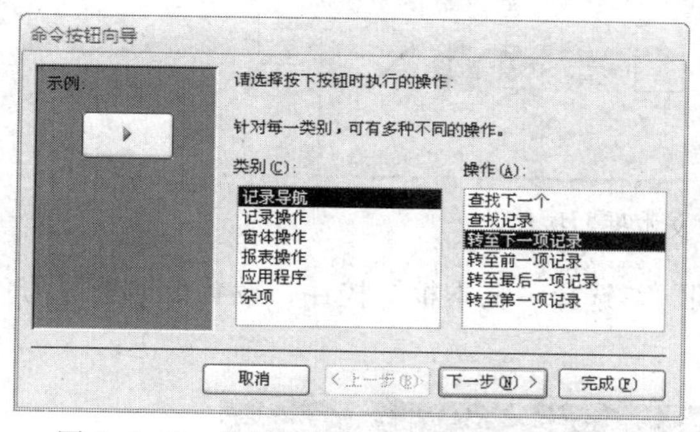

图 1-3-23　“命令按钮向导”第 1 个对话框

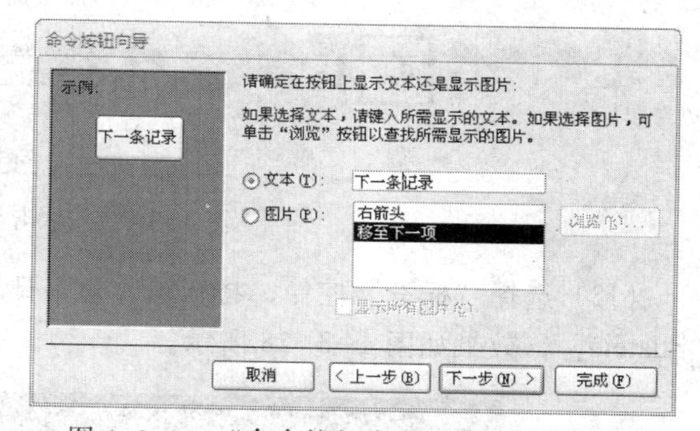

图 1-3-24　“命令按钮向导”第 2 个对话框

（10）单击“下一步”按钮，在打开的对话框中为创建的按钮命名为“cmdNext”，如图 1-3-25 所示，单击“完成”按钮完成按钮的设置。

（11）按照上述方法添加其他按钮，与“上一条记录”按钮的创建方法类似。“添加记录”和“保存记录”在选择按钮的操作时应选择“记录操作”类别中的“添加新记录”和“保存记录”操作。“退出”按钮应在“窗体操作”类别中选择“关闭窗体”操作。然后选择“文本”显示，在其输入框中输入“退出”即可。最后将按钮排列至合适位置，设置结果如图 1-3-26 所示。

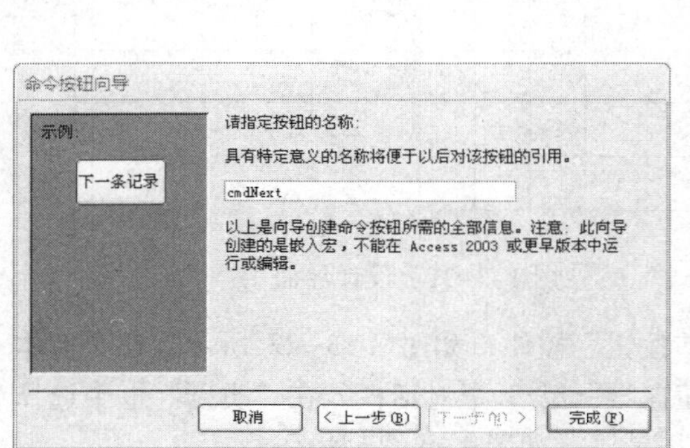

图 1-3-25 “命令按钮向导”对话框

图 1-3-26 按钮设置结果

此时的按钮已包含具体的功能，单击“添加记录”按钮，即可完成新记录的添加，单击“保存记录”按钮即可将新记录保存到数据库中。

（12）在窗体页眉处添加一个本文框，用来显示日期。先取消“使用控件向导”，单击“设计”选项卡的“控件”组中的“文本框”按钮，如图 1-3-27 所示，在窗体页眉中的适当位置添加文本框控件。

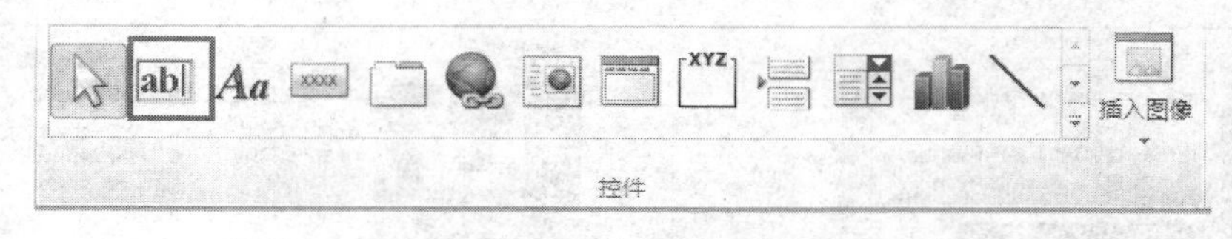

图 1-3-27 单击“文本框”按钮

（13）选择“标签”控件，将标题改为“日期”。选择“文本框”控件，设置数据来源为“=date()”，效果如图 1-3-28 所示。

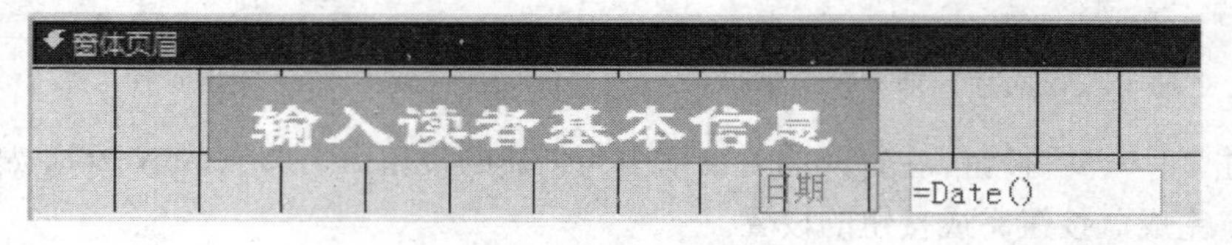

图 1-3-28 设置日期界面

（14）保存窗体，选择“开始”选项卡中视图组中的“窗体视图”，如图 1–3–29 所示，查看运行效果，界面运行如图 1–3–30 所示。

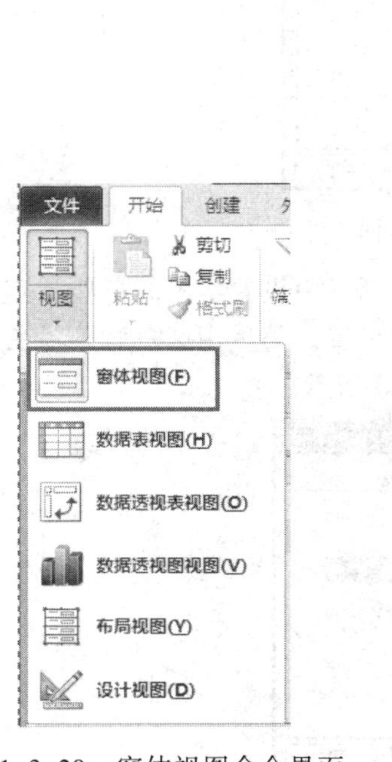

图 1–3–29　窗体视图命令界面

图 1–3–30　窗体视图界面

实验 3.3　格式化窗体

实验要求：为“输入读者信息”窗体制作副本，命名为“输入读者信息格式化窗体”，并将该窗体应用条件格式，使“性别”字段的值能用不同颜色显示：男生用红色背景黑色字体显示，女生用黄色背景深蓝色字体显示。调整“输入读者信息格式化窗体”窗体页脚中的五个按钮，使五个按钮的上边对齐，并且使“退出”按钮的大小与“保存记录”按钮一致。

操作步骤：

（1）在“导航窗格”中，右击“输入读者信息”窗体，选择“复制”命令，再右击并选择“粘贴”命令，为“输入读者信息”窗体制作副本，命名为“输入读者信息格式化窗体”。

（2）利用设计视图打开要修改的“输入读者信息格式化窗体”，选中“性别”字段组合框控件。

（3）单击“格式”选项卡的“控件格式”组中的“条件格式”按钮，如图 1–3–31 所示，打开“条件格式规则管理器”对话框，如图 1–3–32 所示。

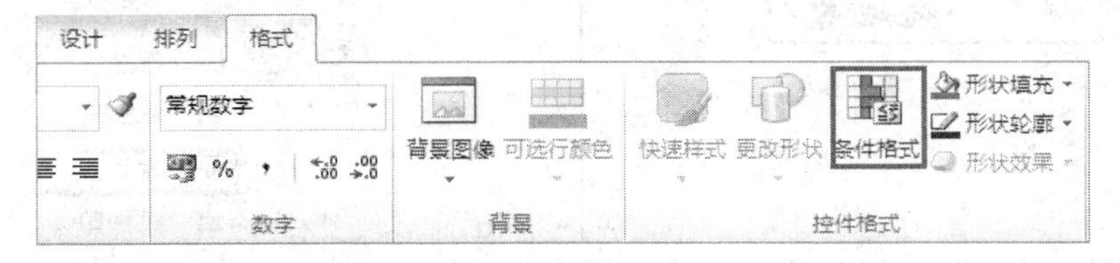

图 1–3–31　单击“条件格式”按钮

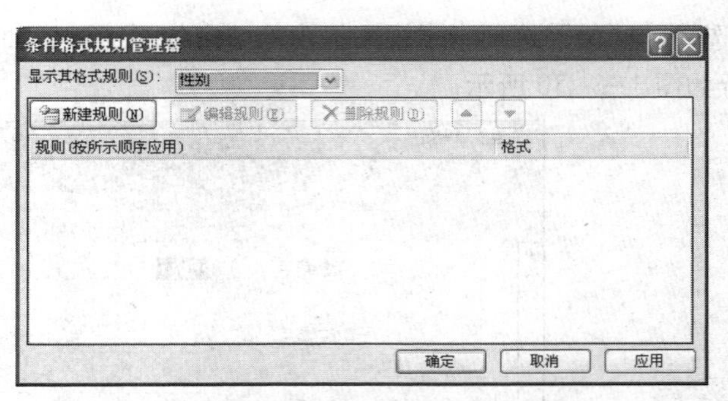

图 1-3-32 “条件格式规则管理器”对话框

（4）单击“新建规则”按钮，在弹出的“新建格式规则”对话框中设置字段的条件及满足条件时数据的显示格式，单击“确定”按钮，完成这个条件格式设置。男生用红色背景黑色字体显示，女生用黄色背景深蓝色字体显示。设置格式如图 1-3-33 所示。

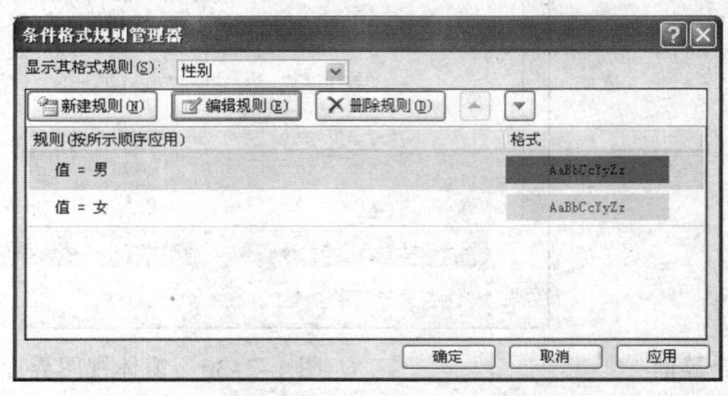

图 1-3-33 条件及条件格式设置结果

（5）单击“确定”按钮，切换到窗体视图，可以观察到性别字段显示不同的字体颜色和背景，显示结果如图 1-3-34 所示。

（6）在设计视图下打开“输入读者信息格式化窗体”，按住【Shift】键，连续单击需要对齐的五个按钮控件：“下一条记录”“上一条记录”“添加记录”“保存记录”和“退出”按钮。

（7）单击“排列”选项卡的“调整大小和排序”组的“对齐”下拉列表中的“靠上”按钮，如图 1-3-35 所示。

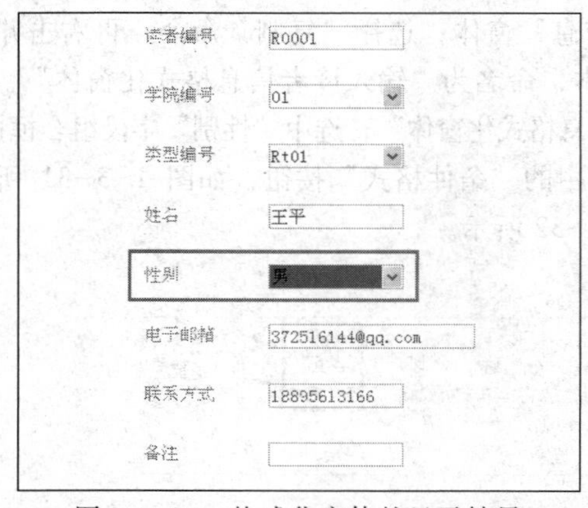

图 1-3-34 格式化窗体的显示结果

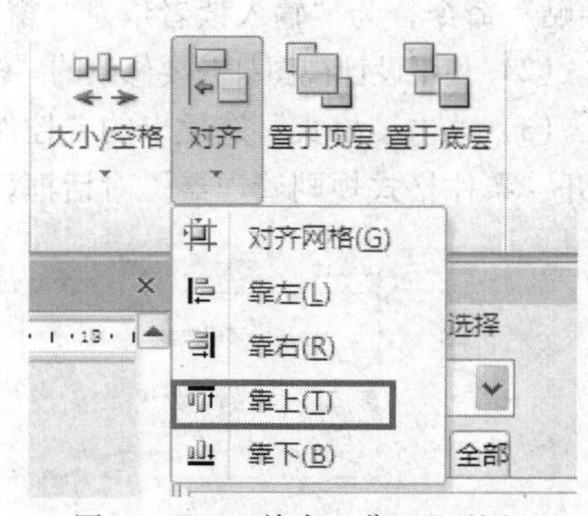

图 1-3-35 单击“靠上”按钮

（8）选择“保存记录”和“退出”按钮，单击“排列”选项卡的“大小/空格”下拉列表中的“至最宽”和“至最高”按钮即可，如图 1-3-36 所示。结果如图 1-3-37 所示。

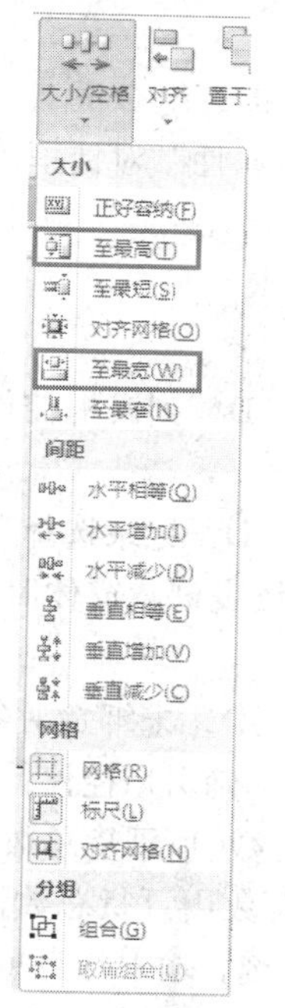

图 1-3-36　单击“至最宽”和“至最高”按钮

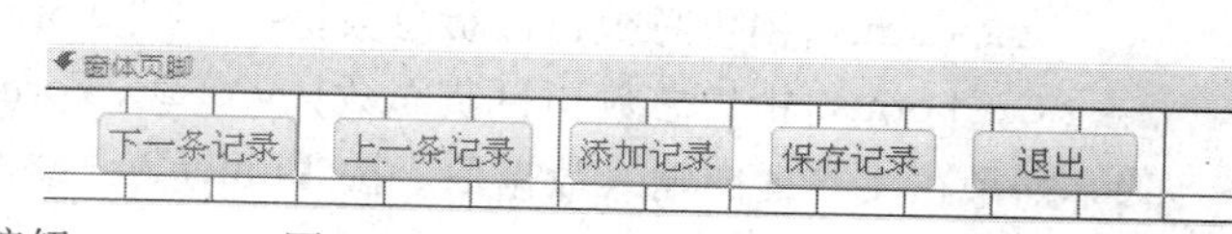

图 1-3-37　命令按钮调整大小结果

二级真题练习及解析

一、选择题

1．在窗体上，设置控件 Command0 为不可见的属性是（　　）。

A．Command0.Colore　　B．Command0.Caption

C．Command0.Enabled　　D．Command0.Visible

2．能够接受数值型数据输入的窗体控件是（　　）。

A．图形　　B．文本框　　C．标签　　D．命令按钮

3．在窗体设计工具箱中，代表组合框的图标是（　　）。

A．　　B．　　C．　　D．

4．要改变窗体上文本框控件的输出内容，应设置的属性是（　　）。

A．标题　　B．查询条件　　C．控件来源　　D．记录源

5．在宏的参数中，要引用窗体 F1 上的 Text1 文本框的值，应该使用的表达式是（　　）。

A．[Forms]![F1]![Text1]　　B．Text1

C．[F1] . [Text1]　　D．[Forms]_[F1]_[Text1]

6．启动窗体时，系统首先执行的事件过程是（　　）。

A．Load　　B．Click　　C．Unload　　D．GotFocus

7．窗体 Caption 属性的作用是（　　）。

A．确定窗体的标题　　B．确定窗体的名称

C．确定窗体的边界类型　　D．确定窗体的字体

8．在教师信息输入窗体中，为职称字段提供“教授”“副教授”“讲师”等选项供用户直接选择，应使用的控件是（　　）。

A．标签　B．复选框　C．文本框　D．组合框

9．在 Access 中为窗体上的控件设计 Tab 键的顺序，应选择“属性”对话框的（　　）。

A．“格式”选项卡　　B．“数据”选项卡

C．“事件”选项卡　　D．“其他”选项卡

10．在窗体中，用来输入或编辑字段数据的交互控件是（　　）。

A．文本框控件　B．标签控件　C．复选框控件　D．列表框控件

11．下列属性中，属于窗体的“数据”类型的是（　　）。

A．记录源　B．自动居中　C．获得焦点　D．记录选择器

12．在学生表中使用“照片”字段存放相片，当使用向导为该表创建窗体时，照片字段使用的默认控件是（　　）。

A．图形　B．图像　C．绑定对象框　D．未绑定对象框

13．若在“销售总数”窗体中有“订货总数”文本框控件，能够正确引用控件值的是（　　）。

A．Forms.[销售总数].[订货总数]　　B．Forms![销售总数].[订货总数]

C．Forms.[销售总数]![订货总数]　　D．Forms![销售总数]![订货总数]

14．如果在文本框内输入数据后，按【Enter】键或按【Tab】键，输入焦点可立即移至下一指定文本框，应设置（　　）。

A．“制表位”属性　　B．“Tab 键索引”属性

C．“自动 Tab 键”属性　　D．“Enter 键行为”属性

15．“窗体视图”中显示窗体时，窗体中没有记录选定器，应将窗体的“记录选定器”属性值设置为（　　）。

A．是　B．否　C．有　D．无

16．用来显示与窗体关联的表或查询中字段值的控件类型是（　　）。

A．绑定型　B．计算型　C．关联型　D．未绑定型

17．若将以创建的“系统界面”窗体设置为启动窗体，应使用的对话框是（　　）。

A．Access　B．启动　C．打开　D．设置

18．假设已在 Access 中建立了包含“书名、单价、数量”三个字段的“销售表”，以该表为数据源创建的窗体中，有一个计算销售总金额的文本框，其“控件来源”应为（　　）。

A．[单价]*[数量]　　B．=[单价]*[数量]

C．[销售]![单价]*[销售]![数量]　　D．=[销售]![单价]*[销售]![数量]

19．在已建“教师”表中有“出生日期”字段，以此表为数据源创建“教师基本信息”窗体。假设当前教师的出生日期为“1978-05-19”，如在窗体“出生日期”标签右侧文本框控件的“控件来源”属性中输入表达式：=str(Month([出生日期]))+”月”，则在该文本框控件内输入的结果是（　　）。

A．“05”+“月”　　B．1978-05-19 月

C．05 月　　D．5 月

20．“特殊效果”属性值用于设定控件的显示效果，不属于“特殊效果”属性值的是（　　）。

A. 平面　　B. 凸起　　C. 蚀刻　　D. 透明

二、操作题

1．在“实验三：二级真题练习与解析-操作题素材”文件夹下有一个数据库文件“samp1.accdb”，其中存在已经设计好的表对象“tAddr”和“tUser”，同时，还设计出窗体对象“fEdit”和“fEuser”。请在此基础上按照以下要求补充“fEdit”窗体设计：

（1）将窗体中名称为“LRemark”的标签控件上的文字颜色改为红色（红色代码为 255）、字体粗细改为“加粗”。

（2）将窗体标题设置为“修改用户信息”。

（3）将窗体边框改为“对话框边框”样式，取消窗体中的水平和垂直滚动条、记录选择器、导航按钮和分隔线。

（4）将窗体中“退出”按钮（名称为“cmdquit”）上的文字颜色改为深棕（深棕代码为 128）、字体粗细改为“加粗”，并在文字下方加上下画线。

2．在“实验三：二级真题练习与解析-操作题素材”文件夹下有一个数据库文件“samp2.accdb”，其中存在已经设计好的表对象“tNorm”和“tStock”，查询对象“qStock”和宏对象“m1”，同时还有以“tNorm”和“tStock”为数据源的窗体对象“fStock”和“fNorm”。请在此基础上按照以下要求补充窗体设计：

（1）在“fStock”窗体对象的窗体页眉节区添加一个标签控件，名称为“bTitle”，初始化标题显示为“库存浏览”，字体为“黑体”，字号为 18，字体粗细为“加粗”。

（2）在“fStock”窗体对象的窗体页脚节区添加一个命令按钮，命名为“bList”，按钮标题为“显示信息”。

（3）设置命令按钮 bList 的单击事件属性为运行宏对象 m1。

（4）将“fStock”窗体的标题设置为“库存浏览”。

（5）将“fStock”窗体对象中的“fNorm”子窗体的导航按钮去掉。

3．在“实验三：二级真题练习与解析-操作题素材”文件夹下有一个数据库文件“samp3.accdb”，其中存在已经设计好的表对象“tCollect”，查询对象“qT”，同时还有以“tCollect”为数据源的窗体对象“fCollect”。请在此基础上按照以下要求补充窗体设计：

（1）将窗体“fCollect”的记录源改为查询对象“qT”。

（2）在窗体“fCollect”的窗体页眉节区添加一个标签控件，名称为“bTitle”，标题为“CD 明细”，字体为“黑体”，字号为 20，字体粗细为“加粗”。

（3）将窗体标题栏上的显示文字设为“CD 明细显示”。

（4）在窗体页脚节区添加一个按钮，命名为“bC”，按钮标题为“改变颜色”。

参考答案与解析

一、选择题

1	2	3	4	5	6	7	8	9	10
D	B	D	C	A	A	A	D	D	A
11	12	13	14	15	16	17	18	19	20
A	C	D	B	A	A	A	D	D	D

二、操作题

1．[答案与解析]

(1)

步骤 1：打开“实验三：二级真题练习与解析-操作题素材”文件夹下的数据库文件 samp1.accdb，选择“窗体”对象，右击“fEdit”，在弹出的快捷菜单中选择“设计视图”命令。

步骤 2：右击名称为“LRemark”的标签，在弹出的快捷菜单中选择“属性”命令，在弹出的窗格中选择“全部”选项卡，在“前景色”行中输入“255”，在“字体粗细”行右侧的下拉列表中选择“加粗”，关闭“属性”界面。

步骤 3：单击快速访问工具栏中的“保存”按钮，关闭设计视图。

(2)

步骤 1：右击“fEdit”，在弹出的快捷菜单中选择“设计视图”。

步骤 2：右击“窗体选择器”，选择“属性”命令，在弹出的窗格中在“全部”选项卡的“标题”行中输入“修改用户信息”，关闭“属性”界面。

步骤 3：单击快速访问工具栏中的“保存”按钮，关闭设计视图。

(3)

步骤 1：右击“fEdit”，在弹出的快捷菜单中选择“设计视图”命令。

步骤 2：右击“窗体选择器”，选择“属性”命令，在弹出的窗格中在“全部”选项卡的“边框样式”行右侧的下拉列表中选择“对话框边框”，在“滚动条”行右侧的下拉列表中选择“两者均无”，分别在“记录选择器”行、“导航按钮”行和“分隔线”行右侧的下拉列表中选择“否”，关闭“属性”界面。

步骤 3：单击快速访问工具栏中的“保存”按钮，关闭设计视图。

(4)

步骤 1：右击“fEdit”，在弹出的快捷菜单中选择“设计视图”命令。

步骤 2：右击“退出”按钮，在弹出的快捷菜单中选择“属性”命令，在弹出的窗格中选择“全部”选项卡，在“前景色”行输入“128”，在“字体粗细”行右侧的下拉列表中选择“加粗”，在“下划线”行右侧的下拉列表中选择“是”，关闭“属性”界面。

步骤 3：单击快速访问工具栏中的“保存”按钮，关闭设计视图。

2．[答案与解析]

(1)

步骤 1：打开“实验三：二级真题练习与解析-操作题素材”文件夹下的数据库文件 samp2.accdb，选择“窗体”对象，右击“fStock”，在弹出的快捷菜单中选择“设计视图”命令。

步骤 2：单击“窗体设计工具|设计”选项卡的“控件”组中的“标签”控件，单击窗体页眉处，然后输入“库存浏览”，单击窗体任一点。

步骤 3：右击“库存浏览”标签，在弹出的快捷菜单中选择“属性”命令，在弹出的窗格中选择“全部”选项卡，在“名称”行中输入“bTitle”，分别在“字体名称”“字号”和“字体粗细”行右侧的下拉列表中选择“黑体”“18”和“加粗”，关闭“属性”界面。

(2)

步骤 1：单击“窗体设计工具/设计”选项卡的“控件”组中的“按钮”控件，单击窗体页脚节区任一点，在弹出的对话框中单击“取消”按钮。

步骤 2：右击该按钮，在弹出的快捷菜单中选择“属性”命令，在弹出的窗格中选择“全部”选项卡，分别在“名称”和“标题”行输入“bList”和“显示信息”。

(3)

步骤 1：选择“事件”选项卡。

步骤 2：在“单击”行右侧的下拉列表中选择“m1”，关闭“属性”界面。

(4)

步骤 1：右击“窗体选择器”，选择“属性”命令。

步骤 2：在弹出的窗格中选择“全部”选项卡，在“标题”行中输入“库存浏览”，关闭“属性”界面。

步骤 3：单击快速访问工具栏中的“保存”按钮，关闭设计视图。

(5)

步骤 1：右击“fNorm”，在弹出的快捷菜单中选择“设计视图”命令。

步骤 2：右击“窗体选择器”，选择“属性”命令，在弹出的窗格中选择“全部”选项卡，在“导航按钮”行右侧的下拉列表中选择“否”，关闭“属性”界面。

步骤 3：单击快速访问工具栏中的“保存”按钮，关闭设计视图。

3．[答案与解析]

(1)

步骤 1：打开“实验三：二级真题练习与解析-操作题素材”文件夹下的数据库文件 samp3.accdb，选中“窗体”对象，右击“fCollect”，在弹出的快捷菜单中选择“设计视图”命令。

步骤 2：右击“窗体选择器”，选择“属性”命令，在弹出的窗格中选择“数据”选项卡，在“记录源”行右侧的下拉列表中选择“qT”，关闭“属性”界面。

(2)

步骤 1：单击“窗体设计工具/设计”选项卡，选择“控件”组中的“标签”控件，单击窗体页眉处，然后输入“CD 明细”，单击窗体任一点。

步骤 2：右击“CD 明细”标签，选择“属性”命令，在弹出窗格的“名称”行中输入“bTitle”，分别在“字体名称”“字号”和“字体粗细”行右侧的下拉列表中选择“黑体”“20”和“加粗”，关闭“属性”界面。

(3)

步骤 1：右击“窗体选择器”，在弹出的快捷菜单中选择“属性”命令。

步骤 2：在“标题”行中输入“CD 明细显示”，关闭“属性”界面。

(4)

步骤 1：单击“窗体设计工具/设计”选项卡，选择“控件”组中的“按钮”控件，单击窗体页脚节区任一点，在弹出的对话框单击“取消”按钮。

步骤 2：右击该按钮，选择“属性”命令，在弹出的窗格中选择“全部”选项卡，在“名称”和“标题”行中输入“bC”和“改变颜色”。

步骤 3：单击快速访问工具栏中的“保存”按钮，关闭设计视图。

实验4 报表练习

目的和要求

（1）掌握报表的创建及编辑。

（2）掌握报表的排序和分组。

（3）掌握计算控件的使用。

主要内容

（1）创建报表：使用“报表”工具创建报表、使用“报表设计”工具创建报表、使用“空报表”工具创建报表。

（2）报表的排序和分组：记录排序、记录分组。

（3）使用计算控件。

实验4.1 创建报表

1. 用“报表”工具创建报表

实验要求：打开“D：\实验四\图书馆信息管理系统.accdb”数据库，利用“报表”工具创建“管理员报表”。

操作步骤：

(1) 在“图书馆信息管理系统”数据库的导航窗格中，双击打开“管理员表”或单击选定“管理员表”作为报表数据源，如图1-4-1所示。

管理员表

	员工编号	姓名	密码	性别	联系方式	附件	年龄	单击以添加
+	ts01	张丽丽	123	女	131××××1234	(1)	35	
+	ts02	王文杰	123	男	131××××1235	(1)	45	
+	ts03	李淑华	123	女	131××××1236	(1)	44	
*				男		(0)	25	

图1-4-1　打开“管理员表”

(2) 在“创建”选项卡的“报表”组中，单击“报表”按钮，则自动生成一个报表，如图1-4-2所示。此时为布局视图，主窗口上方功能区切换为“报表布局工具”，使用这些工具可以对报表进行简单的编辑和修饰。

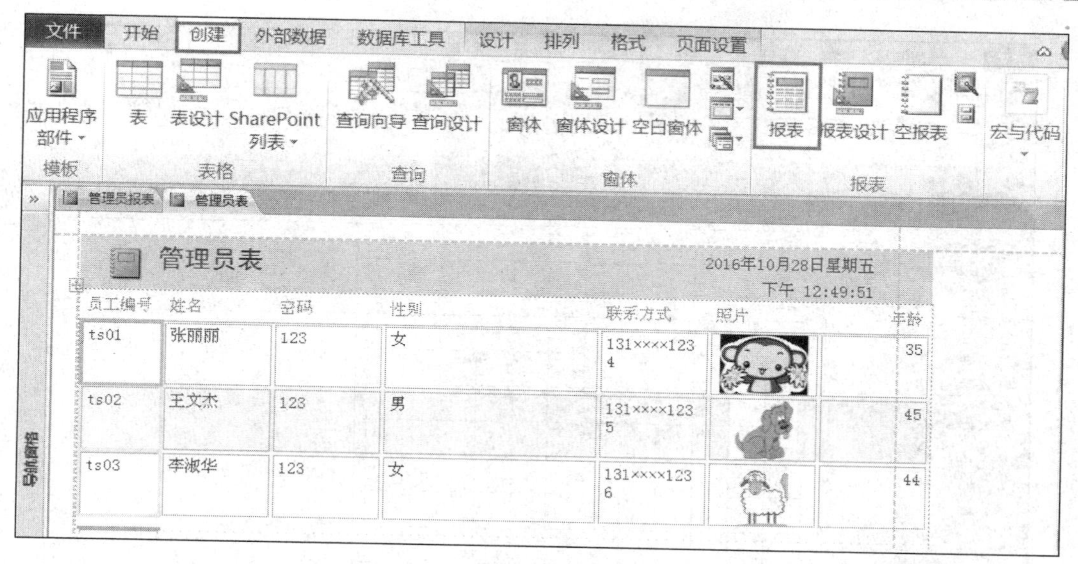

图 1-4-2　自动生成报表

（3）将其另存为“管理员报表”。

（4）根据需要调整报表布局，例如可以用鼠标左键拖动字段的分割线，调整字段列宽，使所有信息显示在一页中。修改后可在“打印预览”视图中查看效果，如图 1-4-3 所示。

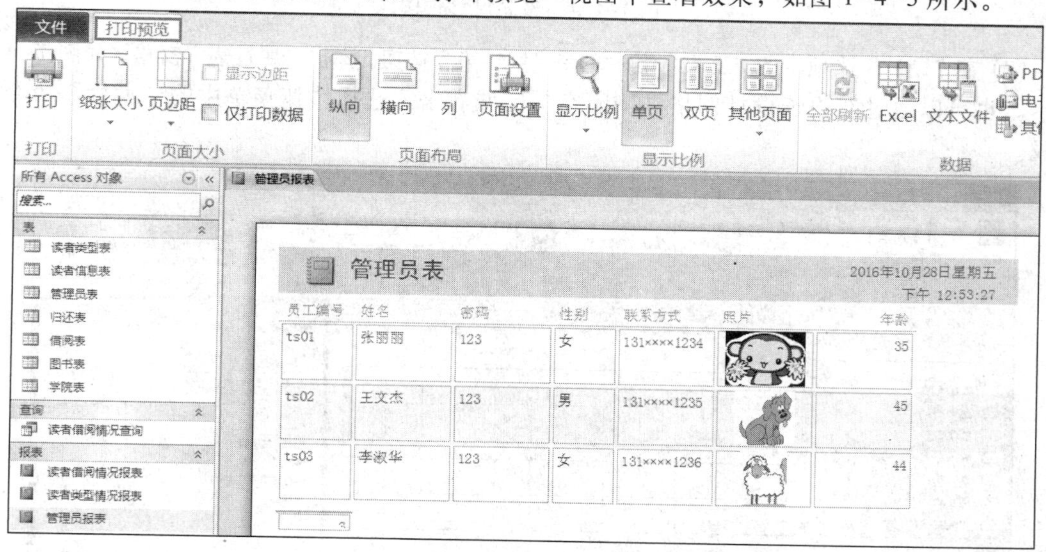

图 1-4-3　布局调整后的报表

2. 用“报表设计”工具创建报表

实验要求：使用“报表设计”工具创建 “读者借阅情况报表”。

操作步骤：

（1）在“创建”选项卡的“报表”组中，单击“报表设计”按钮，打开图 1-4-4 所示的设计视图。

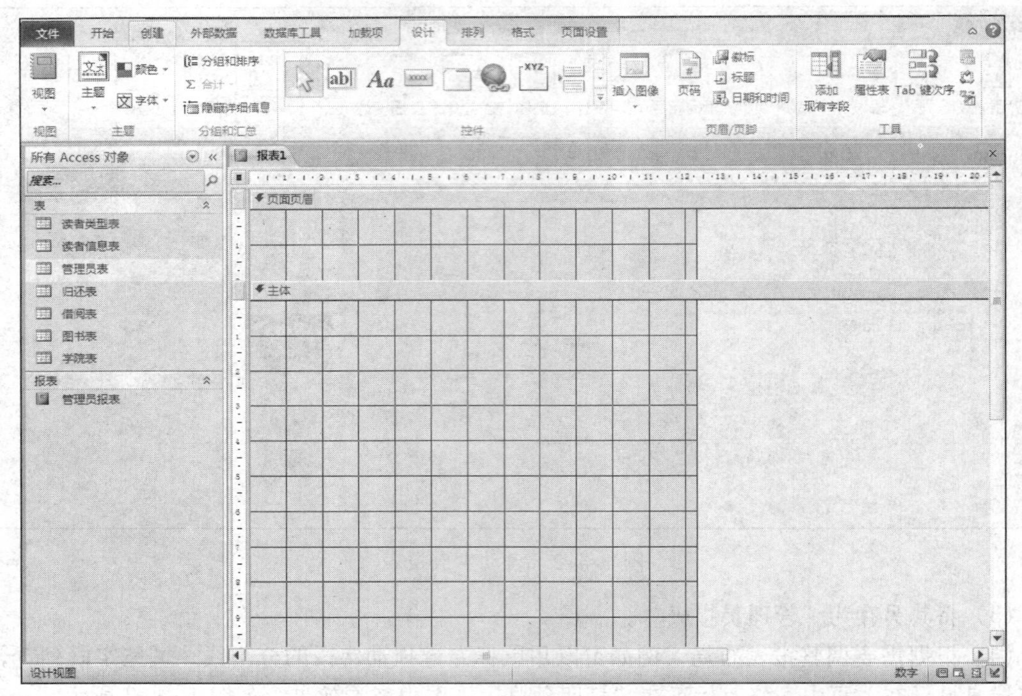

图 1-4-4　报表设计视图

（2）在“设计”选项卡的“工具”组中单击“属性表”按钮，弹出“属性表”窗格，如图 1-4-5 所示。也可以通过在报表设计网格右侧的空白区域右击，选择快捷菜单中的“属性”命令来完成。

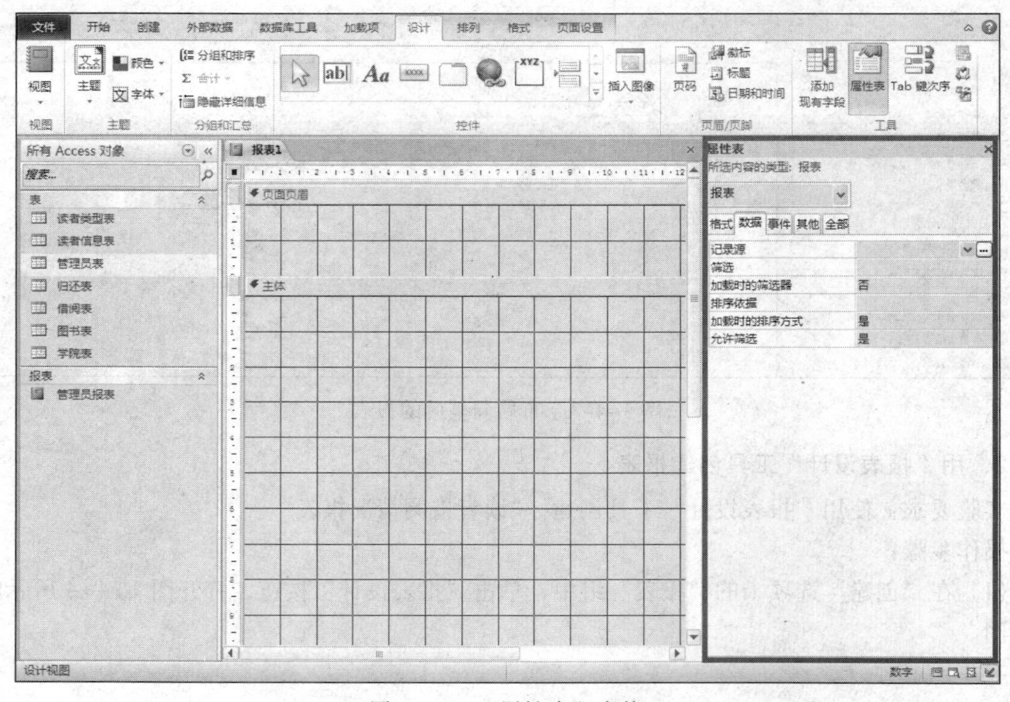

图 1-4-5　“属性表”窗格

（3）在“属性表”窗格中选择“数据”选项卡，单击“记录源”属性右侧的“…”按钮，打开查询生成器，如图 1-4-6 所示。

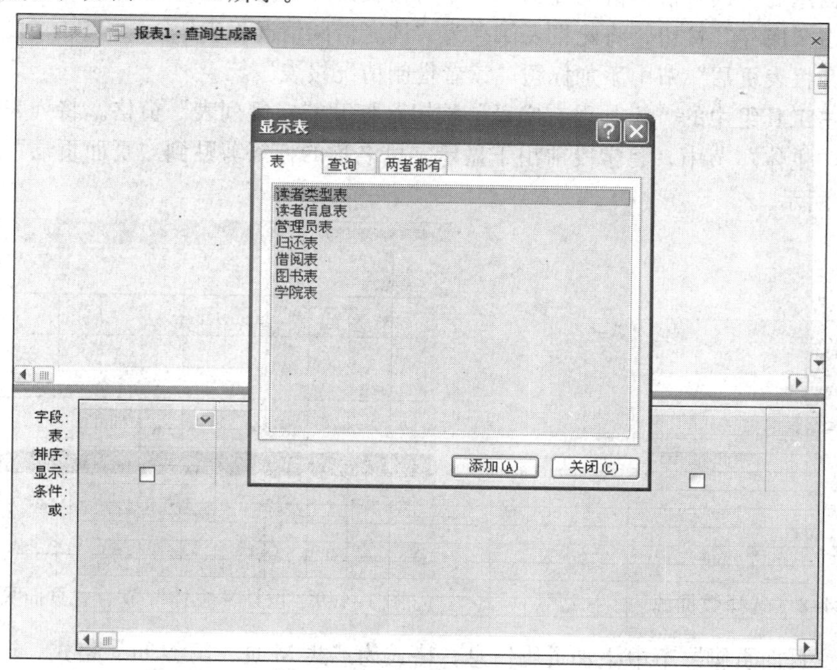

图 1-4-6 打开查询生成器

（4）在“显示表”对话框中双击“读者信息表”“图书表”和“借阅表”，关闭其对话框。然后在设计网格中选择需要输出的字段“读者编号”“姓名”“图书编号”“图书名称”“是否归还”，如图 1-4-7 所示。

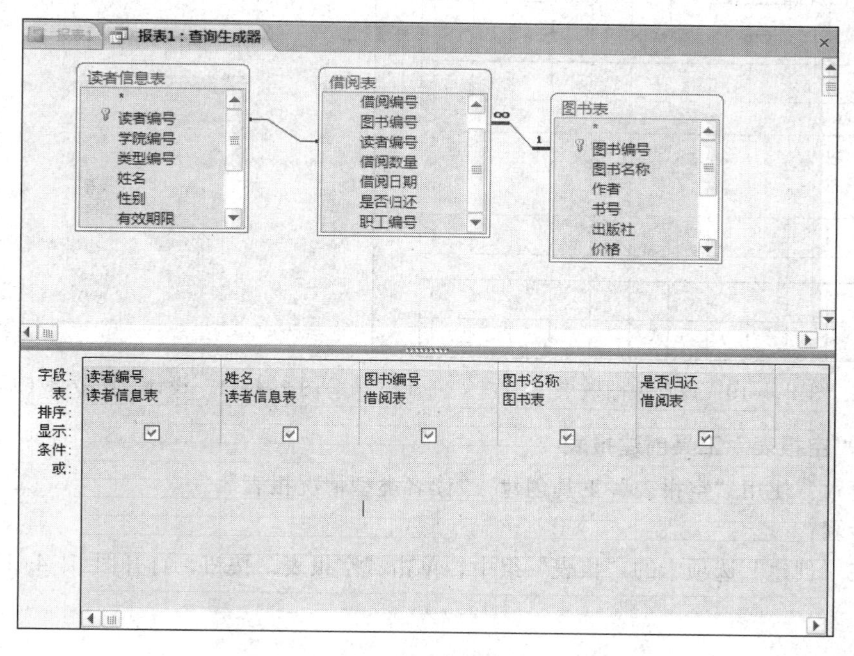

图 1-4-7 查询生成器设置效果

（5）将查询保存为“读者借阅情况查询”，关闭查询生成器。在“属性表”的“记录源”中选择刚刚创建的“读者借阅情况查询”，作为报表设计的数据源，如图 1-4-8 所示。

（6）单击“保存”按钮，将此报表保存为“读者借阅情况报表”。

（7）在“报表页眉”节中添加标题“读者借阅情况报表”。

（8）单击工具组中的“添加现有字段”按钮，打开“字段列表”窗格。将列表中的字段拖动到报表的“主体”节中，将字段前用于显示字段名称的标签剪贴到“页面页眉”节中，结果如图 1-4-9 所示。

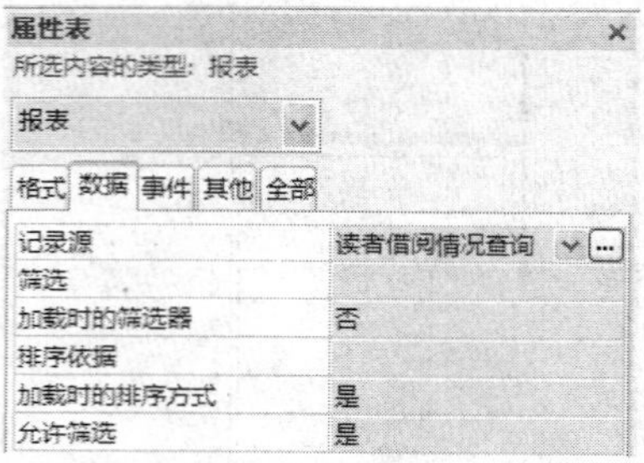

图 1-4-8 选择数据源

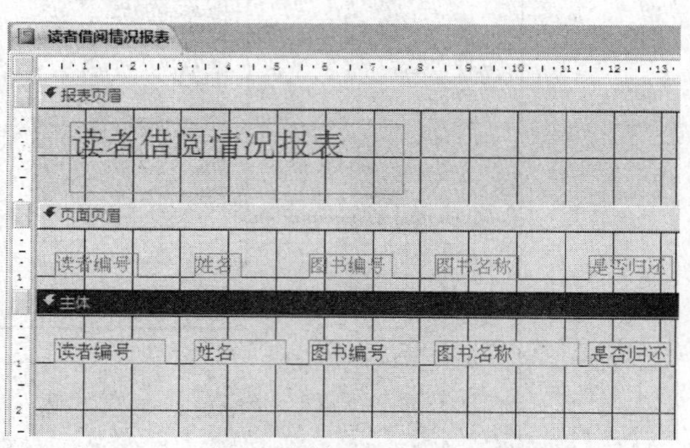

图 1-4-9 设计“主体”节与“页面页眉”节

（9）在“页面页脚”节中添加页码信息，格式为“共 M 页，第 N 页”格式，选择“页面底端（页脚）”位置，设计视图及打印预览效果如图 1-4-10 及图 1-4-11 所示。

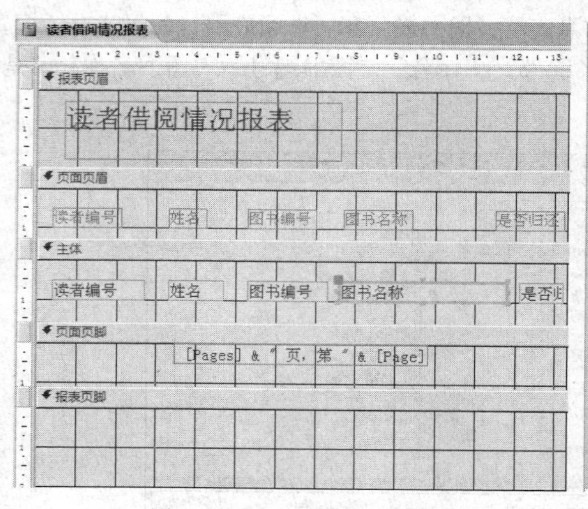

图 1-4-10 设计视图效果

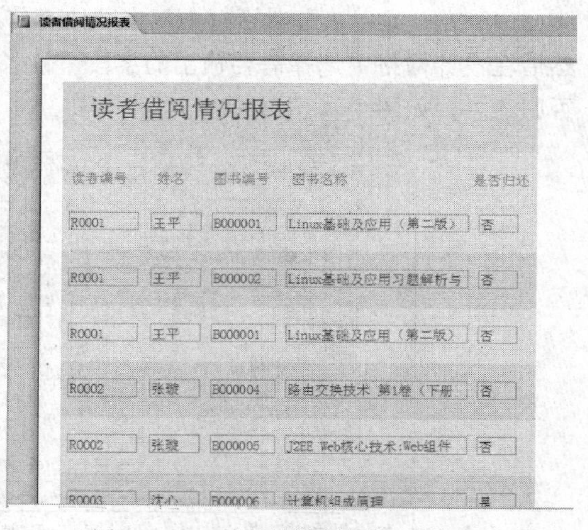

图 1-4-11 设计视图效果（局部）

3. 用“空报表”工具创建报表

实验要求：使用“空报表”工具创建 “读者类型情况报表”。

操作步骤：

（1）在“创建”选项卡的“报表”组中，单击“空报表”按钮，打开图 1-4-12 所示的布局视图。

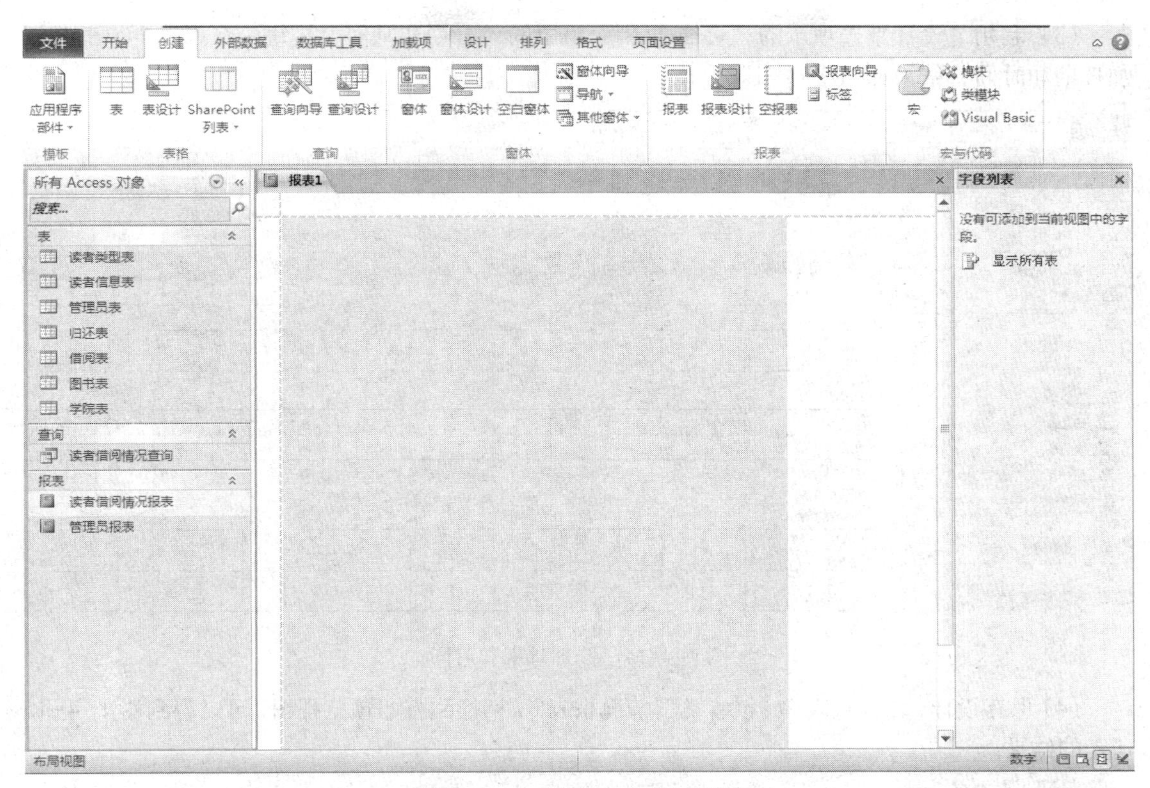

图 1-4-12　空报表的布局视图

(2) 在“字段列表”窗格相应表中，选择要输出的字段：“读者编号”“姓名”“类型名称”“学院名称”“可借图书数”和“可借天数”，结果如图 1-4-13 所示。

读者编号	姓名	类型名称	学院名称	可借图书数	可借天数
R0001	王平	教师	信息与自动化学院	15	120
R0003	沈心	教师	艺术学院	15	120
R0004	陈丽媛	教师	艺术学院	15	120
R0005	索涛涛	教师	信息与自动化学院	15	120
R0002	张璇	本科生	信息与自动化学院	4	30
R0006	李嘉	本科生	工商管理学院	4	30
R0007	周武	本科生	工商管理学院	4	30
R0008	吴晨	本科生	工商管理学院	4	30
R0009	王水	本科生	信息与自动化学院	4	30
R0010	郑青	本科生	艺术学院	4	30
R0011	王丽丽	本科生	艺术学院	4	30
R0012	杜亚轩	本科生	信息与自动化学院	4	30
R0013	李文静	本科生	工商管理学院	4	30

字段列表
仅显示当前记录源中的字段
可用于此视图的字段:
读者类型表　编辑表
类型编号
类型名称
可借图书数
可借天数
读者信息表　编辑表
读者编号
学院编号
类型编号
姓名
性别
相关表中的可用字段:
归还表　编辑表
其他表中的可用字段:
管理员表　编辑表
借阅表　编辑表
图书表　编辑表

图 1-4-13　添加相关字段

（3）利用“设计”选项卡的“页眉/页脚”组中的“日期和时间”按钮，在报表页眉部分添加日期和时间，结果如图 1-4-14 所示。

图 1-4-14　添加日期和时间

（4）保存设计，输入报表名“读者类型情况报表”，切换到打印预览视图，可以得到图 1-4-15 所示的结果。

读者类型情况报表

2016年10月2日
16:19:43

读者编号	姓名	类型名称	学院名称	可借图书数	可借天数
R0001	王平	教师	信息与自动化学院	15	120
R0003	沈心	教师	艺术学院	15	120
R0004	陈丽媛	教师	艺术学院	15	120
R0005	索涛涛	教师	信息与自动化学院	15	120
R0002	张璇	本科生	信息与自动化学院	4	30
R0006	李嘉	本科生	工商管理学院	4	30
R0007	周武	本科生	工商管理学院	4	30
R0008	吴晨	本科生	工商管理学院	4	30
R0009	王水	本科生	信息与自动化学院	4	30
R0010	郑育	本科生	艺术学院	4	30
R0011	王丽丽	本科生	艺术学院	4	30
R0012	杜亚轩	本科生	信息与自动化学院	4	30
R0013	李文静	本科生	工商管理学院	4	30

图 1-4-15　打印预览效果

实验 4.2　报表排序和分组

1．记录排序

实验要求：在“读者借阅情况报表”中按照“姓名”（升序）进行排序输出，相同编号则按照“图书编号”大小（升序）进行排序。

操作步骤：

（1）打开“读者借阅情况报表”的设计视图，单击“分组和排序”按钮，在报表下方会出现“分组、排序和汇总”区，如图 1-4-16 所示。

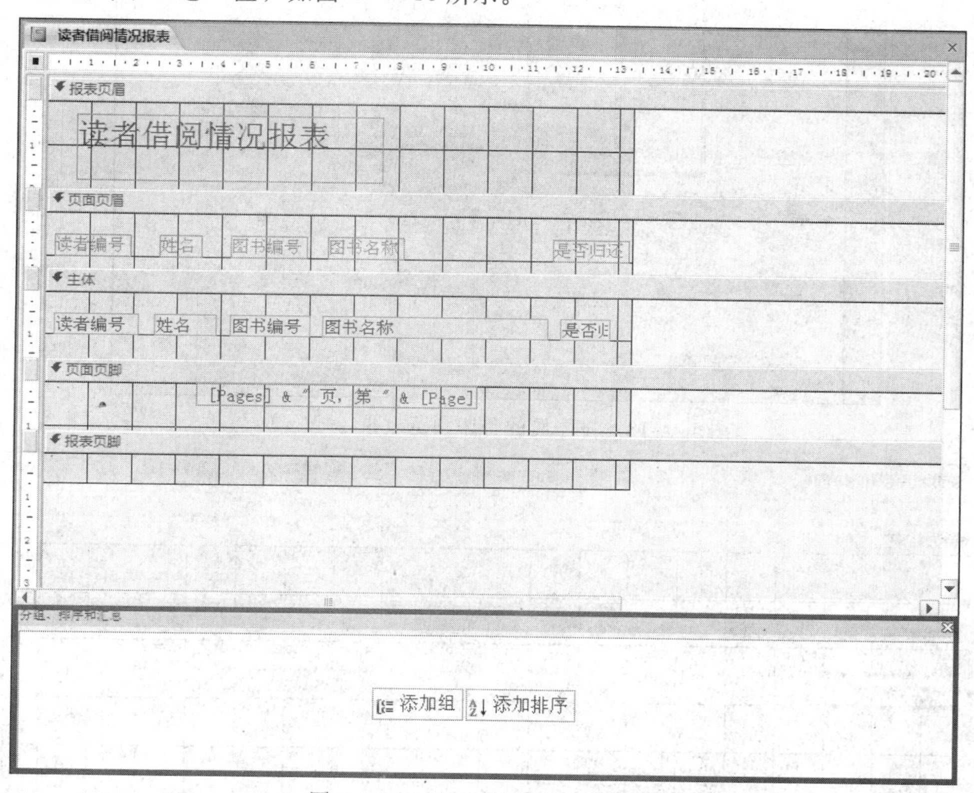

图 1-4-16　进行分组与排序操作

（2）单击“添加排序”按钮，在弹出的“字段列表”窗格中选择“姓名”。再次单击“添加排序”按钮，在弹出的“字段列表”窗格中选择“图书编号”，则“分组、排序和汇总”区的显示效果如图 1-4-17 所示。

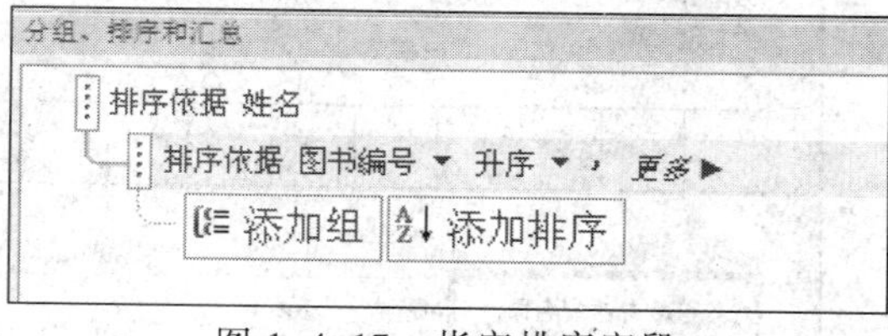

图 1-4-17　指定排序字段

（3）保存报表，切换到打印预览视图，得到图 1-4-18 所示的结果。

2．记录分组

实验要求：在“读者类型情况报表”中按照“类型名称”进行分组。

操作步骤：

（1）在“读者类型情况报表”的“分组、排序和汇总”区中，单击“添加组”按钮，在弹出的“字段列表”窗格中选择“类型名称”，则出现“类型名称”节，如图 1-4-19 所示。

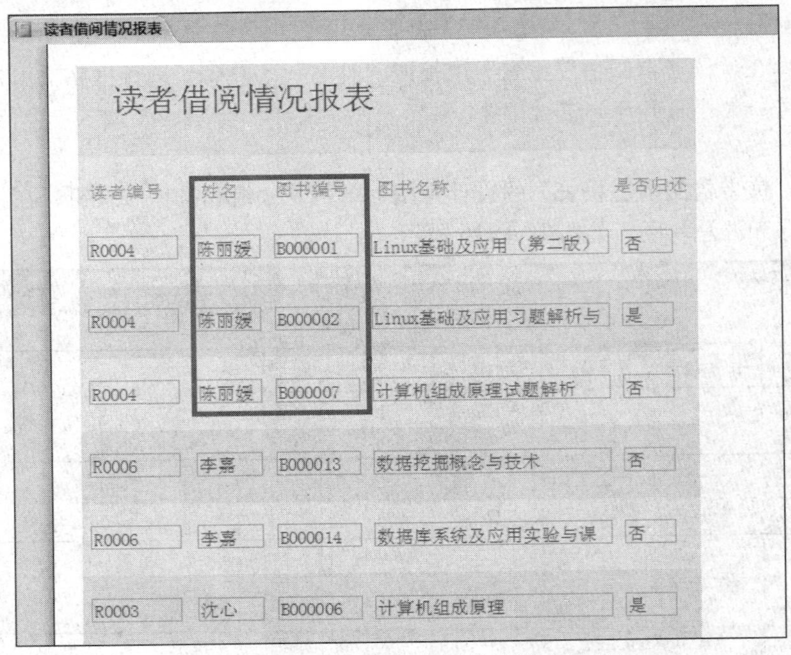

图 1-4-18　排序后的打印预览效果（局部）

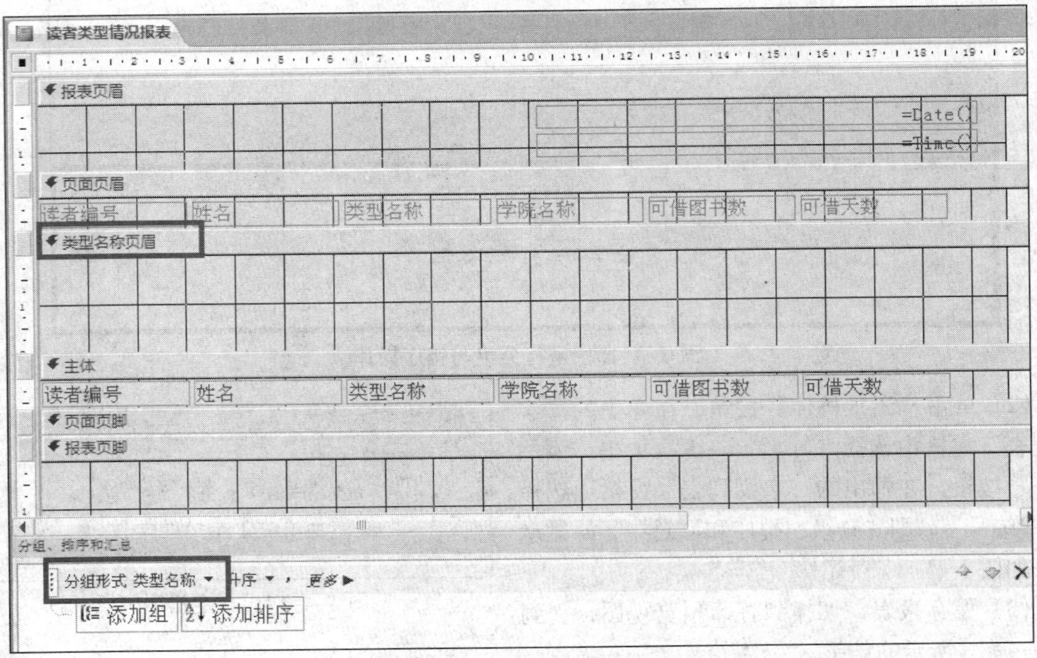

读者类型情况报表
报表页眉
=Date()
=Time()
页面页眉
读者编号 姓名 类型名称 学院名称 可借图书数 可借天数
类型名称页眉
主体
读者编号 姓名 类型名称 学院名称 可借图书数 可借天数
页面页脚
报表页脚
分组、排序和汇总
分组形式 类型名称 ▾ 升序 ▾ ， 更多 ▸
添加组 添加排序

图 1-4-19　添加组后的效果

（2）将“页面页眉”节中的“类型名称”移到“类型名称页眉”节中，“主体”节中的“类型名称”也移动到“类型名称页眉”节中，并适当调整各节宽度，如图 1-4-20 所示。

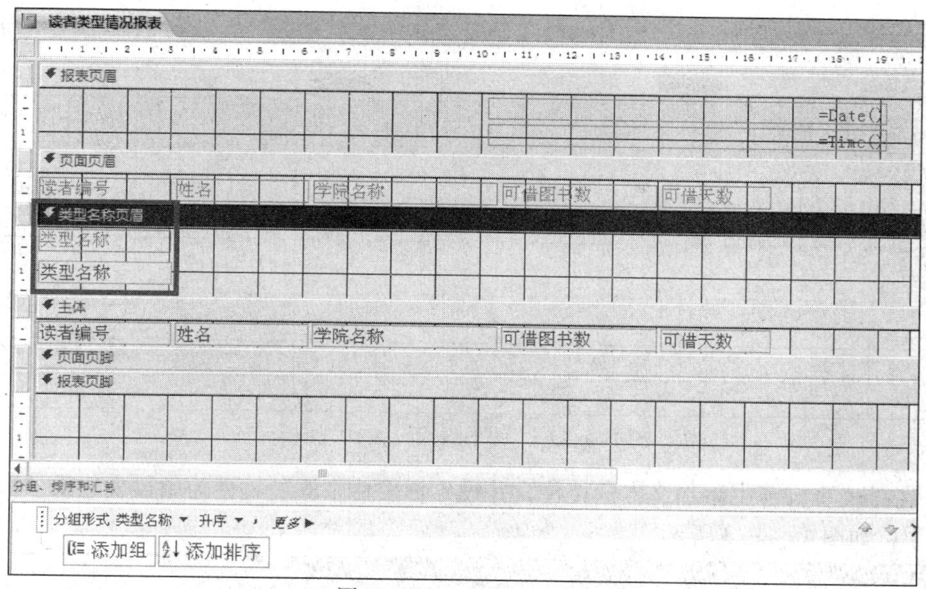

图 1-4-20　设置组页眉

（3）可对报表继续进行其他方面的修饰。保存报表，切换到打印预览视图，得到图 1-4-21 所示的结果。

读者类型情况报表

2016年10月2日
16:40:23

读者编号	姓名	学院名称	可借图书数	可借天数
类型名称				
本科生				
R0013	李文静	工商管理学院	4	30
R0012	杜亚轩	信息与自动化学院	4	30
R0011	王丽丽	艺术学院	4	30
R0010	郑青	艺术学院	4	30
R0009	王水	信息与自动化学院	4	30
R0008	吴晨	工商管理学院	4	30
R0007	周武	工商管理学院	4	30
R0006	李嘉	工商管理学院	4	30
R0002	张薇	信息与自动化学院	4	30
类型名称				
教师				
R0005	索涛涛	信息与自动化学院	15	120
R0004	陈丽媛	艺术学院	15	120
R0003	沈心	艺术学院	15	120

图 1-4-21　分组后的打印预览效果（局部）

实验 4.3　使用计算控件

实验要求：使用计算控件算出“图书报表”中的图书库存总量。

操作步骤：

（1）利用“图书表”数据源创建“图书报表”，并打开其设计视图，如图 1-4-22 所示。

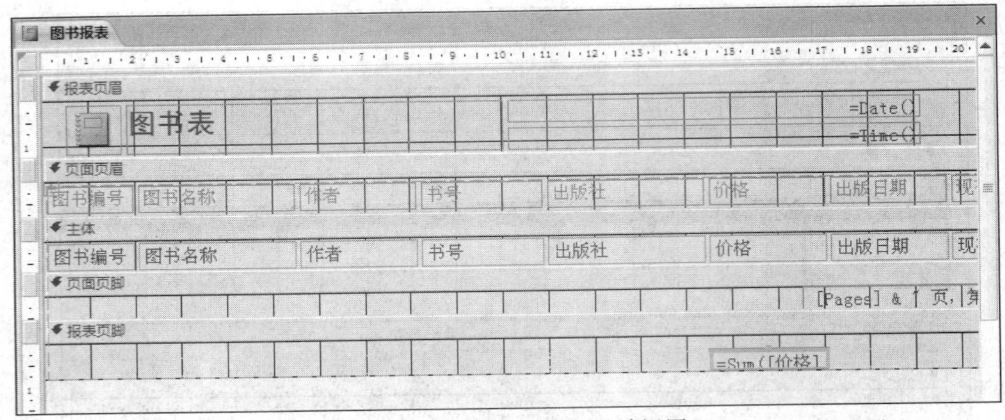

图 1-4-22 “图书报表”设计视图

（2）在报表页脚节中添加文本框控件，并设置“控件来源”属性为函数表达式“=sum([库存总量])”，如图 1-4-23 所示。

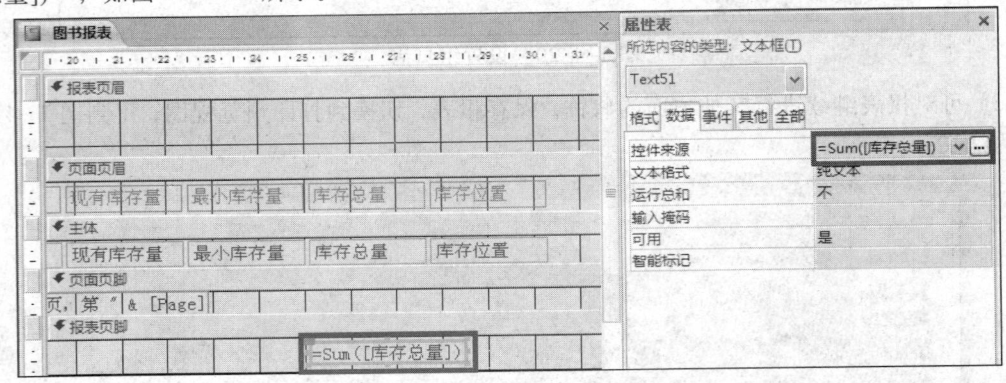

图 1-4-23 添加计算控件

（3）保存报表，切换到打印预览视图，可观察到计算效果，如图 1-4-24 所示。

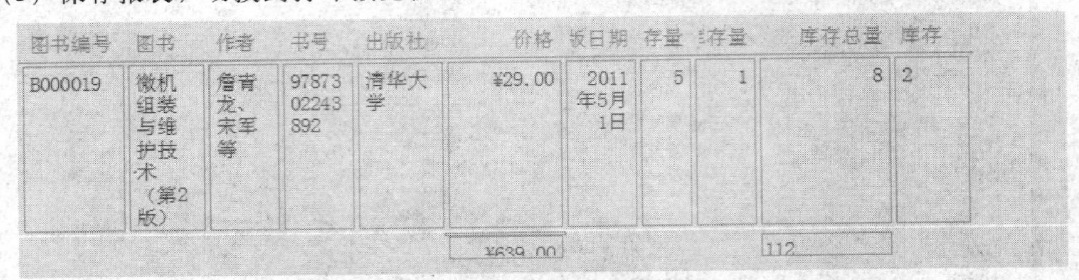

图 1-4-24 打印预览效果（局部）

二级真题练习及解析

一、选择题

1．SQL 语句不能创建的是（　　）。

A．报表　　B．操作查询　　C．选择查询　　D．数据定义查询

2．不能使用宏的数据库对象是（　　）。

A．数据表　　B．窗体　　C．宏　　D．报表

3．Access 报表对象的数据源可以是（　　）。

A．表、查询和窗体　　B．表和查询

C．表、查询和 SQL 命令　　D．表、查询和报表

4．下列关于报表的叙述中，正确的是（　　）。

A．报表只能输入数据　　B．报表只能输出数据

C．报表可以输入和输出数据　　D．报表不能输入和输出数据

5．要实现报表按某字段分组统计输出，需要设置的是（　　）。

A．报表页脚　　B．该字段的组页脚

C．主体　　D．页面页脚

6．在设计报表的过程中，如果要进行强制分页，应使用的工具图标是（　　）。

A．　　B．　　C．　　D．

7．为窗体或报表的控件设置属性值的正确宏操作命令是（　　）。

A．Set　　B．SetData　　C．SetValue　　D．SetWarnings

8．在报表设计过程中，不适合添加的控件是（　　）。

A．标签控件　　B．图形控件　　C．文本框控件　　D．选项组控件

9．在报表中，要计算“数学”字段的最低分，应将控件的“控件来源”属性设置为（　　）。

A．=Min([数学])　　B．=Min(数学)　　C．=Min [数学]　　D．Min(数学)

10．在报表中要显示格式为“共 N 页，第 N 页”的页码，正确的页码格式设置是（　　）。

A．="共"+Pages+"页，第"+Page+"页"　　B．="共"+[Pages]+"页，第"+[Page]+"页"

C．="共"&Pages&"页，第"&Page&"页"　　D．="共"&[Pages]&"页，第"&[Page]&"页"

11．图 1-4-25 所示的是报表设计视图，由此可判断该报表的分组字段是（　　）。

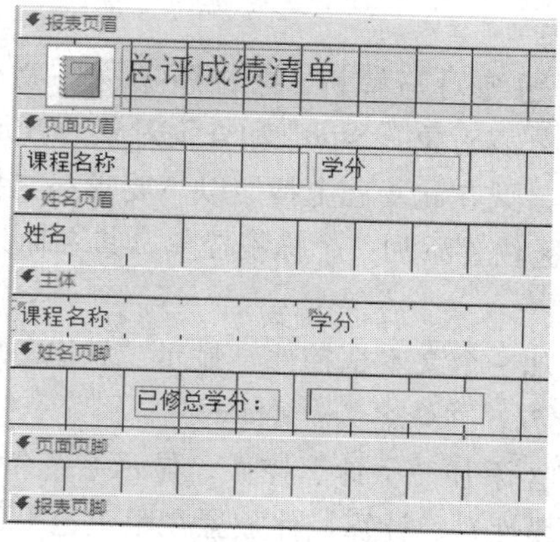

图 1-4-25　报表设计视图

A．课程名称　　B．学分　　C．成绩　　D．姓名

12．要在报表页中主体节区显示一条或多条记录，而且以垂直方式显示，应选择（　　）。

A．纵栏式报表类型　　B．表格式报表类型

C．图表报表类型　　D．标签报表类型

13．要实现报表按某字段分组统计输出，需要设置（　　）。

A．报表页脚　　B．该字段组页脚

C．主体　　　　D．页面页脚

14．在报表设计的工具栏中，用于修饰版面以达到更好的显示效果的控件是（　　）。

A．直线和多边形　　　　B．直线和矩形

C．直线和圆形　　　　D．矩形和圆形

15．要在报表中输出时间，设计报表时要添加一个控件，且需要将该控件的“控件来源”属性设置为时间表达式，最合适的控件是（　　）。

A．标签　　B．文本框　　C．列表框　　D．组合框

16．在报表中，若要得到“数学”字段的最高分，应将控件的“控件来源”属性设置为（　　）。

A．=Max([数学])　　　　B．=Max["数学"]

C．=Max [数学]　　　　D．Max"[数学]"

17．在下列关于宏和模块的叙述中，正确的是（　　）。

A．模块是能够被程序调用的函数

B．通过定义宏可以选择或更新数据

C．宏或模块都不能是窗体或报表上的事件代码

D．宏可以是独立的数据库对象，可以提供独立的操作动作

18．在 Access 中，如果要处理具有复杂条件或循环结构的操作，则应该使用的对象是（　　）。

A．窗体　　B．模块　　C．宏　　D．报表

19．要限制宏命令的操作范围，可以在创建宏时定义（　　）。

A．宏操作对象　　　　B．宏条件表达式

C．窗体或报表控件属性　　　　D．宏操作目标

20．在 Access 数据库对象中，体现数据库设计目的的对象是（　　）。

A．报表　　B．模块　　C．查询　　D．表

二、操作题

1．在“实验四：二级真题练习与解析-操作题素材”文件夹下存在一个数据库文件“samp1.accdb”，里面已经设计好表对象“tStud”和查询对象“qStud”，同时还设计出以“qStud”为数据源的报表对象“rStud”。试在此基础上按照以下要求补充报表设计：

(1) 在报表的报表页眉节区位置添加一个标签控件，其名称为“bTitle”，标题显示为“97年入学学生信息表”。

(2) 在报表的主体节区添加一个文本框控件，显示“姓名”字段值。该控件放置在距上边0.1 厘米、距左边 3.2 厘米的位置，并命名为“tName”。

(3) 在报表的页面页脚节区添加一个计算控件，显示系统年月，显示格式为：××××年××月（注：不允许使用格式属性）。计算控件放置在距上边 0.3 厘米、距左边 10.5 厘米，并命名为“tDa”。

(4) 按“编号”字段前四位分组统计每组记录的平均年龄，并将统计结果显示在组页脚节区。计算控件命名为“tAvg”。

注意：不允许改动数据库中的表对象“tStud”和查询对象“qStud”，同时也不允许修改报表对象“rStud”中已有的控件和属性。

2．在“实验四：二级真题练习与解析-操作题素材”文件夹下存在一个数据库文件“samp2.accdb”，里面已经设计好表对象“tEmployee”和“tGroup”及查询对象“qEmployee”，

同时还设计出以“qEmployee”为数据源的报表对象“rEmployee”。试在此基础上按照以下要求补充报表设计：

（1）在报表的报表页眉节区位置添加一个标签控件，其名称为“bTitle”，标题显示为“职工基本信息表”。

（2）在“性别”字段标题对应的报表主体节区距上边 0.1 厘米、距左侧 5.2 厘米位置添加一个文本框，显示出“性别”字段值，并命名为“tSex”。

（3）设置报表主体节区内文本框“tDept”的控件来源属性为计算控件。要求该控件可以根据报表数据源里的“所属部门”字段值，从非数据源表对象“tGroup”中检索出对应的部门名称并显示输出（提示：考虑 Dlookup 函数的使用。）。

注意：不允许修改数据库中表对象“tEmployee”和“tGroup”及查询对象“qEmployee”；不允许修改报表对象“qEmployee”中未涉及的控件和属性。

3．在“实验四：二级真题练习与解析–操作题素材”文件夹存在一个数据库文件“samp3.accdb”，里面已经设计好表对象“tTeacher”、窗体对象“fTest”、报表对象“rTeacher”和宏对象“m1”。试在此基础上按照以下要求补充窗体设计和报表设计：

（1）将报表对象 tTeacher 的报表主体节区中名为”性别”的文本框显示内容设置为“性别”字段值，并将文本框名称更名为“tSex”；

（2）在报表对象 tTeacher 的报表页脚节区位置添加一个计算控件，计算并显示教师的平均年龄。计算控件放置在距上边 0.3 厘米、距左侧 3.6 厘米，命名为“tAvg”。

（3）设置窗体对象 fTest 上名为“btest”的按钮的单击事件属性为给定的宏对象 m1。

注意：不允许修改数据库中的表对象“tTeacher”和宏对象“m1”；不允许修改窗体对象“fTest”和报表对象“tTeacher”中未涉及的控件和属性。

参考答案与解析

一、选择题

1	2	3	4	5	6	7	8	9	10
A	A	D	B	C	D	C	D	A	D
11	12	13	14	15	16	17	18	19	20
D	A	B	B	B	A	D	B	B	D

二、操作题

1．[答案与解析]

（1）选择一个标签，放到报表页眉中，输入标题，单击“工具栏”组中的“属性表”按钮，在弹出的“属性表”窗格中设置标签名称和标签标题。

（2）选择一个文本框，放到报表主体中，单击“工具栏”组中的“属性”按钮，在弹出的“属性表”窗格中设置名称、上边距和左边距属性，并在控件来源属性中选择“姓名”字段。

（3）选择一个文本框，放到页面页脚中，单击“工具栏”组中的“属性”按钮，在弹出的“属性表”窗格中设置名称、上边距和左边距属性，并在控件来源属性中输入：=CStr(Year(Date()))+“年”+CStr(Month(Date()))+“月”。

（4）单击“设计”选项卡的“分组和汇总”组中的“排序与分组”按钮，再单击“分组、排序和汇总”区中的“添加组”按钮，在“表达式”-“表达式生成器”中输入“=Left([编号],4)”，单击“更多”按钮，选择“有页脚节”选项。选择一个文本框，放到组页脚中，单击“工具”组中的“属性”按钮，在弹出的“属性”表窗格中设置名称，并在控件来源属性中输入：=Avg([年龄])。

2．[答案与解析]

（1）选择一个标签，放到报表页眉中，单击“工具”组中的“属性”按钮，在弹出的“属性表”窗格中设置名称属性为“bTitle”和标题属性为“职工基本信息表”。

（2）选择一个文本框，放到主体中，设置它的名称为“tSex”、上边距属性为“0.1 厘米”和左边距属性为“5.2 厘米”，并在控件来源属性中选择“性别”字段。

（3）选择“所属部门”下面的“tDept”文本框，在控件来源属性中输入=DLookUp(“部门名称”,“tGroup”,“部门编号='” & 所属部门 & ” '”)。

DLookUp 函数中，第一个参数为需要返回其值的字段，第二个参数为第一个参数所属表或查询的名称，第三个参数为第一个字段值的查找范围，即查询条件，相当于查询语句中的 WHERE 子句。

3．[答案与解析]

（1）打开报表 rTeacher 的设计视图，选中“性别”标签下边的文本框，单击“工具”组中的“属性”按钮，设置文本框的名称和控件来源属性；

（2）选择一个文本框，放到报表页脚中，选择工具栏上的“属性”按钮，在弹出的属性框中设置名称、上边距和左边距属性，并在控件来源属性中设置“=Avg(年龄)”。

（3）打开窗体 fTest 的设计视图，选中“btest”命令按钮，单击“工具”组中的“属性”按钮，在弹出的“属性表”窗格中设置单击属性为“m1”。

实验5 宏 练 习

目的和要求

（1）掌握使用宏设计视图创建基本宏的方法。

（2）掌握运行和调试宏的方法。

（3）掌握通过事件触发宏的方法。

主要内容

（1）创建宏：创建独立的宏，创建宏组，创建条件操作宏以及设置宏的操作参数。

（2）运行和调试宏。

（3）触发宏：通过事件触发宏。

实验5.1 创 建 宏

5.1.1 创建独立的宏

实验要求：在“图书馆信息管理系统.accdb”数据库中创建操作系列的独立的宏，功能是打开“读者信息表”，打开表前要发出“嘟嘟”声，再关闭“读者信息表”，关闭前要用消息框提示信息“确认要关闭‘读者信息表’吗？”。

操作步骤：

（1）打开“图书馆信息管理系统.accdb”数据库，单击“创建”选项卡的“代码与宏”组中的“宏”按钮，进入宏设计窗口。

（2）在“添加新操作”列的第1行，选择“Beep”操作。

（3）在“添加新操作”列的第2行，选择“OpenTable”操作，“操作参数”区中的“表名称”选择“读者信息表”，如图1–5–1所示。

（4）在“添加新操作”列的第3行，选择“MsgBox”操作。“操作参数”区中的“消息”框中输入“确认要关闭‘读者信息表’吗？”。

（5）在“添加新操作”列的第4行，选择“RunMenuCommand”操作，再选择“Close”操作，如图1–5–2所示。

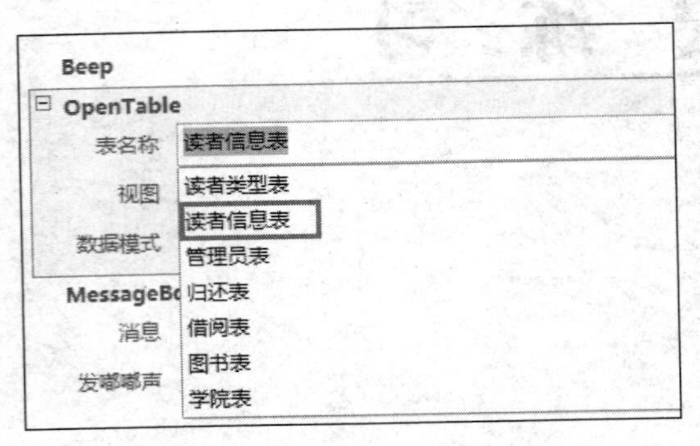

图 1-5-1 选择“读者信息表”

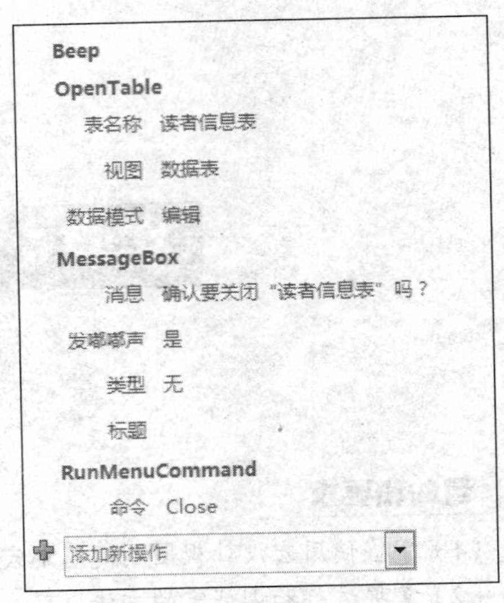

图 1-5-2 选择“Close”操作

(6) 单击“保存”按钮，在“宏名称”文本框中输入“独立的宏”。

(7) 单击“运行”按钮，运行宏。

5.1.2 创建宏组

实验要求：在“图书馆信息管理系统.accdb”数据库中创建宏组，宏 1 的功能与实验 5.1.1 的“独立的宏”功能一样，宏 2 的功能是打开和关闭“管理员信息”报表，打开前发出“嘟嘟”声，关闭前要用消息框提示信息“确认要关闭‘管理员信息’报表吗？”。

操作步骤：

(1) 打开“图书馆信息管理系统.accdb”数据库，选中“导航窗格”中的“管理员表”，单击“创建”选项卡的“报表”组中的“报表”按钮，建立“管理员信息”报表。

(2) 单击“创建”选项卡的“代码与宏”组中的“宏”按钮，进入宏设计窗口。

(3) 在“操作目录”窗格中，把程序流程中的“Submacro”拖到“添加新操作”组合框中，在子宏名称文本框中，默认名称为“Subl”，把该名称修改为“宏 1”（也可以双击“Submacro”），如图 1-5-3 所示。

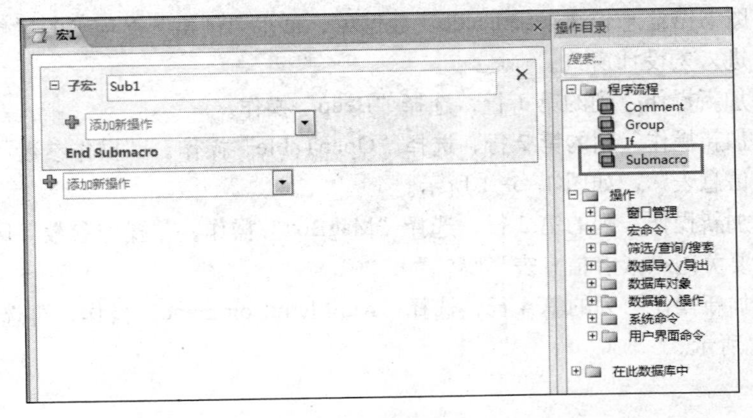

图 1-5-3 宏设计视图及操作目录

（4）在“添加新操作”列，选择“Beep”操作。

（5）在“添加新操作”列，选择“OpenTable”操作，“操作参数”区中的“表名称”选择“读者信息表”，“编辑模式”为只读。

（6）在“添加新操作”列，选择“MessageBox”操作，“操作参数”区中的“消息”框中输入“确认要关闭‘读者信息表’吗？”。

（7）在“添加新操作”列，选择“RunMenuCommand”操作，再选择“Close”操作。

（8）重复（2）～（3）步骤。

（9）在“添加新操作”组合框中，选中“OpenReport”，设置报表名称为“管理员信息”。

（10）在“添加新操作”列，选择“MessageBox”操作。“操作参数”区中的“消息”框中输入“确认要关闭‘管理员信息’报表吗？”。

（11）在“添加新操作”列，选择“RunMenuCommand”操作，再选择“Close”操作。

（12）在（6）下面的添加新操作组合框中打开列表，从中选中“RunMacro”操作，宏名称行选择“宏组.Sub2”。

（13）单击“保存”按钮，“宏名称”文本框中输入“宏组”。“子宏：Sub1”的设计视图如图 1-5-4 所示，“子宏：Sub2”的设计视图如图 1-5-5 所示。

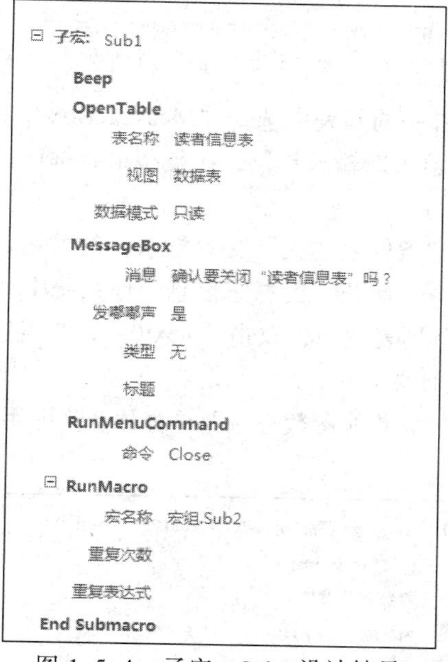

图 1-5-4　子宏：Sub1 设计结果

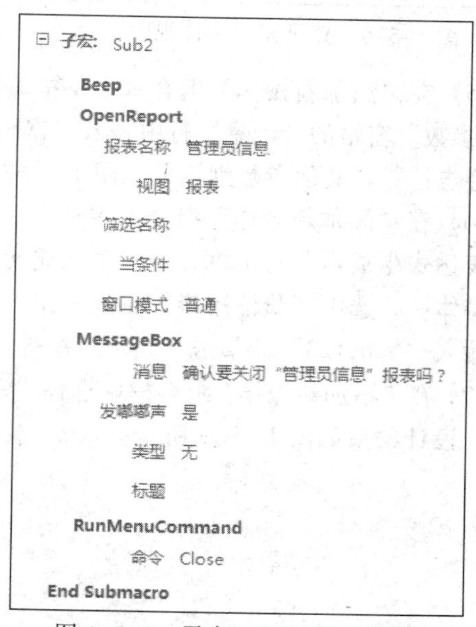

图 1-5-5　子宏：Sub2 设计结果

5.1.3　创建条件操作宏

实验要求：在“图书馆信息管理系统.accdb”数据库中，创建一个登录验证宏，使用按钮运行该宏时，对用户所输入的密码进行验证，只有输入的密码为“abc123 ”时才能打开报表“管理员信息”，否则弹出消息框“密码输入错误，请重新输入！”。

操作步骤：

（1）首先使用窗体设计视图，创建一个登录窗体。登录窗体包括一个文本框，用来输入密码。一个按钮用来验证密码，该登录窗体的创建结果如图 1-5-6 所示，保存窗体名称为“验证用户”。

（2）在“创建”选项卡的“宏与代码”功能组中，单击“宏”按钮，打开“宏设计器”。

（3）在“添加新操作”组合框中输入“IF”，单击“条件表达式”文本框右侧的按钮。

（4）打开“表达式生成器”对话框，在“表达式元素”列表框中，展开“图书馆信息管理系统/Forms/所有窗体”，选中“验证用户”窗体。在“表达式类别”列表框中，双击“Text0”，在表达式值中输入“<>abc123”，如图 1–5–7 所示。单击“确定”按钮，返回“宏设计器”中。

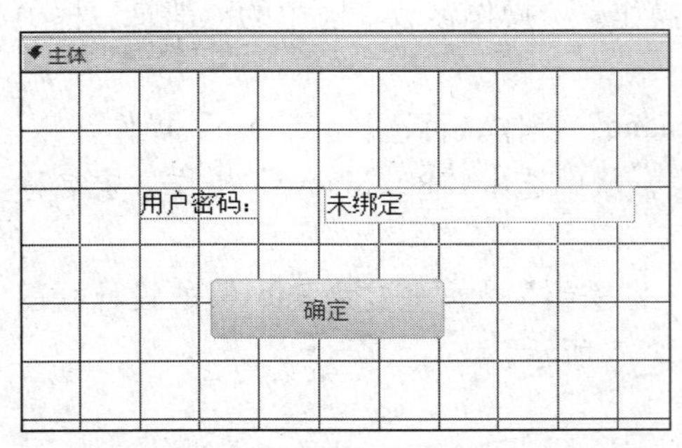

图 1-5-6　登录窗体设计视图

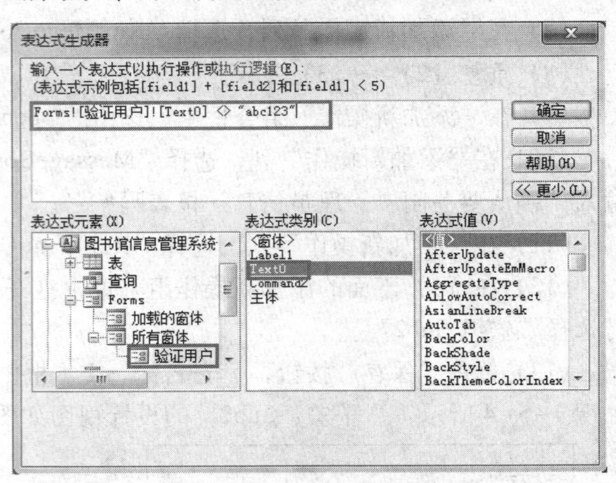

图 1–5–7　“表达式设计器”对话框

（5）在“添加新操作”组合框中单击下拉箭头，在打开的列表中选择“MessageBox”，在“操作参数”窗格的“消息”行中输入“密码输入错误，请重新输入！”，在类型组合框中，选择“警告！”，其他参数默认，如图 1–5–8 所示。

（6）在“添加新操作”组合框中输入“IF”，单击“条件表达式”文本框右侧的按钮，打开“表达式生成器”对话框，在“表达式元素”列表框中，展开“图书馆信息管理系统/Forms/所有窗体”，选中“验证用户”窗体。在“表达式类别”列表框中，双击“Text0”，在表达式值中输入“=abc123”，单击“确定”按钮，返回“宏设计器”中。

（7）在“添加新操作”组合框中选择“CloseWindow”，其他参数分别为“窗体、验证用户、否”，设计结果如图 1–5–9 所示。

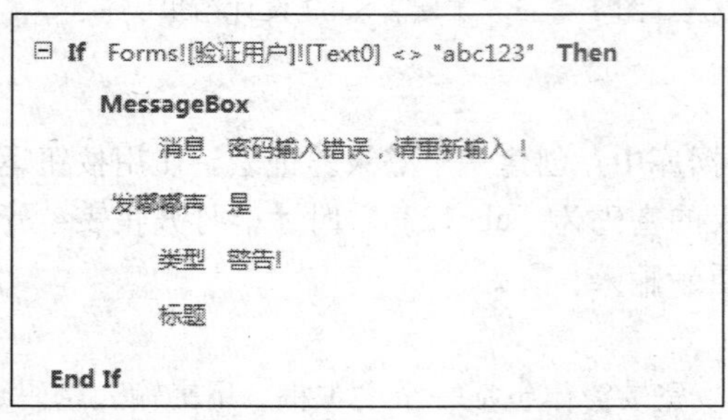

图 1–5–8　第一个 IF 语句设计视图结果

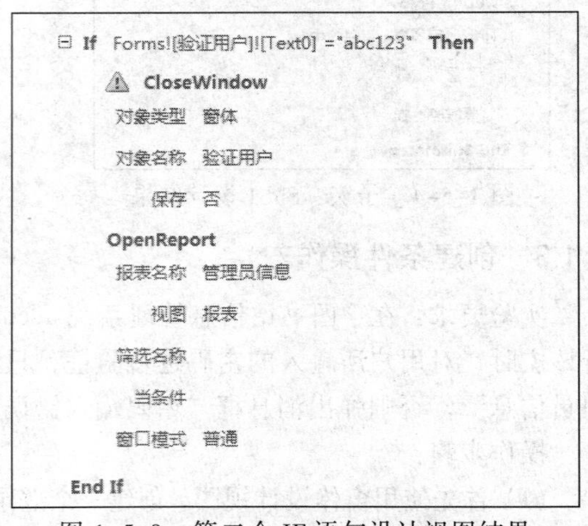

图 1–5–9　第二个 IF 语句设计视图结果

（8）在“添加新操作”组合框中，选择“OpenReport”，报表名称为“管理员信息”，如图 1–5–9 所示。保存宏名称为“条件操作宏”。

（9）打开“验证密码”窗体切换到设计视图中，选中“确定”按钮，在“属性表”窗格中选择“事件”选项卡，“单击”项选择“事件操作宏”，如图 1–5–10 所示。

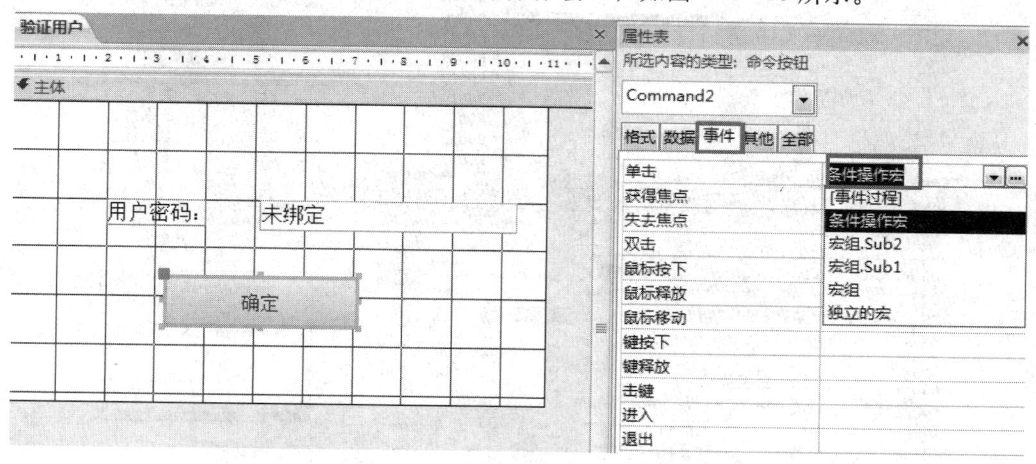

图 1–5–10　单击事件设置界面

（10）选择“窗体”对象，双击“验证用户”窗体，分别输入正确的密码、错误的密码，单击“确定”按钮，查看结果。

5.1.4　运行宏

实验要求：当用户打开数据库后，系统弹出欢迎消息框“欢迎您登录图书馆信息管理系统！”。

操作步骤：

（1）在“创建”选项卡的“宏与代码”组中，单击“宏”按钮，打开“宏设计器”。

（2）在“添加新操作”组合框中单击下拉箭头，在打开的列表中选择“MessageBox”，在“操作参数”窗格的“消息”行中输入“欢迎您登录图书馆信息管理系统！”，在类型组合框中，选择“信息”，其他参数默认，如图 1–5–11 所示。

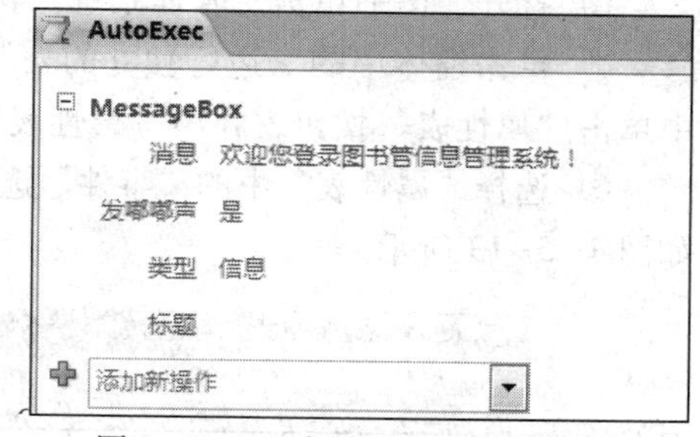

图 1–5–11　自动运行宏设计视图

（3）保存宏，宏名为“AutoExec”。

（4）关闭数据库，重新打开“图书馆信息管理系统.accdb”数据库，宏自动执行，弹出一个消息框。

实验 5.2　通过事件触发宏

实验要求：设计一个简单的图书馆信息管理系统，通过窗体上的按钮事件实现宏的运行。系统部分功能和转换关系如图 1–5–12 所示。需要说明的是，本示例仅说明各种事件宏的设置，并非真实的应用系统。

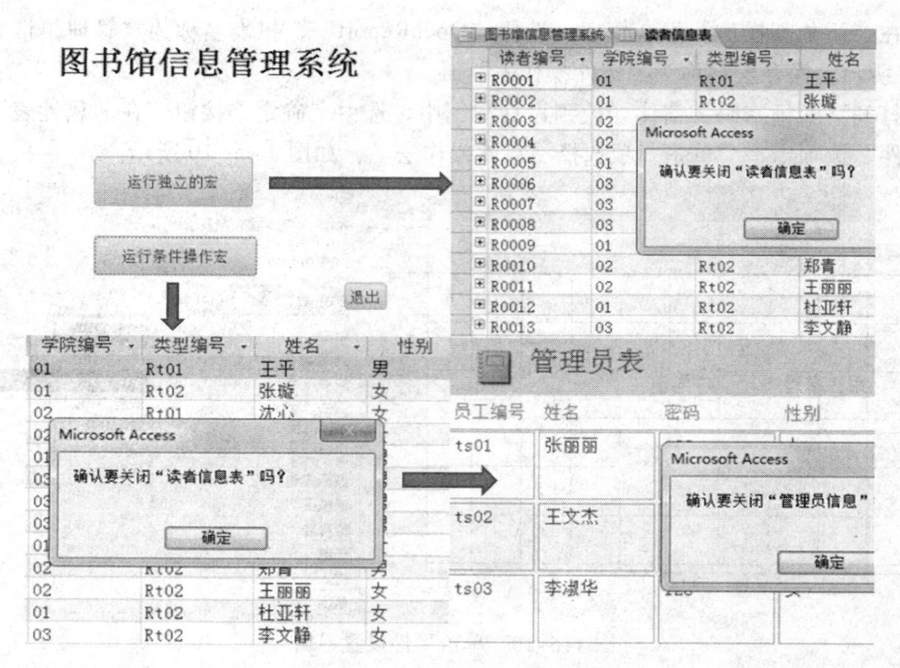

图 1-5-12　通过事件触发宏

实验步骤：

(1) 窗体界面的设计如图 1-5-12 所示，包含一个标签和三个按钮，窗体命名为“图书馆信息管理系统”。

(2) 窗体中按钮事件的设置。

① 打开“图书馆信息管理系统”窗体的设计视图。

② 单击窗体中的“运行独立的宏”按钮，在“窗体设计工具/设计”选项卡的“工具”组中单击“属性表”按钮，弹出“属性表”窗格。

③ 选择“属性表”中的“事件”选项卡，在“单击”属性的下拉列表中选择“独立的宏”，如图 1-5-13 所示。

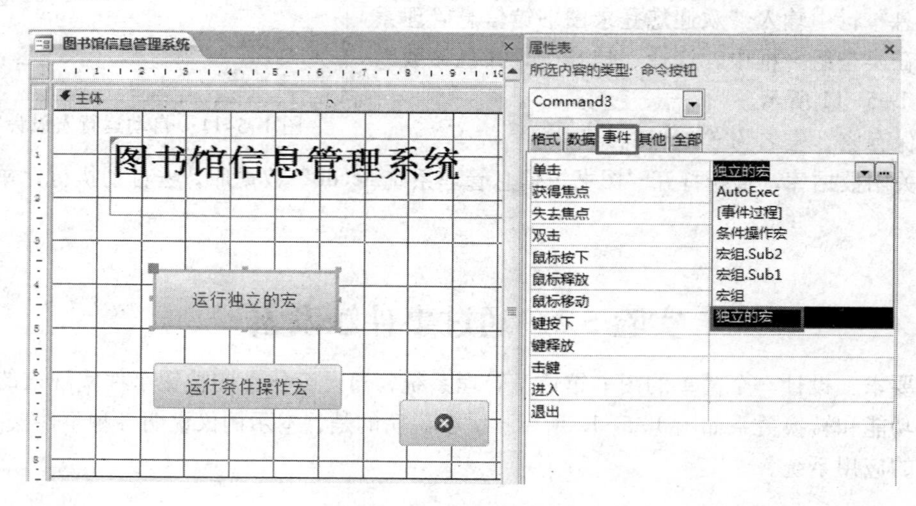

图 1-5-13　按钮事件设置

（3）保存窗体，再用相同的方法在其他按钮的事件中添加宏操作。

（4）运行主窗体，单击各按钮即可执行相应宏的操作。

二级真题练习及解析

一、选择题

1．不能使用宏的数据库对象的是（　　）。

A．数据表　　B．窗体　　C．宏　　D．报表

2．在下列关于宏和模块的叙述中，正确的是（　　）。

A．模块是能被程序调用的函数

B．通过定义宏可以选择或更新数据

C．宏或模块都不能是窗体或报表上的事件代码

D．宏可以是独立的数据库对象，可以提供独立的操作动作

3．要限制宏命令的操作范围，可以在创建宏时定义（　　）。

A．宏操作对象　　B．宏条件表达式

C．窗体或报表控件属性　　D．宏操作目标

4．在运行宏的过程中，宏不能修改的是（　　）。

A．窗体　　B．宏本身　　C．表　　D．数据库

5．在设计条件宏时，对于连续重复的条件，要代替重复条件表达式可以使用符号（　　）。

A．...　　B．：　　C．!　　D．=

6．在宏的参数中，要引用窗体 F1 上的 Text1 文本框的值，应该使用的表达式是（　　）。

A．[Forms]![F1]![Text1]　　B．Text1

C．[F1] . [Text1]　　D．[Forms]_[F1]_[Text1]

7．宏操作 Quit 的功能是（　　）。

A．关闭表　　B．退出宏　　C．退出查询　　D．退出 Access

8．下列操作中，适宜使用宏的是（　　）。

A．修改数据表结构　　B．创建自定义过程

C．打开或关闭报表对象　　D．处理报表中的错误

9．执行语句：MsgBox　"AAAA"，vbOKCancel+vbQuestion，"BBBB"之后，弹出的信息框（　　）。

A．标题为“BBBB”、框内提示符为“惊叹号”、提示内容为“AAAA”

B．标题为“AAAA”、框内提示符为“惊叹号”、提示内容为“BBBB”

C．标题为“BBBB”、框内提示符为“问号”、提示内容为“AAAA”

D．标题为“AAAA”、框内提示符为“问号”、提示内容为“BBBB”

10．在创建条件宏时，如果要引用窗体上控件值，正确的表达式引用是（　　）。

A．[窗体名]![控件名]　　B．[窗体名].[控件名]

C．[Form]![窗体名]![控件名]　　D．[Forms]![窗体名]![控件名]

二、操作题

在“实验五：二级真题练习与解析-操作题素材”文件夹下有一个数据库文件“samp1.accdb”，里面已经设计好表对象“产品”“供应商”，查询对象“按供应商查询”和宏对象“打开产品表”“运行查询”“关闭窗口”。请按以下要求完成设计：

（1）当单击“显示修改产品表”按钮时，运行宏“打开产品表”，即可浏览“产品”表。

（2）当单击“查询”按钮时，运行宏“运行查询”，即可启动查询“按供应商查询”。

（3）当单击“退出”按钮时，运行宏“关闭窗口”，关闭“menu”窗体，返回数据库窗口。

参考答案与解析

一、选择题

1	2	3	4	5	6	7	8	9	10
A	D	B	B	A	A	D	C	C	D

二、操作题

1. [答案与解析]

（1）

步骤 1：打开“实验五：二级真题练习与解析-操作题素材”文件夹下的数据库文件samp1.accdb，单击“创建”选项卡的“窗体”组中的“窗体设计”按钮。

步骤 2：单击“窗体设计工具/设计”选项卡的“控件”组中的“按钮”控件，单击窗体主体区任一点，在弹出的对话框单击“取消”按钮。

步骤 3：单击该按钮，选择“属性表”窗格中的“格式”选项卡，在“标题”行中输入“显示修改产品表”。

步骤 4：选择“属性表”窗格中的“事件”选项卡，在“单击”行下拉列表中选择“打开产品表”。

（2）

步骤 1：单击“窗体设计工具/设计”选项卡的“控件”组中的“按钮”控件，单击窗体主体区任一点，在弹出的对话框单击“取消”按钮。

步骤 2：单击该按钮，选择“属性表”窗格中的“格式”选项卡，在“标题”行中输入“查询”。

步骤 3：选择“属性表”窗格中的“事件”选项卡，在“单击”行下拉列表中选择“运行查询”。

（3）

步骤 1：单击“窗体设计工具/设计”选项卡的“控件”组中的“按钮”控件，单击窗体主体区任一点，在弹出的对话框单击“取消”按钮。

步骤 2：单击该按钮，选择“属性表”窗格中的“格式”选项卡，在“标题”行中输入“退出”。

步骤 3：选择“属性表”窗格中的“事件”选项卡，在“单击”行下拉列表中选择“关闭窗口”。

步骤 4：单击快速访问工具栏中的“保存”按钮，另存为“menu”，关闭设计视图。

实验 6　模块与 VBA 编程练习

目的和要求

（1）掌握建立标准模块及窗体模块的方法。
（2）熟悉 VBA 开发环境及数据类型。
（3）掌握常量、变量、函数及其表达式的用法。
（4）掌握程序设计的顺序结构、分支结构、循环结构。
（5）了解 VBA 的过程及参数传递。
（6）掌握变量的定义方法、不同的作用域和生存期。
（7）了解数据库的访问技术。

主要内容

（1）创建标准模块与窗体模块。
（2）常量、变量、函数及表达式的使用。
（3）数据类型、输入、输出函数及程序的顺序结构。
（4）选择结构 if 语句及 Select Case 语句的使用。
（5）Do While 循环、For 循环语句的使用。
（6）VBA 过程、过程的参数传递、变量的作用域和生存期。
（7）VBA 数据库的访问。

实验 6.1　创 建 模 块

1. 创建标准模板

实验要求：在“图书馆信息管理系统.accdb” 数据库中创建一个标准模块“M1”，并添加过程“P1”。

操作步骤：

(1) 打开“图书馆信息管理系统.accdb”数据库，在“创建”选项卡的“宏与代码”组中单击“模块”按钮，打开 VBE 窗口，如图 1-6-1 所示。

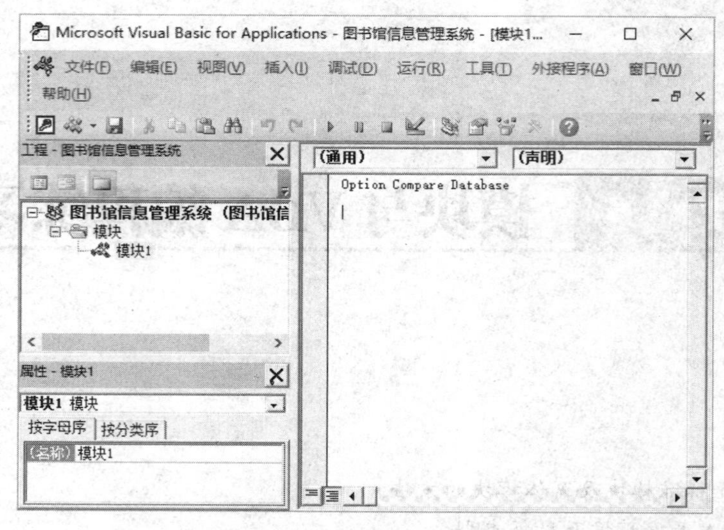

图 1-6-1 标准模块

(2) 单击“插入”→“过程”命令，弹出“添加过程”对话框，在“名称”输入框中输入“P1”，如图 1-6-2 所示。

(3) 在代码窗口中输入一个名称为“P1”的子过程，如图 1-6-3 所示。

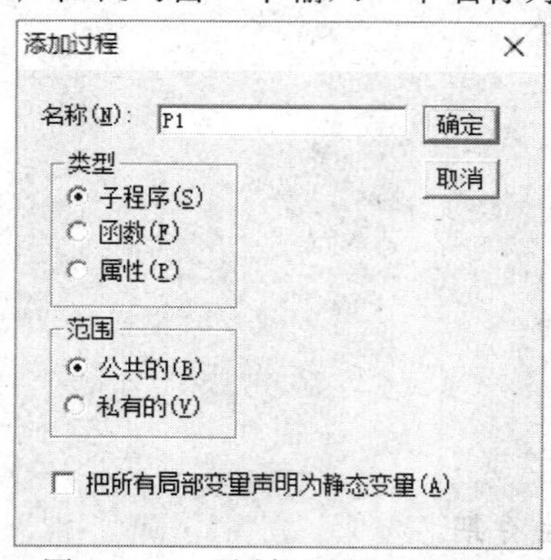

图 1-6-2 “添加过程”对话框

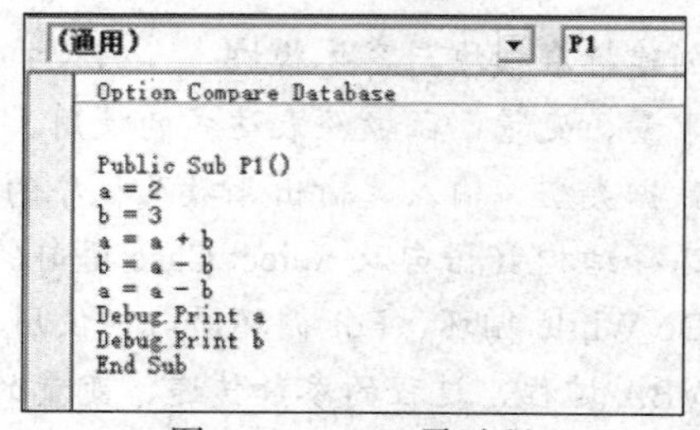

图 1-6-3 P1 子过程

(4) 单击“视图”→“立即窗口”命令，打开“立即窗口”窗口，并在窗口中输入“Call P1( )”，按【Enter】键，查看运行结果，如图 1-6-4 所示。

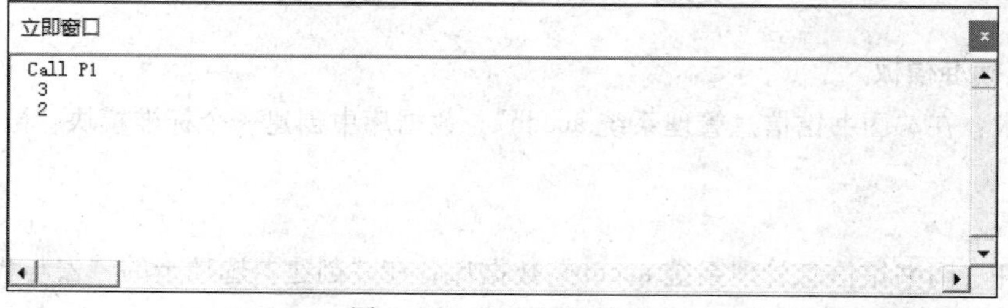

图 1-6-4 P1 运行结果

(5) 单击工具栏中的“保存”按钮，输入模块名称为“M1”，保存模块。单击工具栏中的“视图 Microsoft office Access”按钮，返回 Access。

2. 添加子过程

实验要求：为模块“M1”添加一个子过程“P2”。

操作步骤：

（1）在导航窗格中，选择“模块”对象，再双击“M1”，打开 VBE 窗口。

（2）输入以下代码：

```
Sub P2()
  Dim name As String
  name=InputBox("请输入姓名", "输入")
MsgBox "欢迎您" & name
End Sub
```

（3）单击工具栏中的“运行子过程/用户窗体”按钮，运行 P2，如图 1-6-5 所示。输入自己的姓名，查看运行结果。

（4）单击工具栏中的“保存”按钮，保存模块。

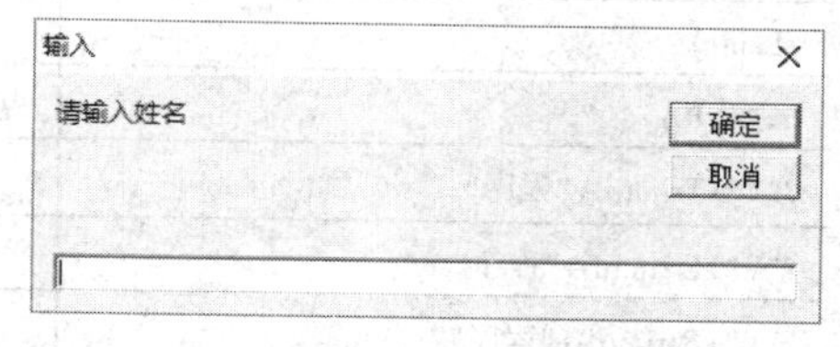

图 1-6-5　P2 运行结果

实验 6.2　VBA 标准函数、运算符和表达式

实验要求：在 VBE 中单击“视图”→“立即窗口”命令完成以下各题。

1. 填写命令的结果

```
?7\2                      结果为__________
?5/2<=3                   结果为__________
?#2017-02-14#             结果为__________
?"VBA"&"程序设计基础"       结果为__________
?"Access"+"数据库"         结果为__________
?"x+y="&1+4               结果为__________

a1 = #2017-02-14#
a2=a1+14
?a2                       结果为__________
?a1-4                     结果为__________
```

2. 算术函数

在“立即窗口”窗口中输入命令	结　　果	功　　能
?Int(-3.25)		
?Sqr(9)		
?Int(100*Rnd)		
?Fix(15.235)		
?Round(15.3451,2)		
?Abs(-5)		

3. 字符串处理函数

在“立即窗口”窗口中输入命令	结　果	功　能
?InStr("ABCD","CD")		
c="Beijing University"		
?Mid(c,4,3)		
?Left(c,7)		
?Right(c,10)		
?Len(c)		
d="　BA　"		
?"V"+Trim(d)+"程序"		
?"V"+Ltrim(d)+"程序"		
?"V"+Rtrim(d)+"程序"		

4. 日期与时间函数

在“立即窗口”窗口中输入命令	结　果	功　能
?Date()		
?Time()		
?Year(Date())		

5. 类型转换函数

在“立即窗口”窗口中输入命令	结　果	功　能
?Asc("BC")		
?Chr(67)		
?Str(100101)		
?Val("2010.6")		

实验 6.3　VBA 流程控制语句

6.3.1　顺序结构

实验要求：输入圆的半径，显示圆的面积。

操作步骤：

(1) 在“创建”选项卡的“宏与代码”组中，单击“模块”按钮，打开 VBE 窗口。

(2) 在代码窗口中输入“Area”子过程，代码如下：

```
Sub Area()
  Dim r As Single
  Dim s As Single
  r=InputBox("请输入圆的半径:","输入")
  s=3.14 * r * r
```

```
  MsgBox "半径为" + Str(r) + "时，圆面积是: " + Str(s)
End Sub
```

（3）运行过程 Area，弹出输入框，如图 1-6-6 所示。

（4）如果输入半径为 2，输出结果如图 1-6-7 所示。

图 1-6-6 输入框

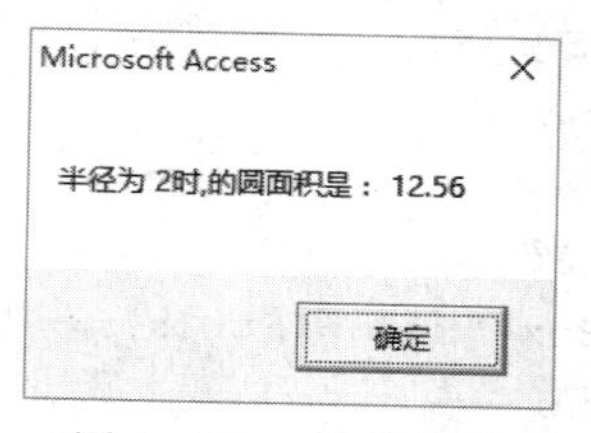

图 1-6-7 运行结果

（5）单击工具栏中的“保存”按钮，输入模块名称为“M2”，保存模块。

6.3.2 单分支结构

实验要求：编写一个过程，从键盘上输入成绩 X（0～100），如果 X<0 或 X>100 输出“输入成绩不正确”。

操作步骤：

（1）在导航窗格中，双击模块“M2”，打开 VBE 窗口。

（2）在代码窗口中添加“P1”子过程，代码如下：

```
Sub P1()
Dim score As Single
score=InputBox("请输入成绩(0-100)")
If(score>100 Or score<0) Then
MsgBox "输入成绩不正确"
End If
```

（3）运行 P1 过程，弹出输入框，如图 1-6-8 所示。

（4）输入“-1”，弹出“输入成绩不正确”提示框，如图 1-6-9 所示。

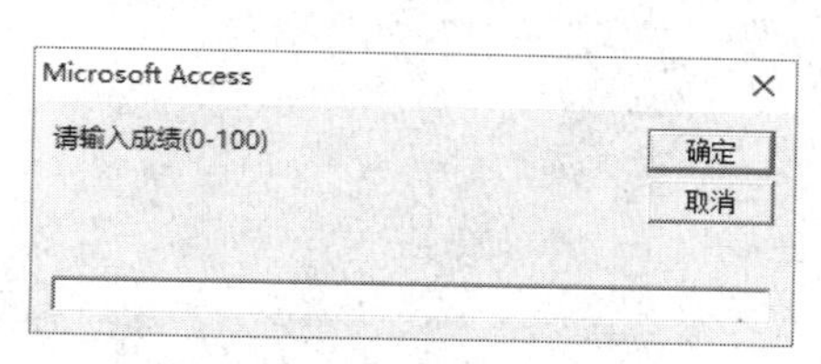

图 1-6-8 成绩输入框

图 1-6-9 提示框

（5）单击工具栏中的“保存”按钮，保存模块“M2”。

6.3.3 双分支结构

实验要求：编写一个过程，从键盘上输入一个数 X，如果 X≥0，输出它的算术平方根；如果 X<0，输出它的平方值。

操作步骤：

（1）在导航窗格中，双击模块“M2”，打开 VBE 窗口。

（2）在代码窗口中添加“P2”子过程，代码如下：

```
Sub P2()
  Dim x As Single
  x=InputBox("请输入 X 的值", "输入")
  If x>=0 Then
    y=Sqr(x)
  Else
    y=x * x
  End If
  MsgBox "x=" + Str(x) + "时 y=" + Str(y)
End Sub
```

(3) 运行 P2 过程，查看运行结果。

(4) 单击工具栏中的“保存”按钮，保存模块“M2”。

6.3.4 多分支结构

实验要求：使用选择结构程序设计方法，编写一个子过程，从键盘上输入成绩 X（0～100），如果 X≥90 且 X≤100 输出“优秀”，X≥80 且 X<90 输出“良”，X≥70 且 X<80 输出“中”，X≥60 且 X<70 输出“及格”，X<60 输出“不及格”。

操作步骤：

(1) 在导航窗格中，双击模块“M2”，进入 VBE 窗口。

(2) 添加子过程“P3”，代码如下：

```
Sub P3()
  score=InputBox("请输入成绩 0~100")
  If score>=90 Then
     result="优秀"
  ElseIf  num1>=80 Then
     result="良"
  ElseIf  num1>=70 Then
     result="中"
  ElseIf num1>=60 Then
     result="及格"
  Else
     result = "不及格"
  End If
  MsgBox  result
End Sub
```

(3) 反复运行过程“P3”，输入各个分数段的值，查看运行结果。

(4) 单击工具栏中的“保存”按钮，保存模块“M2”。

6.3.5 多分支选择结构

实验要求：使用多分支选择结构程序设计方法编写一个子过程，从键盘上输入一个字符，判断输入的是大写字母、小写字母、数字还是其他特殊字符。

操作步骤：

（1）双击模块“M2”，进入 VBE 窗口。

（2）添加子过程“P4”，代码如下：

```
Public Sub P4()
  Dim x As String
  Dim Result as String
  x=InputBox("请输入一个字符")
  Select Case Asc(x)
    Case 97 To 122
      Result="小写字母"
    Case 65 To 90
      Result="大写字母"
    Case 48 To 57
      Result="数字"
Case Else
      Result="其他特殊字符"
  End Select
  Msgbox Result
End sub
```

（3）反复运行过程“P4”，分别输入大写字母、小写字母、数字和其他符号，查看运行结果。

（4）单击工具栏中的“保存”按钮，保存模块“M2”。

6.3.6　循环结构

1. Do...While 语句

实验要求：求前 100 个自然数的和。

操作步骤：

（1）双击模块“M2”，进入 VBE 窗口。

（2）添加子过程“P5”，代码如下：

```
Sub P5()
  Dim i,s As Integer
  i=1
  s=0
  Do While i<=100
    s=s+i
    i=i+1
  Loop
MsgBox s
End Sub
```

（3）运行过程“P5”，查看运行结果。

（4）单击工具栏中的“保存”按钮，保存模块“M2”。

2. For 语句

实验要求：对输入的 10 个整数，分别统计有几个是奇数、有几个是偶数。

操作步骤：

(1) 双击模块“M2”，进入 VBE 窗口。

(2) 输入并补充完整子过程“P6”代码，运行该过程，最后保存模块“M2”。代码如下：

```
Sub Prm6()
  Dim num As Integer
  Dim a As Integer
  Dim b As Integer
  Dim i As Integer
  For i=1 To 10
    num=InputBox("请输入数据:", "输入",1)
    If ______________ Then
     a=a + 1
    Else
     b=b + 1
    End If
  Next i
  MsgBox("运行结果: a=" & Str(a) &",b=" & Str(b))
End Sub
```

(3) 运行过程“P6”，查看运行结果。

(4) 单击工具栏中的“保存”按钮，保存模块“M2”。

3. 嵌套语句

实验要求：某次大奖赛有七个评委同时为一位选手打分，去掉一个最高分和一个最低分，其余五个分数的平均值为该名参赛者的最后得分，求参赛者的最后得分。

操作步骤：

(1) 新建窗体，进入窗体的设计视图。

(2) 在窗体的主体节中添加一个按钮，在“属性表”窗格中将按钮“名称”属性设置为“CmdScore”，“标题”属性设置为“最后得分”，单击“代码”按钮，进入 VBE 窗口。

(3) 输入并补充完整以下事件过程代码：

```
Private Sub CmdScore_Click()
  Dim mark,aver,i,max1,min1
  aver=0
  For i=1To 7
    mark=InputBox("请输入第" & i & "位评委的打分")
    If  i=1 Then
      max1=mark : min1=mark
    Else
     If mark<min1 Then
       min1=mark
     ElseIf mark>max1 Then
     ________
     End If
    End If
    ________
```

```
    Next i
    aver=(aver - max1 - min1)/5
    MsgBox aver
End Sub
```

（4）保存窗体，窗体名称为“最后得分”，切换至窗体视图，单击“最后得分”按钮，查看程序运行结果。

实验 6.4　计 时 对 象

实验要求：实现一个计时器，第一次单击“开始/停止”按钮，从 0 开始滚动显示计时；单击“暂停/继续”按钮，显示暂停，但计时还在继续；再次单击“暂停/继续”按钮，计时会继续滚动显示；第二次单击“开始/停止”按钮，计时停止，显示最终时间。若再次单击“开始/停止”按钮，可重新从 0 开始计时，如图 1-6-10 所示。

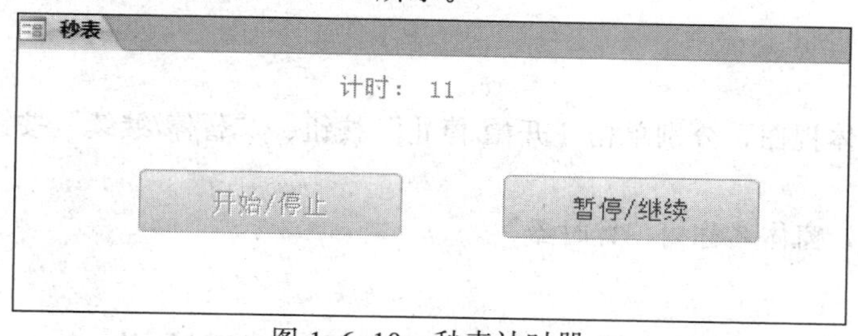

图 1-6-10　秒表计时器

操作步骤：

（1）新建窗体，在窗体主体节上添加两个按钮和一个标签控件。

（2）单击“工具”组中的“属性表”按钮，打开“属性表”窗格，将第一个按钮的“名称”属性设置为“cmdOk”，“标题”属性设置为“开始/停止”；将第二个按钮的“名称”属性设置为“cmdPause”，“标题”属性设置为“暂停/继续”；将标签的“名称”属性设置为“lblNum”，“标题”属性设置为“计时：”；将窗体对象的“计时器时间间隔”属性设置为 1000，“标题”属性设置为“秒表”，将“导航按钮”属性设置为“否”，“记录选择器”属性设置为“否”。

（3）单击“代码”按钮，进入 VBE 窗口，输入以下代码：

```
Option Compare Database
Dim flag,pause As Boolean
Private Sub cmdOK_Click()
flag=True
 cmdOK.Enabled=False
cmdPause.Enabled=True
End Sub
Private Sub cmdPause_Click()
 pause=Not pause
cmdOK.Enabled=Not cmdOK.Enabled
End Sub
Private Sub Form_Open(Cancel As Integer)
```

```
  flag=False
  pause=False
  cmdOK.Enabled=True
  cmdPause.Enabled=False
End Sub
Private Sub Form_Timer()
  Static count As Single
  If flag=True Then
    If pause=False Then
      lblNum.Caption="计时: " + Str(Round(count, 1))
    End If
    count=count + 1
  Else
    count=0
  End If
End Sub
```

(4) 切换至窗体视图，分别单击“开始/停止”按钮、“暂停/继续”按钮观察程序的运行结果。

(5) 保存窗体，窗体名称为“计时器”。

实验 6.5　过程调用和参数传递

1. Sub 过程

实验要求：编写一个求 $n!$ 的子过程，然后调用它计算 $\sum_{n=1}^{10} n!$ 的值。

操作步骤：

(1) 新建一个标准模块“M3”，打开 VBE 窗口，输入以下子过程代码：

```
Sub Factor1(n As Integer,p As Long)
  Dim i As Integer
  p=1
  For i=1 To n
    p=p * i
  Next i
End Sub
Sub Mysum1()
  Dim n As Integer,p As Long,s As Long
  For n=1 To 10
    Call Factor1(n,p)
    s=s+p
  Next n
  Msgbox "结果为:" & s
End Sub
```

（2）运行过程 Mysum1，保存模块“M3”。

2. Function 过程

实验要求：编写一个求 $n!$ 函数，然后调用它计算 $\sum_{n=1}^{10} n!$ 的值。

操作步骤：

（1）双击标准模块“M3”，打开 VBE 窗口，输入以下代码：

```
Function Factor2(n As Integer)
  Dim i As Integer,p As Long
  p=1
  For i=1 To n
    p=p*i
  Next i
  Factor2=p
End Function
```

（2）修改 Mysum1() 过程，代码如下：

```
Sub Mysum1()
  Dim n As Integer,s As Long
  For n=1 To 10
    s=s+Factor2(n)
  Next n
  MsgBox "结果为:" & s
End Sub
```

（3）运行过程“Mysum1”，理解函数过程与子过程的差别，最后保存模块“M3”。

3. 按值传递参数

实验要求：阅读下面的程序代码，理解过程中参数传递的方法。

操作步骤：

（1）双击标准模块“M3”，打开 VBE 窗口，输入以下程序代码：

```
Sub Mysum2()
  Dim x As Integer,y As Integer
  x=10
  y=20
  Debug.Print "1,x=";x,"y="; y
  Call add(x,y)
  Debug.Print "2,x=";x,"y="; y
End Sub
Private Sub Add(ByVal m,n)
  m=100
  n=200
  m=m+n
  n=2*n+m
End Sub
```

（2）运行“Mysum2”过程，单击“视图”→“立即窗口”命令，打开“立即窗口”窗口，查看程序的运行结果。

4. 按地址传递参数

实验要求：阅读下面的程序代码，理解参数传递、变量的作用域与生存期。

操作步骤：

（1）新建窗体，进入窗体的设计视图。

（2）在窗体的主体节中添加一个按钮，设置按钮“名称”属性为“Command1”，单击“代码”按钮，进入 VBE 窗口，输入以下代码：

```
Option Compare Database
Dim x As Integer
Private Sub Form_Load()
   x=3
End Sub
Private Sub Command1_Click()
  Static a As Integer
  Dim b As Integer
  b=x^2
  Fun1 x,b
  Fun1 x,b
  MsgBox "x=" & x
End Sub
Sub Fun1(ByRef y As Integer,ByVal z As Integer)
  y=y+z
  z=y-z
End Sub
```

（3）切换至窗体视图，单击该按钮，观察程序的运行结果，并思考按值传递和按地址传递的区别。

（4）保存窗体，窗体名称为“参数传递”。

实验 6.6　VBA 数据库访问技术

1. 用 DAO 访问数据库

实验要求：图书表里的图书价格需要上调，调整方案如下：清华大学出版社的图书每本增加 15%，高等教育出版社的图书每本增加 10%，其他出版社的图书每本增加 5%。编写程序调整每本图书的价格。

操作步骤：

（1）引用 DAO 对象

新建模块，打开 VBE 窗口，单击“工具”→“引用”命令，打开“引用”对话框。在“可使用的引用”列表框中选中“Microsoft DAO 3.5.1 Object Library”复选框，单击“确定”按钮，返回 Access。

（2）新建窗体，在窗体的主体节中添加一个按钮，将按钮的“名称”属性设置为“CmdAlter”，“标题”属性设为“修改”，单击“代码”按钮，切换至 VBE 窗口中，输入以下代码：

```
Private Sub CmdAlter_Click()
Dim ws As DAO.Workspace
Dim db As DAO.Database
Dim rs As DAO.Recordset
Dim gz As DAO.Field
Dim zc As DAO.Field
Dim sum As Currency
Dim rate As Single
Set db=CurrentDb()
Set rs=db.OpenRecordset("图书表")
Set cbs=rs.Fields("出版社")
Set price=rs.Fields("价格")
Do While Not rs.EOF
  rs.Edit
  Select Case cbs
    Case Is="清华大学"
      rate=0.15
    Case Is="高等教育"
      rate=0.1
    Case Else
      rate=0.05
    End Select
   price=price+price * rate
   rs.Fields("价格")=price
   rs.Update
   rs.MoveNext
Loop
rs.Close
db.Close
Set rs=Nothing
Set db=Nothing
End Sub
```

（3）保存窗体，窗体名称为“修改图书价格”，切换至窗体视图，单击“修改”按钮，观察程序的运行结果。

2．用 ADO 访问数据库

实验要求：显示“读者信息表”第 1 条记录的“姓名”字段值。

操作步骤：

（1）引用 ADO 对象

在 VBA 环境下，单击“工具”→“引用”命令，打开“引用”对话框。在“可使用的引用”列表框中选中“Microsoft ActiveX Data Objects 6.1 Library”复选框，单击“确定”按钮，返回

Access。

（2）在“图书馆信息管理系统.accdb”数据库中，新建一个标准模块，打开 VBE 窗口，输入以下代码：

```
Private Sub DemoField()
  '声明并实例化 Recordset 对象和 Field 对象
  Dim rst As ADODB.Recordset
  Dim fld As ADODB.Field
  Set rst=New ADODB.Recordset
  rst.ActiveConnection=CurrentProject.Connection
  rst.Open "select * from 读者信息表"
  Set fld=rst("姓名")
  Debug.print fld.value
End Sub
```

（3）保存模块，模块名为“M4”，运行过程 DemoField，打开“立即窗口”窗口，观察运行结果。

实验要求：通过图 1-6-11 所示的窗体向“图书表”中添加图书记录，对应“图书编号”“图书名称”“作者”“书号”和“出版社”的五个文本框的名称分别为 txtID、txtName、txtAuthor、txtNum 和 txtPublic。单击窗体中的“添加”按钮（名称为 cmdAdd）时，首先判断图书编号是否重复，如果不重复，则向“图书”表中添加图书记录；如果图书重复，则给出提示信息。

操作步骤：

（1）新建“添加图书信息”窗体，在窗体设计视图中的主体节中添加六个标签、五个文本框、一个按钮，如图 1-6-11 所示。

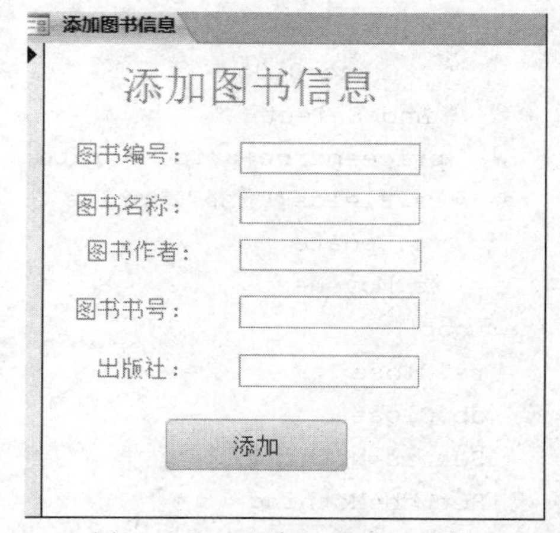

图 1-6-11　添加图书信息窗体

（2）打开属性窗口，将五个文本框中的“标题”属性分别设置为 txtID、txtName、txtAuthor、txtNum 和 txtPublic。将“添加”按钮“名称”属性设置为“CmdAdd”，将“标题”属性设置为“添加”；将窗体对象的“标题”属性设置为“添加图书信息”，将“导航按钮”属性设置为“否”，“记录选择器”属性设置为“否”。

（3）选择“添加”按钮，选择“属性表”窗格中的“事件”选项卡，在“单击”属性下拉列表中选择“[事件过程]”，单击右侧的“代码生成器”按钮，生成“添加”按钮的单击事件 cmdAdd_Click()，输入并补充完整以下代码：

```
Dim ADOcn As New ADODB.Connection
Dim ADOrs As New ADODB.Recordset
Dim strSQL As String
Set ADOcn=CurrentProject.Connection
ADOrs.ActiveConnection=ADOcn
strSQL="Select 图书编号 From 图书表 Where 图书编号= '" + txtID + "'"
ADOrs.Open strSQL
If Not ADOrs.EOF Then
```

```
    '如果该图书记录已经存在，则显示提示信息
    MsgBox "该图书编号已存在，不能增加！"
  Else
    '增加新图书的记录
  strSQL="Insert Into 图书表(图书编号,图书名称,作者,书号,出版社) "
  strSQL=strSQL + " Values('" + txtID + "', '" + txtName + "', '" + txtAuthor
  + "','" + txtNum + "','" + txtPublic + "') "
    ADOcn.Execute strSQL
    MsgBox "添加成功，请继续！"
  End If
  ADOrs.Close
  Set ADOrs = Nothing
```

（4）保存窗体，窗体名称为“添加图书信息”，切换至窗体视图，在相应的文本框中输入新的图书信息，单击“添加”按钮，打开图书表，观察程序的运行结果，再输入一个已有的图书信息（图书编号在图书表中已存在），单击“添加”按钮，观察程序的运行结果。

二级真题练习及解析

一、选择题

1．用于获得字符串S最左边四个字符的函数是（　　）。

A．Left(S,4)　　B．Left(S,1,4)　　C．Leftstr(S,4)　　D．Leftstr(S,0,4)

2．下列数据类型中，不属于VBA的是（　　）。

A．长整型　　B．布尔型　　C．变体型　　D．指针型

3．下列四个选项中，不是VBA的条件函数的是（　　）。

A．Choose　　B．If　　C．IIf　　D．Switch

4．VBA程序流程控制的方式是（　　）。

A．顺序控制和分支控制　　B．顺序控制和循环控制

C．循环控制和分支控制　　D．顺序、分支和循环控制

5．从字符串s中的第2个字符开始获得4个字符的字符串函数是（　　）。

A．Mid $(s,2,4)　　B．Left $(s,2,4)

C．Right $(s,4)　　D．Right$(s,2,4)

6．表达式Fix (-3.25)和Fix(3.75)的结果分别是（　　）。

A．-3，3　　B．-4，3　　C．-3，4　　D．-4，4

7．在VBA中，错误的循环结构是（　　）。

A．
```
Do While 条件式
    循环体
Loop
```

B．
```
Do Until 条件式
    循环体
Loop
```

C．
```
Do Until
    循环体
Loop 条件式
```

D．
```
Do
    循环体
Loop While 条件式
```

8．在过程定义中有语句：

```
Private Sub GetDate(ByVal date As Integer)
```

其中“ByVal”的含义是（　　）。

A．传值调用　　B．传址调用　　C．形式参数　　D．实际参数

9．下列给出的选项中，非法的变量名是（　　）。

A．sum　　B．Interger_2　　C．Rem　　D．Form1

10．如在被调用的过程中改变了形参变量的值，但又不影响实参变量本身，这种参数传递方式称为（　　）。

A．按值传递　　B．按地址传递　　C．ByRef 传递　　D．按形参传递

11．表达式“B=Int(A+0.5)”的功能是（　　）。

A．将变量 A 保留小数点后 1 位　　B．将变量 A 四舍五入取整

C．将变量 A 保留小数点后 5 位　　D．舍去变量 A 的小数部分

12．VBA 语句“dim NewArray(10) as integer”的含义是（　　）。

A．定义 10 个整型数构成的数组 NewArray

B．定义 11 个整型数构成的数组 NewArray

C．定义 1 个值为整型数构的变量 NewArray(10)

D．定义 1 个值为 10 的变量 NewArray

13．运行下列程序段，结果是（　　）。

```
For m=10 to 1 step 0
k=k+3
next m
```

A．形成死循环　　B．循环体不执行即结束循环

C．出现语法错误　　D．循环体执行一次后结束循环

14．将一个数转换成相应字符串的函数是（　　）。

A．Str()　　B．String()　　C．Asc()　　D．Chr()

15．VBA 中定义符号常量使用的关键字是（　　）。

A．Const　　B．Dim　　C．Public　　D．Static

16．由“For i = 1 To 16 Step 3”决定的循环结构被执行（　　）。

A．4 次　　B．5 次　　C．6 次　　D．7 次

17．在窗体中有一个文本框 Text1，编写事件代码如下：

```
Private Sub Form_Click()
  X=val(Inputbox("输入 x 的值"))
  Y=1
  If  X<>0 Then Y = 2
    Text1.Value = Y
End Sub
```

打开窗体运行后，在输入框中输入整数“12”，文本框“Text1”中输出的结果是（　　）。

A．1　　B．2　　C．3　　D．4

18．在窗体中有一个按钮“Command1”和一个文本框“Text1”，编写事件代码如下：

```
Private Sub Command1_Click()
```

```
  For I=1 To 4
    x=3
    For j=1 To 3
      For k=1 To 2
        x=x+3
      Next k
    Next j
  Next I
  Text1.value=Str(x)
End Sub
```

打开窗体运行后，单击该按钮，文本框“Text1”输出的结果是（　　）。

A．6　　B．12　　C．18　　D．21

19．在窗体中有一个按钮“Command1”，编写事件代码如下：

```
Private Sub Command1_Click()
  Dim s As Integer
  s=P(1)+P(2)+P(3)+P(4)
  debug.Print s
End Sub
Public Function P(N As Integer)
  Dim Sum As Integer
  Sum=0
  For i=1 To N
    Sum=Sum+i
  Next i
  P=Sum
End Function
```

打开窗体运行后，单击该按钮，输出结果是（　　）。

A．15　　B．20　　C．25　　D．35

20．下列过程的功能是：通过对象变量返回当前窗体的Recordset属性记录集引用，消息框中输出记录集的记录（即窗体记录源）个数。

```
Sub GetRecNum()
  Dim rs As Object
  Set rs=Me.Recordset
  MsgBox ________
End Sub
```

程序空白处应填写的是（　　）。

A．Count　　B．rs.Count　　C．RecordCount　　D．rs.RecordCount

二、操作题

1．在“实验六：二级真题练习与解析–操作题素材”文件夹下samp1.accdb，里面已经设计了表对象“tEmp”、查询对象“qEmp”、窗体对象“fEmp”和宏对象“mEmp”。同时，给出窗体对象“fEmp”上一个按钮的单击事件代码，试按以下功能要求补充设计：

（1）将窗体“fEmp”上文本框“tSS”更改为组合框类型，保持控件名称不变。设置其相关属性实现下拉列表形式，输入性别“男”和“女”。

（2）将窗体对象“fEmp”上的文本框“tPa”改为复选框类型，保持控件名称不变，然后设置控件来源属性以输出“党员否”字段值。

（3）修正查询对象“qEmp”设计，增加退休人员（年龄>=55）的条件。

（4）单击“刷新”按钮（名为“bt1”），事件过程动态设置窗体记录源为查询对象“qEmp”，实现窗体数据按性别条件动态显示退休职工的信息；单击“退出”按钮（名为“bt2”），调用设计好的宏“mEmp”来关闭窗体。

注意：不允许修改数据库中的表对象“tEmp”和宏对象“mEmp”；不允许修改查询对象“qEmp”中未涉及的属性和内容；不允许修改窗体对象“fEmp”中未涉及的控件和属性。程序代码只允许在“*****”与“*****”之间的空行内补充一行语句、完成设计，不允许增删和修改其他位置已存在的语句。

2．在“实验六：二级真题练习与解析–操作题素材”文件夹下的“samp2.accdb”中，已经设计了表对象“tEmp”、窗体对象“fEmp”、报表对象“rEmp”和宏对象“mEmp”。试在此基础上按照以下要求补充设计：

（1）设置表对象“tEmp”中“年龄”字段的有效性规则为：年龄值在 20～50 之间（不含 20 和 50），相应有效性文本设置为“请输入有效年龄”。

（2）设置报表“rEmp”按照“性别”字段降序（先女后男）排列输出；将报表页面页脚区域内名为“tPage”的文本框控件设置为“页码/总页数”形式页码显示。

（3）将“fEmp”窗体上名为“btnP”的按钮由灰色无效状态改为有效状态。设置窗体标题为“职工信息输出”。

（4）试根据以下窗体功能要求，对已给的命令按钮事件过程进行补充和完善。在“fEmp”窗体上单击“输出”按钮（名为“btnP”），弹出一输入对话框，其提示文本为“请输入大于 0 的整数值”。

输入 1 时，相关代码关闭窗体（或程序）。

输入 2 时，相关代码实现预览输出报表对象“rEmp”。

输入>=3 时，相关代码调用宏对象“mEmp”以打开数据表“tEmp”。

注意：不允许修改数据库中的宏对象“mEmp”；不允许修改窗体对象“fEmp”和报表对象“rEmp”中未涉及的控件和属性；不允许修改表对象“tEmp”中未涉及的字段和属性；已给事件过程，只允许在“*****Add*****”与“****Add******”之间的空行内补充语句、完成设计，不允许增删和修改其他位置已存在的语句。

3．在“实验六：二级真题练习与解析–操作题素材”文件夹下有一个数据库文件“samp3.accdb”，里面已经设计了表对象“tEmp”、查询对象“qEmp”和窗体对象“fEmp”。同时，给出窗体对象“fEmp”上两个按钮的单击事件代码，请按以下要求补充设计。

（1）将窗体“fEmp”上名称为“tSS”的文本框控件改为组合框控件，控件名称不变，标签标题不变。设置组合框控件的相关属性，以实现从下拉列表中选择输入性别值“男”和“女”。

（2）将查询对象“qEmp”改为参数查询，参数为窗体对象“fEmp”上组合框“tSS”的输入值。

（3）将窗体对象“fEmp”上的名称为“tPa”的文本框控件设置为计算控件。要求依据“党员否”字段值显示相应内容。如果“党员否”字段值为True，显示“党员”两个字；如果“党员否”字段值为False，显示“非党员”三个字。

（4）在窗体对象“fEmp”上有“刷新”和“退出”两个按钮，名称分别为“btl”和“bt2”。单击“刷新”按钮，窗体记录源改为查询对象“qEmp”；单击“退出”按钮，关闭窗体。现已编写了部分VBA代码，请按VBA代码中的指示将代码补充完整。

注意：不要修改数据库中的表对象“tEmp”；不要修改查询对象“qEmp”中未涉及的内容；不要修改窗体对象“fEmp”中未涉及的控件和属性。程序代码只允许在“*****Add*****”与“*****Add*****”之间的空行内补充一行语句、完成设计，不允许增删和修改其他位置已存在的语句。

参考答案与解析

一、选择题

1	2	3	4	5	6	7	8	9	10
A	D	B	D	A	A	C	A	B	B
11	12	13	14	15	16	17	18	19	20
B	D	A	A	A	C	B	D	B	D

二、操作题

1. [答案与解析]

（1）打开“实验六：二级真题练习与解析-操作题素材”文件夹下的数据库文件samp1.accdb。在设计视图下打开窗体对象“fEmp”，选择文本框“tSS”，右击控件，从弹出的快捷菜单中选择“更改为”→“组合框”命令。然后右击“tSS”，从弹出的快捷菜单中选择“属性”命令，在“属性表”窗格的“数据”选项卡的“行来源类型”中选择“值列表”，在“行来源”中输入“男；女”。

（2）在窗体“fEmp”的设计视图中选中文本框“tPa”并右击，从弹出的快捷菜单中选择“删除”命令。然后在“控件”组中选择一个复选框，放到主体中，将此复选框右边的标签删除，选中复选框，打开“属性表”窗格，设置“名称”属性为“tPa”，将“控件来源”属性设置为“党员否”字段值。

（3）在设计视图下打开查询“qEmp”，在“年龄”字段的“条件”中输入“>=55”。

（4）在设计视图下打开窗体“fEmp”，选中“bt1”按钮，打开“属性表”窗格，单击“事件”选项卡的“单击”属性右边的“...”按钮，打开代码生成器，在“*****”与“*****”之间输入“RecordSource="qEmp"”；选中“bt2”按钮，打开“属性表”窗格，在“事件”选项卡的“单击”下拉列表中选择宏“mEmp”，保存窗体。

2. [答案与解析]

（1）打开“实验六：二级真题练习与解析-操作题素材”文件夹下的数据库文件samp2.accdb。在设计视图下打开表对象“Emp”，选择“年龄”字段，再选中“常规”选项卡中的“有效性规则”，单击右边的“...”按钮，打开表达式生成器，在文本框中输入“>20 And <50”，也可

以在“有效性规则”框中直接输入“>20 And <50”，然后在“有效性文本”右边的框中直接输入“请输入有效年龄”，然后保存该表。

(2) 在设计视图下打开报表对象“rEmp”，单击“报表设计工具/设计”选项卡中的“分组和汇总”组中的“排序与分组”按钮，在报表下方出现“分组、排序和汇总”区，单击“添加组”按钮，在弹出的“字段列表”中选择“性别”字段，排序次序选择“降序”。选中页面页脚区的“tPage”文本框控件，在文本框中输入“=[Page] & "/" & [Pages]”。

(3) 在设计视图下打开窗体对象“fEmp”，选中“btnP”按钮，打开“属性表”窗格，在“数据”选项卡中设置“可用”属性为“是”。选中窗体，在“格式”选项卡中设置“标题”属性为“职工信息输出”。

(4) 右击“输出”按钮，从弹出的快捷菜单中选择“事件生成器”命令，在弹出的对话框中选择“代码生成器”，进入编程环境，在空行输入以下代码：

```
'*****Add1*****
k=InputBox("请输入大于 0 的整数值")
'*****Add1*****
预览输出报表对象“rEmp”的语句为
'*****Add2*****
   DoCmd.OpenReport "rEmp", acViewPreview
'*****Add2*****
```

3. [答案与解析]

(1) 打开“实验六：二级真题练习与解析-操作题素材”文件夹下的“samp3.accdb”数据库文件。在设计视图下打开“窗体”对象“fEmp”，右击控件“tSS”，从弹出的快捷菜单中选择“更改为”→“组合框”命令，然后右击“tSS”，从弹出的快捷菜单中选择“属性”命令，在“属性表”的“数据”选项卡的“行来源类型”中选择“值列表”，在“行来源”中输入“男；女”，关闭属性表，按【Ctrl+S】组合键保存修改，关闭设计视图。

(2) 在设计视图下打开查询对象“qEmp”，双击“*”和“性别”字段，添加到字段行，在“性别”字段的“条件”行中输入“[forms]![fEmp]![tSS]”，按【Ctrl+S】组合键保存修改，关闭设计视图。

(3) 在设计视图下打开窗体对象“fEmp”，右击文本框“tPa”，从弹出的快捷菜单中选择“属性”命令，打开“属性表”窗格，在“数据”选项卡的“控件来源”行中输入“=IIf([党员否]=True, "党员", "非党员")”，关闭属性表。

(4) 右击“刷新”按钮，从弹出的快捷菜单中选择“事件生成器”命令，在弹出的对话框中选择“代码生成器”，进入编程环境，在空行输入以下代码：

```
*****Addl*****
Form.ReCordSourCe="qEmp"
*****Addl*****关闭界面。
```

右击“退出”按钮，从弹出的快捷菜单中选择“事件生成器”命令，在弹出的对话框中选择“代码生成器”，进入编程环境，在空行内输入以下代码：

```
******Add2*****
DoCmd.Close
******Add2*****关闭界面。
```

实验 7 综合设计性实验

目的和要求

（1）掌握 Access 2010 数据库开发的主要流程。

（2）熟练掌握 Access 2010 数据库系统中各种对象的创建和编辑方法。

（3）熟练掌握基于数据库的应用系统的基本设计与开发方法。

主要内容

（1）系统需求分析。

（2）数据库表结构的设计。

（3）系统窗体的创建。

（4）查询的创建。

（5）报表的创建。

（6）自动启动系统的设置。

（7）数据库安全操作。

实验步骤

综合之前的六个实验，已经掌握了进行小型数据库应用程序开发的基本知识和基本操作，本实验以“房产信息管理系统”为例，对所学知识进行综合性的实验操作。

实验 7.1 系统分析

房产信息管理系统用来管理房产信息和用户相关的各种数据，能够实现房产出租信息、用户信息、房产销售信息、用户需求信息等相关数据的信息化、规范化的功能，大大提高房地产行业数据的信息化管理水平。

房产信息管理系统的需求分析如下：

（1）房产信息的录入、更新、删除、查询和打印。

（2）用户需求信息的录入、删除、更新和查询。

（3）用户信息的录入、删除、更新、查询和打印。

（4）新闻信息的录入、删除、更新和浏览。

（5）考虑到数据库安全问题，还对使用数据库系统的人员加以限制，只有在用户信息表中登记在册的人员才能进入数据库系统进行操作。

基于上述分析，可以将本系统分为四个功能模块，包括房产信息管理、用户需求信息管理、用户信息管理及“新闻信息管理功能”。

（1）房产信息管理模块：实现对房产信息进行管理、查询和打印，其基本功能包括房屋信息的添加、删除、更新及查询功能。

（2）用户需求信息管理模块：实现用户对房屋的需求信息进行管理和查询，其基本功能包括添加房屋需求信息、修改房屋需求信息、删除房屋需求信息及查询信息。

（3）用户信息管理模块：实现对使用数据库系统的人员加以限制，只有输入正确的用户名和密码才能进入数据库系统进行操作。

（4）新闻信息管理模块：实现新闻信息的添加、删除、修改和浏览等功能。系统的各个功能模块如图 1-7-1 所示。

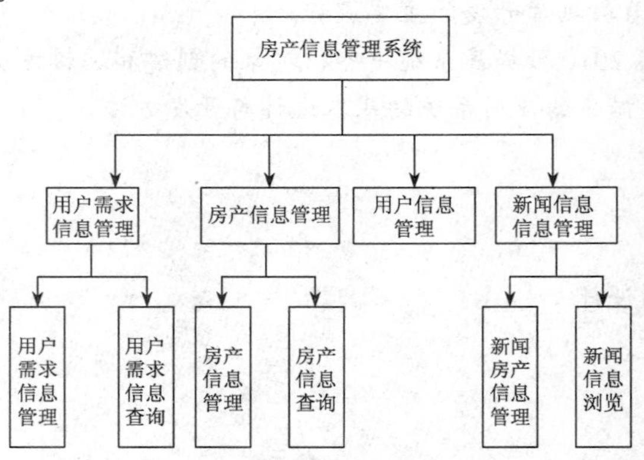

图 1-7-1　房产信息管理系统功能结构图

实验 7.2　数据库表结构的设计

7.2.1　创建数据表

实验要求：根据“房产信息管理系统”的业务需求，本系统共设计了七个数据表：“房屋类型表”“用户信息表”“新闻表”“地段类型表”“房产信息表”“出租/出售房产信息表”和“用户房产需求表”，具体表结构如表 1-7-1～表 1-7-7 所示。

表 1-7-1　房屋类型表

字段名称	字段类型	字段大小	备注
房屋类型 ID	文本	4	
类型名称	文本	50	

表 1-7-2　用户信息表

字段名称	字段类型	字段大小	备注
用户 ID	文本	4	
用户名	文本	50	

续表

字段名称	字段类型	字段大小	备　注
密码	文本	10	
确认密码	文本	10	
提示问题	文本	50	
提示答案	文本	50	
头像	附件		
您的姓名	文本	10	
性别	文本	1	默认值：男
身份证号	文本	18	
E-mail 地址	文本	30	
联系电话	文本	11	
注册时间	日期/时间		

表 1-7-3　新　闻　表

字段名称	字段类型	字段大小	备　注
新闻 ID	文本	4	
标题	文本	50	
内容	备注		
日期	日期/时间		
添加类型	文本	50	
点击率	数字	整型	

表 1-7-4　地段类型表

字段名称	字段类型	字段大小	备　注
地段类型 ID	文本	4	
类型名称	文本	50	

表 1-7-5　出租/出售房产信息表

字段名称	字段类型	字段大小	备　注
房屋 ID	自动编号		主键
用户 ID	文本	4	
登记时间	日期/时间		
租售	文本	2	默认值：出售

表 1-7-6　用户房产需求表

字段名称	字段类型	字段大小	备　注
房屋 ID	文本	4	
用户 ID	文本	4	
登记时间	日期/时间		
租购	文本	10	默认：租赁

表 1-7-7　房产信息表

字段名称	字段类型	字段大小	备　注
房屋 ID	文本	4	
城市	文本	10	
房屋类型 ID	文本	4	
地段类型 ID	文本	4	
套型	文本	10	
当前层	数字	整型	
总层数	数字	整型	
装修	文本	10	
面积	数字	单精度型	
价格	货币		小数点后两位
小区名	文本	30	
产权	文本	10	
电话	文本	11	
备注	备注		
录入时间	日期/时间		
房屋建成时间	日期/时间		
图片	附件		

操作步骤：根据各表的结构，在 Access 2010 中根据创建数据库和表的步骤可以完成“房产信息管理系统”数据库及其表的创建工作，此处不再赘述。

7.2.2　创建表间关系

实验要求：为了保证数据库各个表之间的一致性和相关性，为数据库创建表之间的关系。

操作步骤：单击“数据库工具”选项卡的“关系”组中的“关系”按钮，创建数据库表和表之间的关系，本系统创建表间关系结果如图 1-7-2 所示。

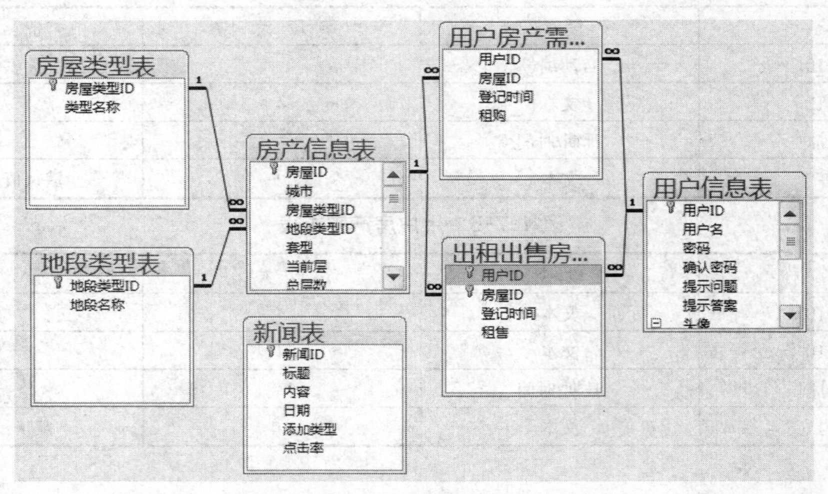

图 1-7-2　表间关系创建结果

实验 7.3　系统窗体的创建

7.3.1　用户登录主界面的窗体设计

实验要求：创建“用户登录主界面”，该界面完成系统的登录认证，如图 1–7–3 所示。

操作步骤：

(1) 在 Access 2010 窗口中，单击“创建”选项卡的“窗体”组中的“窗体设计”按钮，打开窗体的设计视图，如图 1–7–4 所示。

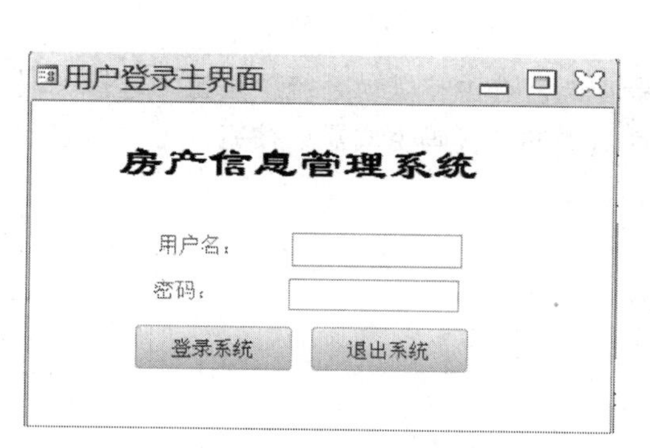

图 1–7–3　用户登录窗体

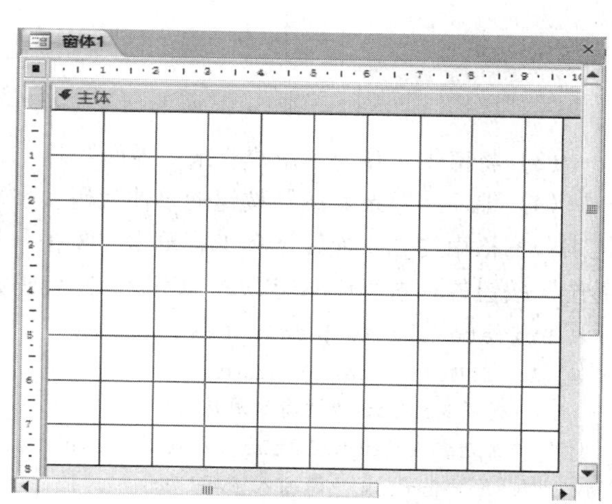

图 1–7–4　窗体的“设计视图”界面

(2) 在“设计视图”的窗体主体中添加控件，依次单击“控件”组中的“标签”控件、“文本框”控件和“命令按钮”控件，然后按照表 1–7–8 所示对控件的属性进行设置，调整控件布局，设计效果如图 1–7–5 所示。

表 1–7–8　控件属性设置表

控件名称	属性名称	属性值
标签	标题	房产信息管理系统
	字体粗细	加粗
	字号	24
	字体	隶书
标签	标题	用户名
标签	标题	密码
文本框	名称	tname
文本框	名称	tpassword
命令按钮	名称	cmdLogin
	标题	登录系统
命令按钮	名称	cmdQuit
	标题	退出系统

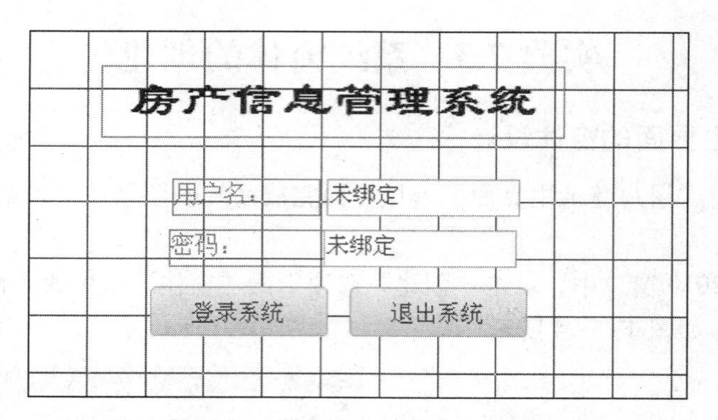

图 1-7-5　用户登录主界面窗体

（3）将窗体保存为“用户登录主界面”。

（4）编写“登录系统”按钮的事件代码实现登录功能。选中“登录系统”按钮，选择“属性表”窗格中的“事件”选项卡，单击“单击”属性右侧的“代码生成器”按钮，生成“登录系统”按钮的单击事件 cmdLogin_Click，其代码如下：

```
Private Sub cmdLogin_Click()
 If IsNull(tname) Then
       MsgBox "请输入用户名！"
   ElseIf IsNull(tPassword) Then
       MsgBox "请输入密码！"
   ElseIf tPassword=DLookup("密码","用户信息表","用户名=tname") Then
       MsgBox "登录成功"
       DoCmd.Close
       DoCmd.OpenForm "房产信息管理系统"

   Else
       MsgBox "用户名号或密码错误！"
       tname=Null
       tPassword=Null
       tname.SetFocus
       End If
End Sub
```

（5）编写“退出系统”按钮的事件代码，如下：

```
Private Sub cmdQuit_Click()
DoCmd.Close
End Sub
```

7.3.2 “房产信息管理”窗体设计

实验要求：完成“房产信息管理”窗体的创建，该窗体可以添加新的房产信息、删除房产信息、修改房产信息，还可以导航查看房产信息，其窗体视图如图 1-7-6 所示。

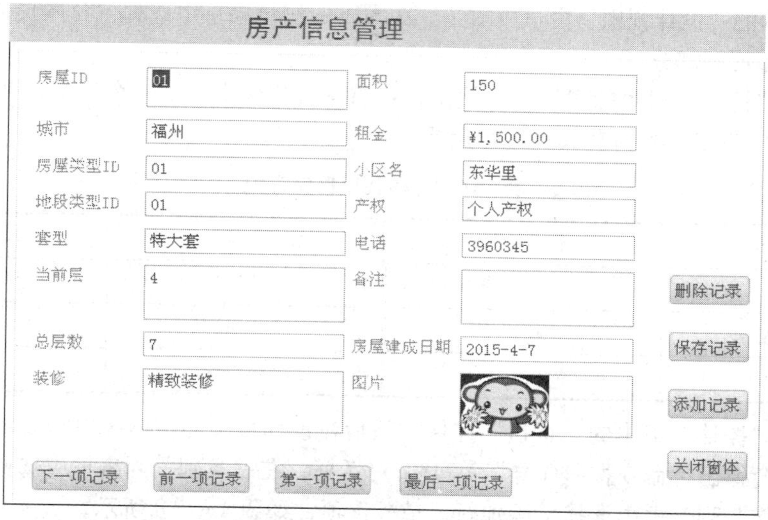

图 1-7-6　房产信息管理窗体

操作步骤：

（1）在 Access 2010 窗口中，单击“创建”选项卡的“窗体”组中的“窗体设计”按钮，打开窗体的设计视图。

（2）选中窗体选择器，在“属性表”窗格中，选择“数据”选项卡，在“记录源”属性的下拉列表中选择“出租/出售房屋信息表”。

（3）单击“设计”选项卡的“工具”组中的“添加现有字段”按钮，弹出“字段列表”对话框。

（4）将“字段列表”对话框中的“出租/出售房产信息表”中所有字段拖动到窗体设计视图的主体功能区，然后对控件的布局进行调整，如图 1-7-7 所示。

图 1-7-7　调整控件布局

（5）在窗体的“设计视图”窗口中右击，在弹出的快捷菜单中选择“窗体页眉/页脚”命令，显示窗体页眉和页脚部分。

（6）单击“控件”组中的“标签”按钮，在窗体页眉区中添加一个标签，并在窗体的属性窗口中按照表 1-7-9 所示对其属性进行设置。

表 1-7-9　标签控件属性值

属性名称	属性值	属性名称	属性值
标题	房产信息管理	字体名称	隶书
字体粗细	加粗	文本对齐	居中
字号	24	字体颜色	蓝色

（7）单击“控件”组中的“按钮”控件，然后在设计视图的主体区中需要放置按钮的位置单击，屏幕上会弹出“命令按钮向导”第 1 个对话框，在“类别”列表框中选择“记录操作”选项，在“操作”列表框中选择“添加新记录”选项，如图 1-7-8 所示。

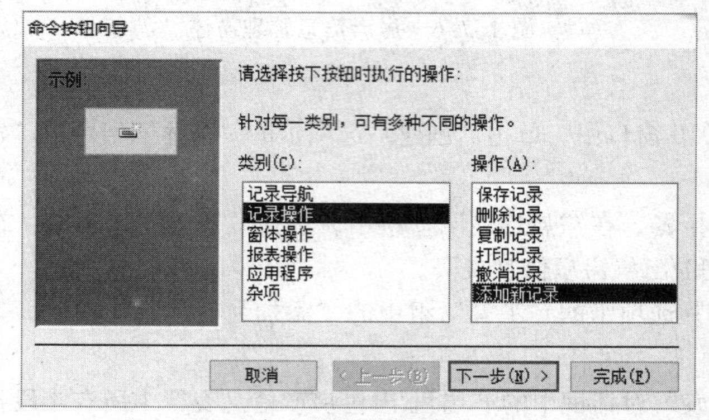

图 1-7-8　“命令按钮向导”第 1 个对话框

（8）单击“下一步”按钮，弹出“命令按钮向导”第 2 个对话框，选中“文本”单选按钮，如图 1-7-9 所示。

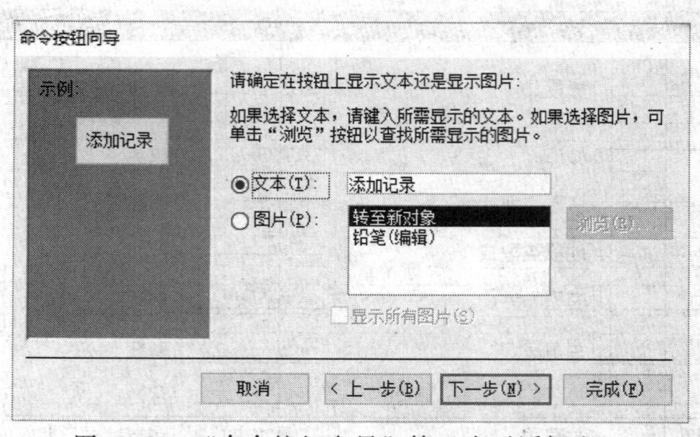

图 1-7-9　“命令按钮向导”第 2 个对话框之二

（9）单击“完成”按钮，“添加记录”按钮就会显示在窗体的设计视图中。

（10）按照同样的方法在窗体主体区中添加“保存记录”“删除记录”“关闭窗体”“第一项记录”“前一项记录”“下一项记录”“最后一项记录”按钮。其中，在添加“第一项记录”

“前一项记录”“下一项记录”“最后一项记录”按钮时，在“命令按钮导航”对话框的“类别”列表框中应选择“记录导航”选项，在“操作”列表框中分别选择“转至第一项记录”“转至前一项记录”“转至下一项记录”选项“转至最后一项记录”选项。在添加“关闭窗体”按钮时，在“命令按钮导航”对话框的“类别”列表框中应选择“窗体操作”选项，在“操作”列表框中分别选择“关闭窗体”选项。

（11）适当调整八个命令按钮的大小和位置，如图 1-7-10 所示。

图 1-7-10　调整按钮的大小和位置

（12）单击“控件”组中的“矩形”按钮，在窗体设计视图的主体区中绘制一个矩形，把主体区的所有控件全部包含在内，并设置其“特殊效果”属性为“凸起”，“边框宽度”设置为“1pt”。

（13）按照表 1-7-10 对窗体的属性进行设置。

表 1-7-10　窗体属性值

属性名称	属性值	属性名称	属性值
标题	房产信息管理	导航按钮	否
默认视图	单个窗体	分隔线	否
滚动条	两者均无	记录选择器	否

7.3.3 “用户信息管理”窗体设计

实验要求：创建“用户信息管理”窗体，利用“用户信息管理”窗体可以对用户的信息进行查看、修改和删除，还可以添加新的用户信息，如图 1-7-11 所示。

操作步骤：由于其创建过程与“房产信息管理”窗体的创建过程类似，此处不再赘述。

用户信息管理

用户ID 01
用户名 张帅
性别 女
删除记录
密码 123456
身份证号 123456789
保存记录
确认密码 123456
提示问题 我的家乡
Email地址 4025145@qq.com
添加记录
联系电话 123456789
提示答案 保定
注册日期 2016-10-5
头像
下一项记录 前一项记录 第一项记录 最后一项记录 退出应用程序

图 1-7-11　用户信息管理窗体

7.3.4 “房产信息管理系统”窗体设计

实验要求：创建“房产信息管理系统”窗体，单击“用户登录主界面”中的“登录系统”按钮，进入该系统界面。通过该窗体可以进入用户需求信息管理、房产信息管理、预览功能以及打印功能等界面，如图 1-7-12 所示。

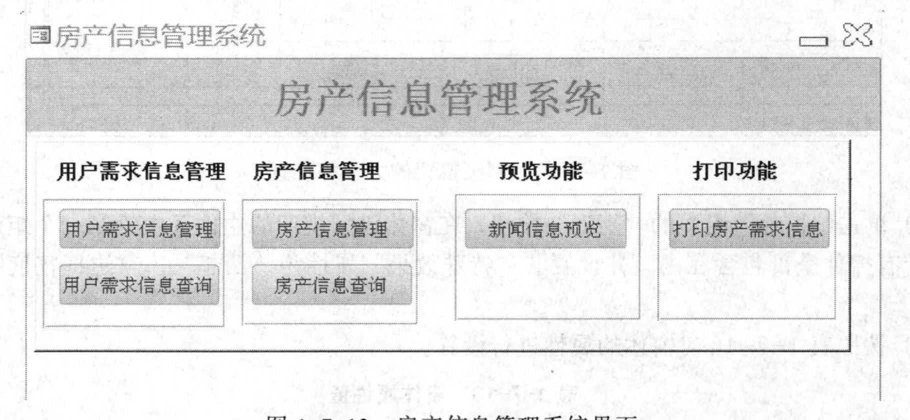

图 1-7-12　房产信息管理系统界面

操作步骤：由于其创建过程与“用户登录主界面”窗体的创建过程类似，此处不再赘述。

实验 7.4　信息查询的创建

7.4.1 “房产信息查询”窗体设计

实验要求：创建“房产信息查询”窗体，实现房产信息查询，首先创建“房产信息查询”窗体。利用“房产信息查询”窗体可以对房产信息进行查询，可以根据不同的查询条件，按房屋类型、按地段名称、按装修程度进行查询，如图 1-7-13 所示。

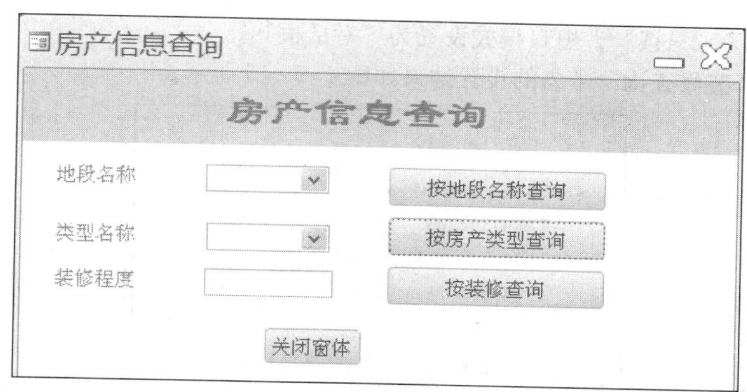

图 1-7-13　房产信息查询窗体

操作步骤：

(1) 在 Access 2010 窗口中，单击“创建”选项卡的“窗体”组中的“窗体设计”按钮，打开窗体的设计视图。

(2) 在“设计视图”的窗体主体中添加“控件”组中的控件，添加四个“标签”控件；添加两个“组合框”，名称分别设置为“cdd”以及“clx”。添加一个“文本框”控件，名称设置为“tzx”；添加四个“命令按钮”控件。然后对控件的属性和布局进行调整，将窗体保存为“房产信息查询”，其设置效果如图 1-7-14 所示。

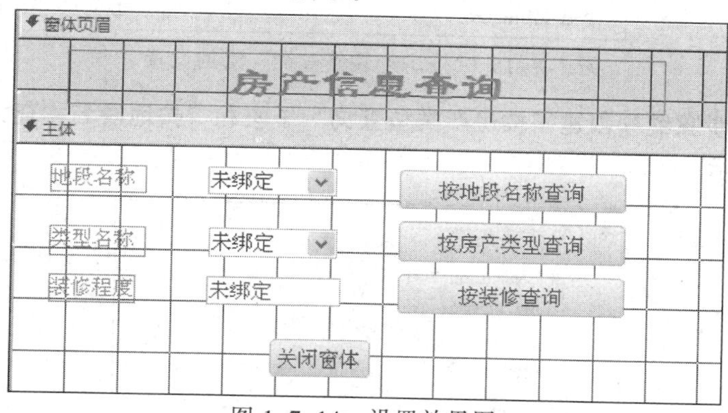

图 1-7-14　设置效果图

创建执行查询动作的宏组：因为查询界面中包括多个查询操作，为方便宏的管理和使用，将多个相关的宏合并在一起使用一个共同的宏组名，但宏组中的每个宏都是数据库中的一个独立的对象，宏和宏之间没有联系，每次运行的是宏组中的一个宏而不是宏组。

创建宏组的操作步骤如下：

(1) 单击“创建”选项卡的“宏与代码”组中的“宏”按钮，打开“宏生成器”窗口。

(2) 在“操作目录”窗格中，双击“程序流程”窗格的 Submacro，添加子宏，输入子宏名称“按房产类型查询”，在“添加新操作”中选择“If”操作，在“If”的“条件表示式”中输入“IsNull([tzx])”，在“Then”后的“添加新操作”中选择“MessageBox”，弹出的消息设置为“请输入房产类型名称”。

(3) 单击“添加 Else”，在“Else”的“添加新操作”中选择“OpenForm”，窗体名称中输入“房产信息查询结果”，在“当条件=”中输入“[装修]=[Forms]![房产信息查询]![tzx]”，

“数据模式”设置为“只读”，窗口模式设置为“对话框”。

（4）“按房产装修查询”子宏的设置结果如图 1-7-15 所示。

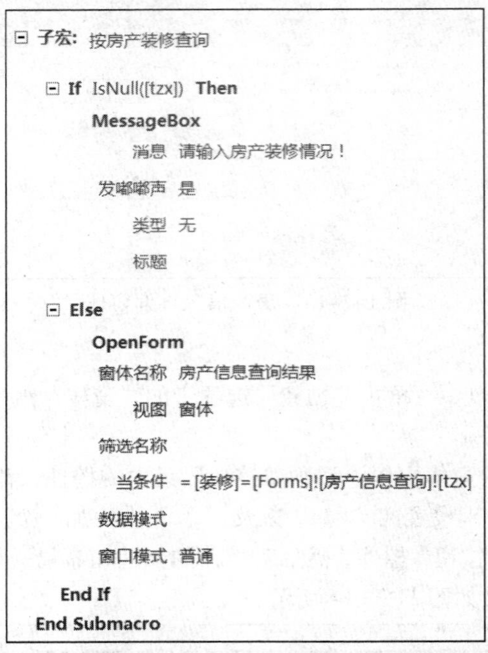

图 1-7-15 “按房产装修查询”宏的设置

（5）按照上述步骤继续创建“按房产类型查询”子宏和“按地段名称查询”子宏，查询结果如图 1-7-16 所示。

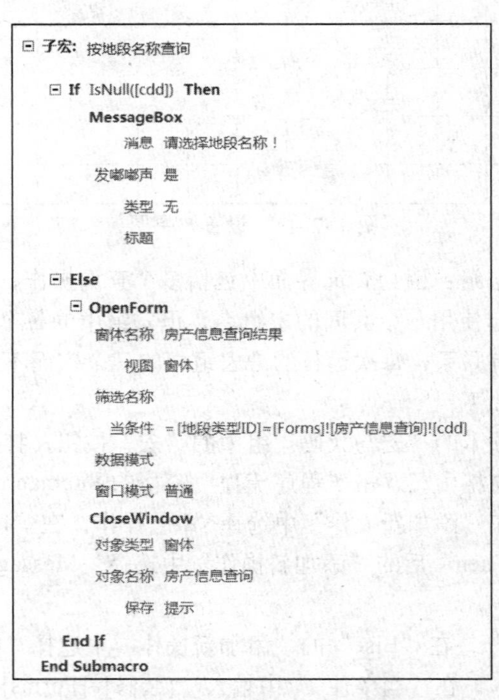

图 1-7-16 “按地段名称查询”宏的设置

创建“房产信息查询”的目的是创建房产信息查询结果显示窗体，查询结果如图 1-7-17 所示。

房屋ID	城市	地段名称	类型名称	套型	当前层	总层数	面积	租金	小区名	产权	电话	备注	装修
01	福州	新安区	多层	特大套	4	7	150	¥1,500.00	东华里	个人产t	396034!		精致装修
02	上海	鼓楼区	高层	错层	5	8	300	¥3,000.00	东锦里	个人产t	396034!		豪华装修
03	天津	鼓楼区	高层	单室套	3	20	120	¥5,000.00	西夏里	个人产t	396034!		一般装修
04	福州	晋安区	小高层	小套	5	10	120	¥800.00	宝利园	个人产t	396034!		一般装修
05	福州	新安区	电梯公寓	中套	5	9	123	¥500.00	华泰园	个人产t	0591-7:		一般装修
*													

图 1-7-17　房产信息查询结果

创建查询结果显示窗体的步骤如下：

（1）在“导航窗格”的“对象”栏中，选中“房产信息查询”查询对象。

（2）单击“创建”选项卡的“窗体”组的“其他窗体”下拉列表中的“分割窗体”按钮，就会出现房产信息查询的分割窗体。

（3）切换为设计视图，调整上半部窗体视图内容的字段和位置，设置结果如图 1-7-18 所示。

图 1-7-18　分割窗体设计视图

（4）将窗体保存为“房产信息查询结果”，其结果如图 1-7-19 所示。

房产信息查询

房屋ID	01	面积	150
城市	福州	租金	¥1,500.00
地段名称	新安区	小区名	东华里
类型名称	多层	产权	个人产权
套型	特大套	电话	3960345
当前层	4	备注	
总层数	7	装修	精致装修

房屋ID	城市	地段名称	类型名称	套型	当i	总层	面积	租金	小区名	产权	电话	备注	装修
01	福州	新安区	多层	特大套	4	7	150	¥1,500.00	东华里	个人产t	396034!		精致装修
02	上海	鼓楼区	高层	错层	5	8	300	¥3,000.00	东锦里	个人产t	396034!		豪华装修
03	天津	鼓楼区	高层	单室套	3	20	120	¥5,000.00	西夏里	个人产t	396034!		一般装修
04	福州	晋安区	小高层	小套	5	10	120	¥800.00	宝利园	个人产t	396034!		一般装修
05	福州	新安区	电梯公寓	中套	5	9	123	¥500.00	华泰园	个人产t	0591-7:		一般装修
*													

图 1-7-19　分割窗体的结果

通过按钮事件触发宏的设置步骤如下：

（1）在设计视图中打开“房产信息查询”窗体，单击“按装修查询”按钮，在“属性表”的“事件”选项卡中，选择“单击”属性中右侧的下拉列表中的“按房产装修查询”，设置结果如图 1–7–20 所示。

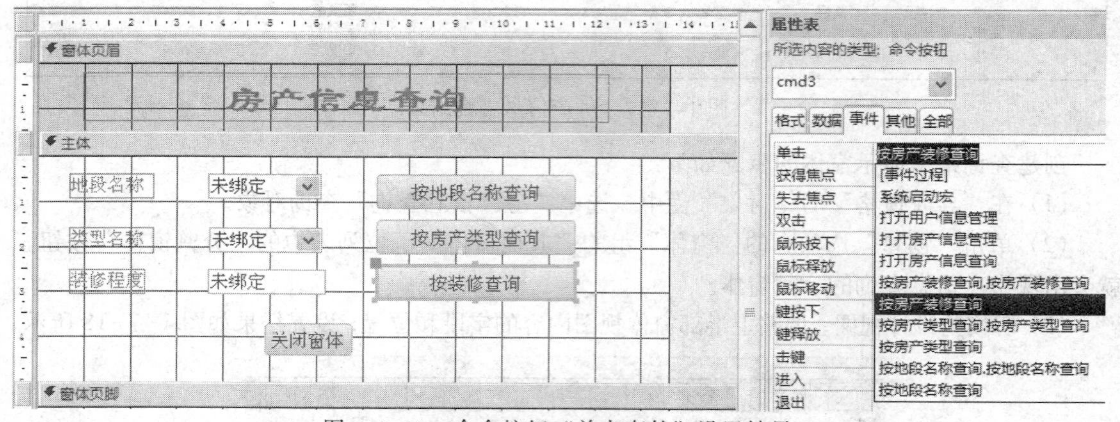

图 1–7–20　命令按钮“单击事件”设置结果

（2）按照（1）的步骤设置“按房产类型查询”和“按地段名称查询”按钮的单击事件。

7.4.2 “用户房产需求信息查询”窗体的设计

实验要求：创建“用户房产需求信息查询”窗体，利用该窗体可以对用户需求的房产信息进行查询，可以根据不同的查询条件，按用户需求类型查询、按用户名进行查询，如图 1–7–21 所示。

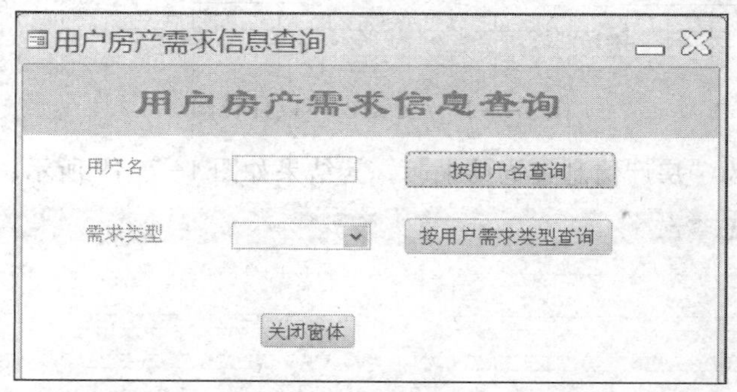

图 1–7–21　用户房产需求信息查询窗体

操作步骤：由于其创建过程与“房产信息查询”窗体的创建过程类似，此处不再赘述。

实验 7.5　报表的创建

7.5.1 创建“房产新闻信息”报表

实验要求：创建“房产新闻信息”报表，结果如图 1–7–22 所示。

操作步骤：

（1）单击“创建”选项卡的“报表”组中的“报表设计”按钮，进入报表设计视图窗口。

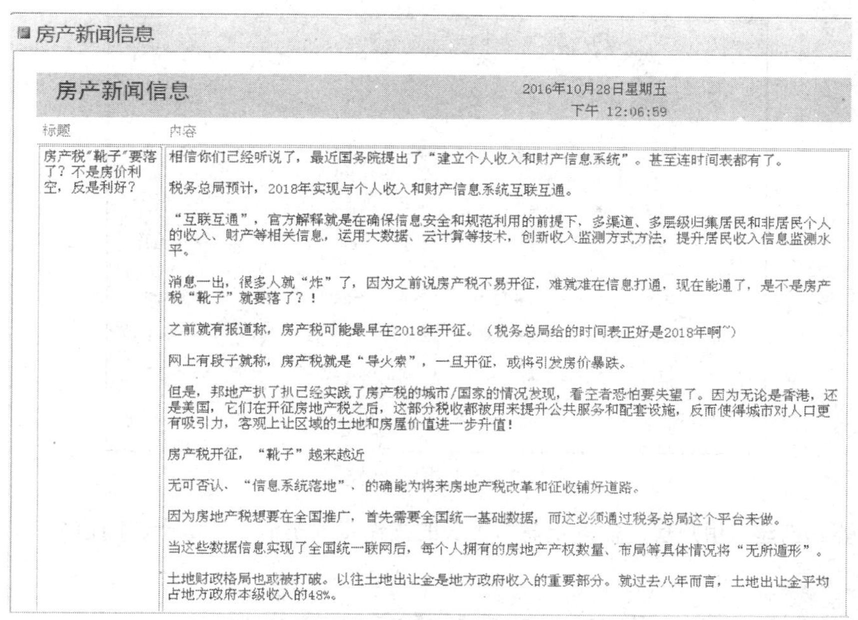
房产新闻信息

房产新闻信息　2016年10月28日星期五 下午 12:06:59

标题　内容

房产税"靴子"要落了？不是房价利空，反是利好？

相信你们已经听说了，最近国务院提出了"建立个人收入和财产信息系统"。甚至连时间表都有了。

税务总局预计，2018年实现与个人收入和财产信息系统互联互通。

"互联互通"，官方解释就是在确保信息安全和规范利用的前提下，多渠道、多层级归集居民和非居民个人的收入、财产等相关信息，运用大数据、云计算等技术，创新收入监测方式方法，提升居民收入信息监测水平。

消息一出，很多人就"炸"了，因为之前说房产税不易开征，难就难在信息打通，现在能通了，是不是房产税"靴子"就要落了？！

之前就有报道称，房产税可能最早在2018年开征。（税务总局给的时间表正好是2018年啊~）

网上有段子就称，房产税就是"导火索"，一旦开征，或将引发房价暴跌。

但是，邦地产扒了扒已经实践了房产税的城市/国家的情况发现，看空者恐怕要失望了。因为无论是香港，还是美国，它们在开征房地产税之后，这部分税收都被用来提升公共服务和配套设施，反而使得城市对人口更有吸引力，客观上让区域的土地和房屋价值进一步升值！

房产税开征，"靴子"越来越近

无可否认、"信息系统落地"、的确能为将来房地产税改革和征收铺好道路。

因为房地产税想要在全国推广，首先需要全国统一基础数据，而这必须通过税务总局这个平台来做。

当这些数据信息实现了全国统一联网后，每个人拥有的房地产产权数量、布局等具体情况将"无所遁形"。

土地财政格局也或被打破。以往土地出让金是地方政府收入的重要部分。就过去八年而言，土地出让金平均占地方政府本级收入的48%。

图 1-7-22　报表预览结果

（2）选择"报表选择器"，在"设计"选项卡的"工具"组中单击"属性表"按钮，打开报表"属性表"窗格，在"数据"选项卡中，单击"记录源"属性右侧的下拉列表，从中选择"新闻表"，如图 1-7-23 所示。

（3）在"设计"选项卡的"工具"组中单击"添加现有字段"按钮，打开"字段列表"窗格，从"字段列表"窗格中依次将报表全部字段拖放到"主体"节中。

（4）选中主体节的"标题"标签控件，使用快捷菜单中的"剪切""粘贴"命令，将它移动到页面页眉节中；用同样方法将"内容"标签也移过去，然后调整各个控件的大小、位置及对齐方式等，设置效果如图 1-7-24 所示。

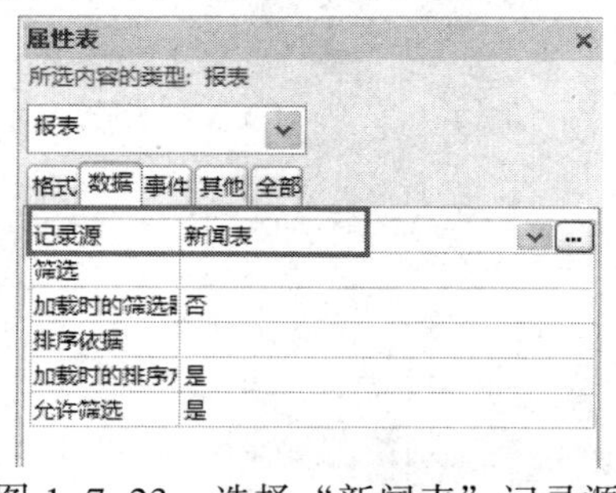

图 1-7-23　选择"新闻表"记录源

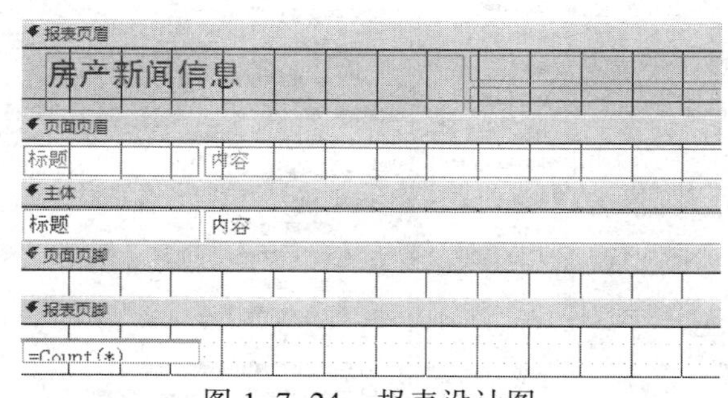

图 1-7-24　报表设计图

（5）在报表页眉节中添加一个标签控件，输入标题"房产新闻信息"，使用工具栏设置标题格式：字号 24、居中、加粗。

（6）保存报表为"房产新闻信息"，预览效果如图 1-7-22 所示。

7.5.2　创建"用户房产需求信息"报表

实验要求：创建"用户房产需求信息"报表，结果如图 1-7-25 所示。

用户房产需求信息　　2016年10月21日星期五 上午 08:50:42

用户ID	用户名	登记时间	租购	地段名称	类型名称	套型	当前层	总层数	装修
01	张帅	2004-6-3	租赁	新安区	多层	特大套	4	7	精致装修
02	王强	2004-6-3	销售	鼓楼区	高层	单室套	3	20	一般装修
03	李宝强	2004-6-3	租赁	鼓楼区	高层	错层	5	8	豪华装修
04	张红军	2004-6-3	租赁	新安区	多层	特大套	4	7	精致装修
01	张帅	2004-6-3	销售	鼓楼区	高层	错层	5	8	豪华装修
01	张帅	2004-6-6	销售	晋安区	小高层	小套	5	10	一般装修
02	王强	2004-6-6	租赁	晋安区	小高层	小套	5	10	一般装修

7

共 1 页，第 1 页

图 1–7–25　报表预览结果

操作步骤：创建“用户房产需求信息”报表的操作步骤类似于“房产新闻信息”，不再赘述。

实验 7.6　启动系统的设置

7.6.1　通过设置 Access 选项设置自动启动窗体

实验要求：设置打开“房产信息管理系统”数据库自动启动“用户登录主界面”窗体。

操作步骤：

（1）单击“文件”选项卡中的“选项”按钮，打开图 1–7–26 所示的对话框。

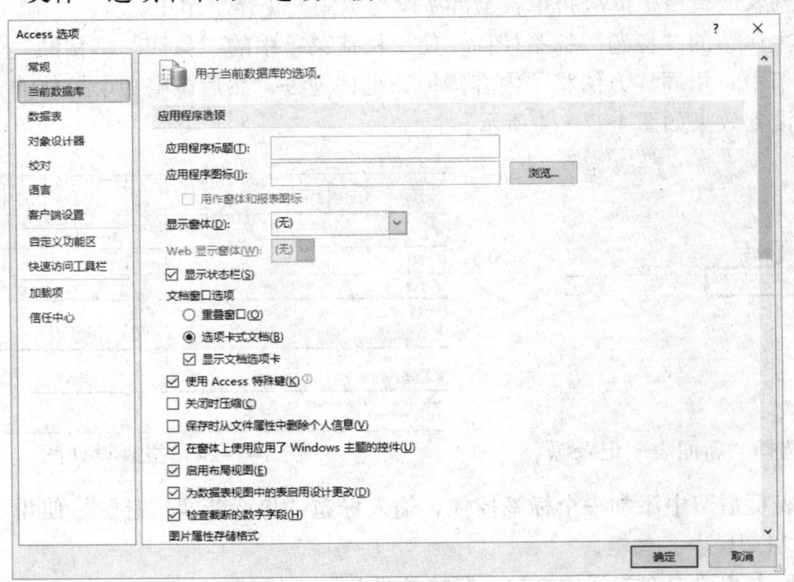

图 1–7–26　“Access 选项”对话框

（2）在“Access 选项”对话框中选择“当前数据库”选项，在右侧的“显示窗体”下拉列表中选择“在启动‘房产信息管理系统’时自动启动的‘用户登录主界面’窗体”，单击“确定”按钮。

（3）由于自动启动窗体的设置不能立即生效，系统会弹出“必须关闭并重新打开当前数据库，指定选项才能生效”的提示信息，单击提示信息对话框中的“确定”按钮，重新启动数据库后，上述设置方能生效。

7.6.2　通过编写宏设置自动启动窗体

实验要求：设置打开“房产信息管理系统”数据库自动启动“用户登录主界面”窗体。

操作步骤：

（1）单击“创建”选项卡的“宏与代码”组中的“宏”按钮。

（2）在“添加新操作”列表中选择“OpenForm”选项，在窗体名称中选择“用户登录主界面”，设置结果如图 1–7–27 所示。

（3）单击“保存”按钮或关闭“宏生成器”按钮，将宏保存为“AutoExec”。

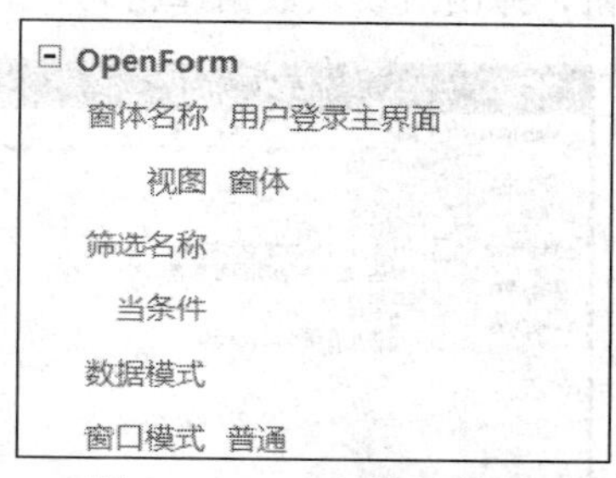

图 1–7–27　宏设置效果

设置了系统的自动启动窗体后，在 Access 2010 中打开“房产信息管理系统”系统数据库时，Access 会自动打开“用户登录主界面”窗体，而不会打开数据库窗体。如果在打开数据库时需要打开数据库窗口而不是自动运行启动窗体，则只需在打开数据库的同时按住【Shift】键即可。

实验 7.7　数据库安全操作

实验要求：为了房产信息管理数据的安全性考虑，为建好的“房产信息管理系统”数据库建立访问密码。

操作步骤：

（1）打开“房产信息管理系统”数据库，单击“文件”选项卡中的“信息”按钮，在打开的界面中单击“用密码进行加密”按钮，如图 1–7–28 所示。

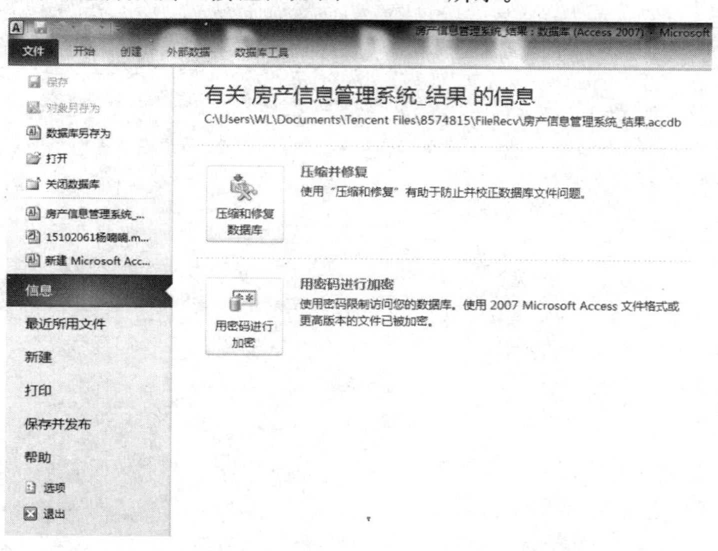

图 1–7–28　单击“用密码进行加密”对话框

（2）此时，弹出对话框，需要设置或删除数据库密码，必须以独占方式打开数据库。重新打开一个“Microsoft Access 2010”，单击“文件”选项卡中的“打开”按钮，选中需要打开的“房产信息管理系统”数据库，单击“打开”下拉按钮，选择“以独占方式打开”，如图 1–7–29 所示。

（3）单击“文件”选项卡中的“信息”按钮，在打开的界面中单击“用密码进行加密”按钮，弹出“设置数据库密码”对话框，如图 1–7–30 所示。

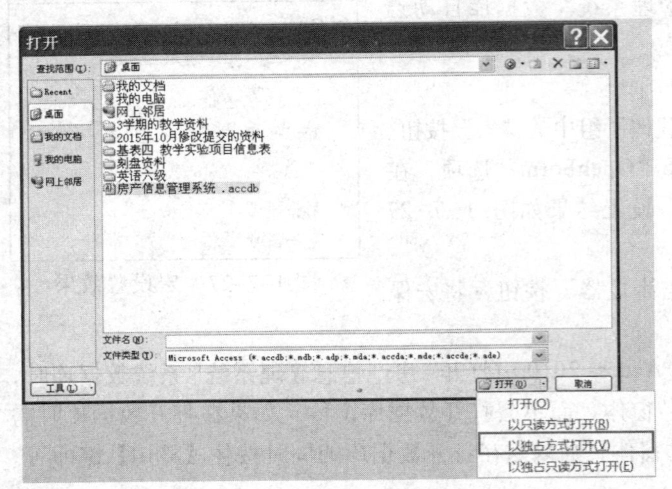

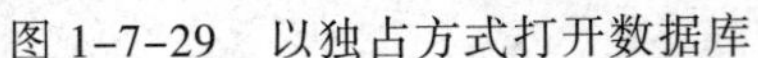
图 1–7–29　以独占方式打开数据库

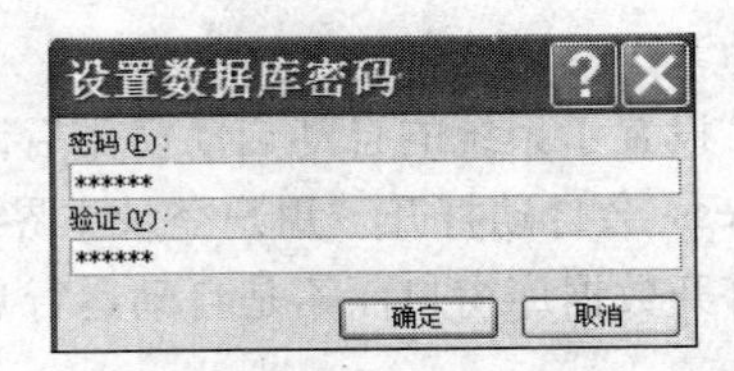

图 1–7–30　“设置数据库密码”对话框

（4）重启数据库文件，提示需要输入密码。

如果需要修改密码，单击“文件”选项卡中的“信息”按钮，在打开的界面中单击“解密数据库”按钮，修改密码也需要用独占方式打开。

第2部分

全国计算机等级考试指导

全国计算机等级考试二级（Access数据库程序设计）介绍

计算机技术的应用在我国各个领域发展迅速，为了适应知识经济和信息产业发展的需要，操作和应用计算机已成为人们必须掌握的一种基本技能。许多单位部门已把掌握一定的计算机知识和应用技能作为干部录用、职务晋升、职称评定、上岗资格的重要依据之一。

鉴于社会的客观需求，经原国家教委（现教育部）批准，原国家教委考试中心于1994年面向社会推出了全国计算机等级考试（National Computer Rank Examination，NCRE），NCRE由教育部考试中心主办，面向社会，用于考查应试人员计算机应用知识与能力的全国性计算机水平考试体系，其目的在于以考促学，向社会推广和普及计算机知识，也为用人部门录用和考核工作人员时提供一个统一、客观、公正的标准。

NCRE证书表明持有人具有计算机基础知识和基本应用能力，能够使用计算机高级语言编写程序和调试程序，可以从事计算机程序的编制工作、初级计算机教学培训工作以及计算机企业的业务和营销工作。

计算机二级考试考核内容包括公共基础知识和程序设计。所有科目对基础知识做统一要求，使用统一的公共基础知识考试大纲和教程。二级公共基础知识在各科考试选择题中体现。程序设计部分，主要考查考生对程序设计语言使用和编程调试等基本能力，在选择题和操作题中加以体现。

考试时间：NCRE以往每年开考两次，从2014年开始每年开考次数由两次增为三次。2015年NCRE安排三次考试，考试时间分别为3月21日－24日、9月19日－22日、12月12日－13日，其中3月和9月考试开考全部级别的全部科目，12月只开考一级和二级，由各省级承办机构根据实际情况确定是否开考12月的考试。

计算机等级考试二级Access：

考试形式：完全采取上机考试形式。各科上机考试时间均为120分钟，满分100分。

获证条件：总分不低于60分。

题型及分值比例：

（1）单项选择题，40题，40分（含公共基础知识部分10分）。

（2）基本操作题，18分。

（3）简单应用题，24分。

（4）综合应用/操作题，18分。

上机考试环境及使用的软件：上机考试环境为Windows 7简体中文版，软件为Microsoft Access 2010。

全国计算机等级考试大纲（2013 版）

基本要求

1．具有数据库系统的基础知识。
2．基本了解面向对象的概念。
3．掌握关系数据库的基本原理。
4．掌握数据库程序设计方法。
5．能使用 Access 建立一个小型数据库应用系统。

考试内容

一、数据库基础知识

1．基本概念：数据库，数据模型，数据库管理系统，类和对象，事件。

2．关系数据库基本概念：关系模型（实体的完整性、参照的完整性、用户定义的完整性），关系模式，关系，元组，属性，字段，域，值，主关键字等。

3．关系运算基本概念：选择运算，投影运算，连接运算。

4．SQL 基本命令：查询命令，操作命令。

5．Access 系统简介：

（1）Access 系统的基本特点。

（2）基本对象：表，查询，窗体，报表，页，宏，模块。

二、数据库和表的基本操作

1．创建数据库：

（1）创建空数据库。

（2）使用向导创建数据库。

2．表的建立：

（1）建立表结构：使用向导，使用表设计器，使用数据表。

（2）设置字段属性。

（3）输入数据：直接输入数据，获取外部数据。

3．表间关系的建立与修改：

（1）表间关系的概念：一对一，一对多。

（2）建立表间关系。

（3）设置参照完整性。

4．表的维护：

（1）修改表结构：添加字段，修改字段，删除字段，重新设置主关键字。

（2）编辑表内容：添加记录，修改记录，删除记录，复制记录。

（3）调整表外观。

5．表的其他操作：

（1）查找数据。

（2）替换数据。

（3）排序记录。

（4）筛选记录。

三、查询的基本操作

1．查询分类：

（1）选择查询。

（2）参数查询。

（3）交叉表查询。

（4）操作查询。

（5）SQL 查询。

2．查询准则：

（1）运算符。

（2）函数。

（3）表达式。

3．创建查询：

（1）使用向导创建查询。

（2）使用设计器创建查询。

（3）在查询中计算。

4．操作已创建的查询：

（1）运行已创建的查询。

（2）编辑查询中的字段。

（3）编辑查询中的数据源。

（4）排序查询的结果。

四、窗体的基本操作

1．窗体分类：

（1）纵栏式窗体。

（2）表格式窗体。

（3）主/子窗体。

（4）数据表窗体。

（5）图表窗体。

（6）数据透视表窗体。

2．创建窗体：

（1）使用向导创建窗体。

(2) 使用设计器创建窗体：控件的含义及种类，在窗体中添加和修改控件，设置控件的常见属性。

五、报表的基本操作

1. 报表分类：

(1) 纵栏式报表。

(2) 表格式报表。

(3) 图表报表。

(4) 标签报表。

2. 使用向导创建报表。

3. 使用设计器编辑报表。

4. 在报表中计算和汇总。

六、页的基本操作

1. 数据访问页的概念。

2. 创建数据访问页：

(1) 自动创建数据访问页。

(2) 使用向导数据访问页。

七、宏

1. 宏的基本概念。

2. 宏的基本操作：

(1) 创建宏：创建一个宏，创建宏组。

(2) 运行宏。

(3) 在宏中使用条件。

(4) 设置宏操作参数。

(5) 常用的宏操作。

八、模块

1. 模块的基本概念：

(1) 类模块。

(2) 标准模块。

(3) 将宏转换为模块。

2. 创建模块：

(1) 创建 VBA 模块：在模块中加入过程，在模块中执行宏。

(2) 编写事件过程：键盘事件，鼠标事件，窗口事件，操作事件和其他事件。

3. 调用和参数传递。

4. VBA 程序设计基础：

(1) 面向对象程序设计的基本概念。

(2) VBA 编程环境：进入 VBE，VBE 界面。

(3) VBA 编程基础：常量，变量，表达式。

(4) VBA 程序流程控制：顺序控制，选择控制，循环控制。

（5）VBA 程序的调试：设置断点，单步跟踪，设置监视点。

考试方式

上机考试，考试时长 120 分钟，满分 100 分。

1．题型及分值：单项选择题 40 分（含公共基础知识部分 10 分）、操作题 60 分（包括基本操作题、简单应用题及综合应用题）。

2．考试环境：Microsoft Office Access 2010。

全国计算机等级考试（Access 数据库程序设计）模拟试题及解析

模拟试题 1

一、选择题

1．用二维表来表示实体及实体之间联系的数据模型是（　　）。

A．实体-联系模型　　B．层次模型　　C．网状模型　　D．关系模型

2．数据库系统的核心是（　　）。

A．数据模型　　B．数据库管理系统　　C．软件工具　　D．数据库

3．由关系 R 和 S 通过运算得到的关系 T，则所使用的运算为（　　）。

R

A	*B*
m	1
n	2

S

B	*C*
1	3
3	5

T

A	*B*	*C*
m	1	3

A．笛卡儿积　　B．交　　C．并　　D．自然连接

4．常见的数据模型有三种，它们是（　　）。

A．网状、关系和语义　　B．层次、关系和网状

C．环状、层次和关系　　D．字段名、字段类型和记录

5．实体“人”和“出生地”之间的联系是（　　）。

A．一对一　　B．一对多　　C．多对一　　D．多对多

6．如果字段内容为声音文件，则该字段的数据类型应定义为（　　）。

A．文本　　B．备注　　C．超链接　　D．OLE 对象

7．若要求在主表中没有相关记录时不能将记录添加到相关表中，则应该在表关系中设置（　　）。

A．参照完整性　　B．级联更新相关记录

C．有效性规则　　D．级联添加相关记录

8．下列不属于 Access 提供的数据筛选方式是（　　）。

A．按选定内容筛选　　B．使用筛选器筛选

C．按内容排除筛选　　D．高级筛选

9．下列不属于 Access 提供的数据类型是（　　）。

A．备注　　B．文字　　C．附件　　D．日期/时间

10．如果将所有学生的年龄增加1岁，应该使用（ ）查询。

A．删除 B．更新 C．追加 D．生成表

11．如果表中有一个“姓名”字段，查找姓“赵”的记录的条件是（ ）。

A．Not "赵*" B．Like"赵" C．Like"赵*" D．"赵"

12．在Access中“学生”表中有“学号”“姓名”“性别”和“入学成绩”等字段。有以下SELECT语句：SELECT 性别，avg(入学成绩) FROM 学生 GROUP BY 性别，其功能是（ ）。

A．计算并显示所有学生的入学成绩的平均值

B．按性别分组计算并显示性别和入学成绩的平均值

C．计算并显示所有学生的性别和入学成绩的平均值

D．按性别分组计算机并显示所入学成绩平均值

13．在查询中要统计记录的个数，应使用的函数是（ ）。

A．SUM B．COUNT(字段名) C．COUNT（*） D．AVG

14．下列关于SQL语句的说法中，错误的是（ ）。

A．INSERT语句可以向数据表中追加新的记录

B．UPDATE语句可更新数据表中已存在的数据

C．DELETE语句可删除数据表中已存在的数据

D．SELECT...INTO语句可将多个表或查询中的字段合并到查询结果的一个字段中

15．如果在查询条件中使用通配符“[]”，其含义是（ ）。

A．错误的使用方法 B．通配不在括号内的任意字符

C．通配任意长度的字符 D．通配方括号内任一单个字符

16．在窗体中，用来输入和编辑字段数据的交互控件是（ ）。

A．文本框 B．标签 C．复选框 D．列表框

17．Access的控件对象可以设置某个属性来控制对象是否可用。以下能够控制对象是否可用的属性是（ ）。

A．Default B．Cancel C．Enabled D．Visible

18．在已建“教师”表中有“出生日期”字段，以此为数据源创建“教师基本信息”窗体。假设当前教师的出生日期“1978-05-19”，如在窗体“出生日期”标签右侧文本框控件的“控件来源”属性中输入表达式：=Str(Month([出生日期]))+ "月"，则在该文本框控件内显示的结果是（ ）。

A．"05"+"月" B．1078-05-19月 C．05月 D．5月

19．在Access中已建立了“雇员”表，其中有可以存放照片的字段，在使用向导为该表创建窗体时，“照片”字段所使用的默认控件是（ ）。

A．图像框 B．绑定对象框

C．非绑定对象框 D．列表框

20．以下叙述中正确的是（ ）。

A．报表只能输入数据 B．报表只能输出数据

C．报表可以输入和输出数据 D．报表不能输入和输出数据

21．要设置只在报表最后一页主题内容之后输出的信息，正确的设置是（ ）。

A．报表页眉 B．报表页脚 C．页面页眉 D．页面页脚

22．在报表中，要计算“数学”字段的最高分，应将控件的“控件来源”属性设置为（　　）。

A．=Max([数学])　　B．Max(数学)　　C．=Max[数学]　　D．=Max(数学)

23．在 SQL 语言的 SELECT 语句中，用于指明检索结果排序的子句是（　　）。

A．FROM　　B．WHILE　　C．GROUP BY　　D．ORDER BY

24．在报表中将大量数据按不同的类型分别集中在一起，称为（　　）。

A．数据筛选　　B．合计　　C．分组　　D．排序

25．OpenForm 基本操作的功能是打开（　　）。

A．表　　B．窗体　　C．报表　　D．查询

26．在宏的表达式中要引用报表 test 上控件 txtName 的值，可以使用的引用是（　　）。

A．txtName　　B．text!txtName

C．Reports!test!txtName　　D．Report!txtName

27．VBA 的自动运行宏，应当命名为（　　）。

A．AutoExec　　B．AutoExe　　C．autoKeys　　D．AutoExec.bat

28．在窗体的视图中，既能够预览显示结果，又能够对控件进行调整的视图是（　　）。

A．设计视图　　B．布局视图　　C．窗体视图　　D．数据表视图

29．表的组成内容包括（　　）。

A．查询和报表　　B．字段和记录　　C．报表和窗体　　D．窗体和字段

30．如果不指定对象，Close 基本操作关闭的是（　　）。

A．正在使用的表　　B．当前正在使用的数据库

C．当前窗体　　D．当前对象（窗体、查询、宏）

31．若在“tEmployee”表中查找所有出生日期在“1970-1-1”和“1980-1-1”之间的记录，可以在查询设计视图的准则行中输入（　　）。

A．Between #1970-1-1# And #1980-1-1#　　B. Between "1970-1-1" And "1980-1-1"

C．"1970-1-1" And "1980-1-1"　　D．#1970-1-1# And #1980-1-1#

32．下列有关窗体的描述错误的是（　　）。

A．数据源可以是表和查询

B．可以链接数据库中的表，作为输入记录的界面

C．能够从表中查询提取所需的数据，并将其显示出来

D．可以将数据库中需要的数据提取出来进行分析、整理和计算，并将数据以格式化的方式显示

33．假设已在 Access 中建立了包含“书名”“单价”和“数量”三个字段的“book”表，以该表为数据源创建的窗体中，有一个计算定购总金额的文本框，其控件来源为（　　）。

A．[单价]*[数量]

B．=[单价]*[数量]

C．[图书订单表]![单价]*[图书订单表]![数量]

D．=[图书订单表]![单价]*[图书订单表]![数量]

34．以下是某个报表的设计视图。根据视图内容，可以判断出分组字段是（　　）。

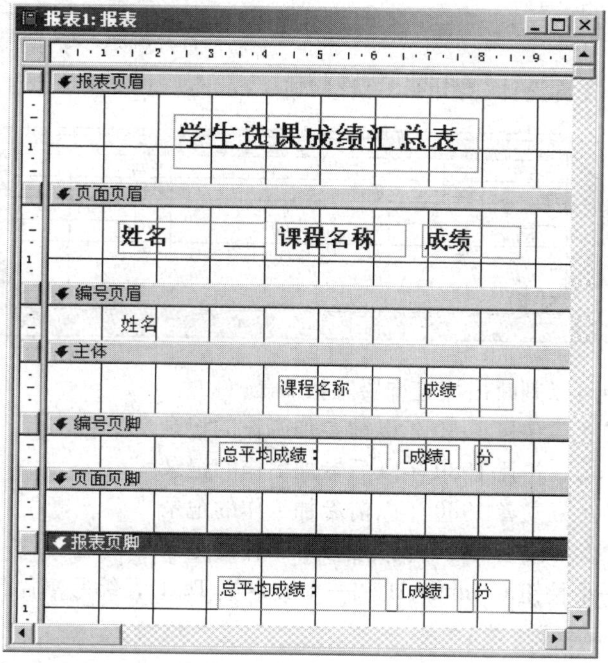

报表1: 报表

报表页眉

学生选课成绩汇总表

页面页眉

姓名　课程名称　成绩

编号页眉

姓名

主体

课程名称　成绩

编号页脚

总平均成绩：[成绩] 分

页面页脚

报表页脚

总平均成绩：[成绩] 分

A．编号和姓名　　　B．编号　　　C．姓名　　　D．无分组字段

35．使用已建立的“tEmployee”表，表结构及表内容如下：

字段名称	字段类型	字段大小
雇员 ID	文本	10
姓名	文本	10
性别	文本	1
出生日期	日期/时间	
职务	文本	14
简历	备注	
联系电话	文本	8

雇员 ID	姓名	性别	出生日期	职务	简历	联系电话
1	王宁	女	1960-1-1	经理	1984 年大学毕业，曾是销售员	359764××
2	李清	男	1962-7-1	职员	1986 年大学毕业，现为销售员	359764××
3	王创	男	1970-1-1	职员	1993 年专科毕业，现为销售员	359764××
4	郑炎	女	1978-6-1	职员	1999 年大学毕业，现为销售员	359764××
5	魏小红	女	1934-11-1	职员	1956 年专科毕业，现为管理员	359764××

在“tEmployee”表中，“姓名”字段的字段大小为 10，在此列输入数据时，最多可输入的汉字数和英文字符数分别是（　　）。

A．5　5　　　B．5　10　　　C．10　10　　　D．10　20

36．在数据表视图中，不能（　　）。

A．修改字段的类型　　　　B．修改字段的名称

C．删除一个字段　　　　D．删除一条记录

37．下面显示的是查询设计视图的"设计网格"部分：

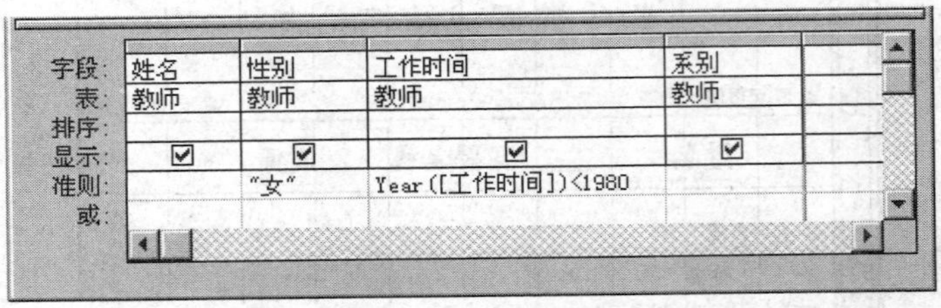

字段:	姓名	性别	工作时间	系别
表:	教师	教师	教师	教师
排序:				
显示:	☑	☑	☑	☑
准则:		"女"	Year([工作时间])<1980	
或:				

从所显示的内容中可以判断出该查询要查找的是（　　）。

A．性别为"女"并且1980年以前参加工作的记录

B．性别为"女"并且1980年以后参加工作的记录

C．性别为"女"或者1980年以前参加工作的记录

D．性别为"女"或者1980年以后参加工作的记录

38．在窗体上有一个按钮Command1和一个文本框Text1，编写事件代码如下：

```
Private Sub Command1_Click()
  Dim i,j,sum
  For i=1 to 20 step 3
    sum=0
    for j=i to 20 step 4
       sum=sum+1
    next j
  next i
  Text1. value=str(sum)
End Sub
```

打开窗体运行后，单击按钮，文本框中显示的结果是（　　）。

A．1　　　　B．7　　　　C．23　　　　D．400

39．能够实现从指定记录集中检索特定字段值的函数是（　　）。

A．Dcount　　　　B．Dlookup　　　　C．DMax　　　　D．DSum

40．在已建窗体中有一按钮（名为Commandl），该按钮的单击事件对应的VBA代码为：

```
Private Sub Command1_Click()
  sub1.Form.RecordSource="select * from 学生表 where 年龄=18"
End Sub
```

单击该按钮实现的功能是（　　）。

A．使用select命令查找"学生表"中的所有记录

B．使用select命令查找并显示"学生表"中的学生年龄等于18的学生记录

C．将sub1窗体的数据来源设置为一个字符串

D．将sub1窗体的数据来源设置为"学生表"中学生年龄等于18的学生记录

二、操作题

1．基本操作题

在“全国计算机等级考试模拟试题素材”文件夹下的“第一套素材”文件夹的“samp1.accdb”数据库文件中建立表“学生”，表结构如下：

字段名称	数据类型	字段大小	格式
编号	文本	8	
姓名	文本	8	
性别	文本	1	
年龄	数字	整型	
进校日期	日期/时间		短日期
奖励否	是/否		是/否
出生地	备注		

（1）设置“编号”字段为主键。

（2）设置“年龄”字段的有效性规则为：年龄大于 20 并且小于 35。

（3）在“学生”表中输入以下两条记录。

编号	姓名	性别	年龄	进校日期	奖励否	出生地
991101	张力	男	30	1999-9-1	√	江苏苏州
991103	李思	女	27	1999-9-3	√	湖北武汉

2．简单应用题

在“全国计算机等级考试模拟试题素材”文件夹下的“第一套素材”文件夹下存在一个数据库文件“samp2.accdb”，里面已经设计好两个表对象“tNorm”和“tStock”。试按以下要求完成设计：

（1）创建一个选择查询，查找并显示每种产品的“产品代码”“产品名称”“库存数量”“最高储备”和“最低储备”五个字段的内容，所建查询命名为“qT1”。

（2）创建一个选择查询，查找库存数量超过 10000 的产品，并显示“产品名称”和“库存数量”。所建查询名为“qT2”。

（3）以表“tStock”为数据源创建一个参数查询，按产品代码查找某种产品库存信息，并显示“产品代码”“产品名称”和“库存数量”。当运行该查询时，提示框中应显示“请输入产品代码：”。所建查询名为“qT3”。

（4）创建一个交叉表查询，统计并显示每种产品不同规格的平均单价，显示时行标题为产品名称，列标题为规格，计算字段为单价，所建查询名为“qT4”。注意：交叉表查询不做各行小计。

3．综合应用题

在“全国计算机等级考试模拟试题素材”文件夹下的“第一套素材”文件夹下存在一个数据库文件“samp3.accdb”，里面已经设计好表对象“tBorrow”“tReader”和“tBook”，查询对象“qT”，窗体对象“fReader”，报表对象“rReader”和宏对象“rpt”。请在此基础上按照以下要求补充设计：

（1）在报表的报表页眉节区内添加一个标签控件，其名称为“bTitle”，标题显示为“读者借阅情况浏览”，字体名称为“黑体”，字体大小为22，字体粗细为“加粗”，倾斜字体为“是”，同时将其安排在距上边0.5厘米、距左侧2厘米的位置。

（2）设计报表“rReader”的主体节区内“tSex”文本框控件依据报表记录源的“性别”字段值来显示信息。

（3）将宏对象“rpt”改名为“mReader”。

（4）在窗体对象“fReader”的窗体页脚节区内添加一个按钮，命名为“bList”，按钮标题为“显示借书信息”。

（5）设置所建按钮 bList 的单击事件属性为运行宏对象“mReader”。

注意：不允许修改窗体对象“fReader”中未涉及的控件和属性；不允许修改表对象“tBorrow”、“tReader”和“tBook”及查询对象“qT”；不允许修改报表对象“rReader”的控件和属性。

参考答案与解析

一、选择题

序号	1	2	3	4	5	6	7	8	9	10
答案	D	B	D	B	C	D	A	C	B	B
序号	11	12	13	14	15	16	17	18	19	20
答案	C	B	C	D	D	A	C	D	A	B
序号	21	22	23	24	25	26	27	28	29	30
答案	B	A	D	C	B	C	A	B	B	B
序号	31	32	33	34	35	36	37	38	39	40
答案	A	D	B	B	C	A	A	A	B	D

二、操作题

1．基本操作题

打开“全国计算机等级考试模拟试题素材”文件夹下的“第一套素材”文件夹中的“samp1.accdb”，按下面的步骤进行操作：

（1）单击“创建”选项卡的“表格”组中的“表设计”按钮，打开表设计视图，按题目要求输入字段名称并设置相应的数据类型。

（2）右击“编号”字段，选择“主键”命令，单击快速访问工具栏中的“保存”按钮，在弹出的“另存为”对话框的“表名称”文本框中输入“学生”，单击“确定”按钮。

（3）单击“年龄”字段，在下方的“常规”标签中的“有效性规则”栏中填入“>20 And <35”，单击快速访问工具栏中的“保存”按钮。

（4）进入数据表视图，按题目要求依次添加两条记录，单击快速访问工具栏中的“保存”按钮，然后关闭数据库。

2．简单应用题

打开“全国计算机等级考试模拟试题素材”文件夹下的“第一套素材”文件夹中的“samp2.accdb”，按下面的步骤进行操作：

（1）单击“创建”选项卡的“查询”组中的“查询设计”按钮，打开查询设计视图，并显示一个“显示表”对话框，双击“tNorm”和“tStock”表，关闭“显示表”对话框，在“选择查询”字段栏中单击下拉箭头选择需要操作的字段：“产品代码”“产品名称”“库存数量”“最高储备”和“最低储备”，如下图所示：

字段:	产品代码	产品名称	库存数量	最高储备	最低储备
表:	tStock	tStock	tStock	tNorm	tNorm
排序:					
显示:	✓	✓	✓	✓	✓
条件:					
或:					

单击快速访问工具栏中的“保存”按钮，在弹出的“另存为”对话框的“查询名称”文本框中输入查询名“qT1”，单击“确定”按钮。

（2）单击“创建”选项卡的“查询”组中的“查询设计”按钮，打开查询设计视图，并显示一个“显示表”对话框，双击“tStock”表，关闭“显示表”对话框，在“选择查询”字段栏中单击下拉按钮选择需要操作的字段：“产品名称”和“库存数量”，在“库存数量”字段的条件栏输入“>10000”，如右图所示：

字段:	产品名称	库存数量
表:	tStock	tStock
排序:		
显示:	✓	✓
条件:		>10000
或:		

单击快速访问工具栏中的“保存”按钮，在弹出的“另存为”对话框的“查询名称”文本框中输入查询名“qT2”，单击“确定”按钮。

（3）单击“创建”选项卡的“查询”组中的“查询设计”按钮，打开查询设计视图，并显示一个“显示表”对话框，双击“tStock”表，关闭“显示表”对话框，在“选择查询”字段栏中单击下拉按钮选择需要操作的字段：“产品代码”“产品名称”和“库存数量”，在“产品代码”字段的条件栏输入“[请输入产品代码：]”，如下图所示：

字段:	产品代码	产品名称	库存数量
表:	tStock	tStock	tStock
排序:			
显示:	✓	✓	✓
条件:	[请输入产品代码：]		
或:			

单击快速访问工具栏中的“保存”按钮，在弹出的“另存为”对话框的“查询名称”文本框中输入查询名“qT3”，单击“确定”按钮。

（4）单击“创建”选项卡的“查询”组中的“查询设计”按钮，打开查询设计视图，并显示一个“显示表”对话框，双击“tNorm”和“tStock”表，关闭“显示表”对话框，在“查询类型”中单击“交叉表”，在字段栏中单击下拉按钮选择需要操作的字段：“产品名称”“规格”和“单价”，在“产品名称”字段的交叉表栏选择“行标题”，在“规格”字段的交叉表栏选择“列标题”，在“单价”字段的交叉表栏选择“值”。单击快速访问工具栏中的“保存”按钮，在弹出的“另存为”对话框的“查询名称”文本框中输入查询名“qT4”，单击“确定”按钮，然后关闭数据库，如下图所示：

字段:	产品名称	规格	单价
表:	tStock	tNorm	tStock
总计:	Group By	Group By	平均值
交叉表:	行标题	列标题	值
排序:			
条件:			
或:			

3．综合应用题

打开“全国计算机等级考试模拟试题素材”文件夹下的“第一套素材”文件夹中的“samp3.accdb”，按下面的步骤进行操作：

(1) 在“导航窗格”的“报表”中，右击“rReader”，选择“设计视图”命令，在报表页眉节内添加一个标签，选中该标签并右击，选择“属性”命令，在“属性表”窗格中设置名称为“bTitle”，设置标题为“读者借阅情况浏览”，字体为“黑体”、字号为“22”、字体粗细为“加粗”、倾斜字体为“是”，上边距设置为0.5厘米、左边距设置为2厘米。单击快速访问工具栏中的“保存”按钮。

(2) 在报表主体节内，选中名为“tSex”的文本框并右击，选择“属性”命令，在“属性表”窗格中设置控件来源为“性别”，单击快速访问工具栏中的“保存”按钮。

(3) 在“导航窗格”的“宏”中，右击下边的“rpt”，选择“重命名”命令，输入名称“mReader”。单击快速访问工具栏中的“保存”按钮。

(4) 在“导航窗格”的“窗体”中，右击“fReader”，选择“设计视图”命令，单击“控件”组中的“按钮”按钮，在窗体页脚节内添加一个按钮，在弹出的“命令按钮向导”对话框中单击“取消”按钮。选中该按钮并右击，选择“属性”命令，在“属性表”窗格中设置名称为“bList”，设置标题为“显示借书信息”。单击快速访问工具栏中的“保存”按钮。

(5) 在窗体页脚节内，选中名为“bList”的按钮并右击，选择“属性”命令，在“属性表”窗格中设置“单击”为“mReader”。单击快速访问工具栏中的“保存”按钮，然后关闭数据库。

模拟试题 2

一、选择题

1．一个栈的初始状态为空。现将元素 1、2、3、4、5、A、B、C、D、E 依次入栈，然后再依次出栈，则元素出栈的顺序是（　　）。

A．12345ABCDE　B．EDCBA54321　C．ABCDEl2345　D．54321 EDCBA

2．下列叙述中正确的是（　　）。

A．循环队列有队头和队尾两个指针，因此，循环队列是非线性结构

B．在循环队列中，只需要队头指针就能反映队列中元素的动态变化情况

C．在循环队列中，只需要队尾指针就能反映队列中元素的动态变化情况

D．循环队列中元素的个数是由队头指针和队尾指针共同决定

3．下列叙述中正确的是（　　）。

A．数据库系统是一个独立的系统，不需要操作系统的支持

B．数据库设计是指设计数据库管理系统

C．数据库技术的根本目标是要解决数据共享的问题

D．数据库系统中，数据的物理结构必须与逻辑结构一致

4．要在查找表达式中使用通配符通配一个数字字符，应选用的通配符是（ ）。

A．* B．? C．! D．#

5．下列关于字段属性的叙述中，正确的是（ ）。

A．可对任意类型的字段设置"默认值"属性

B．定义字段默认值的含义是该字段值不允许为空

C．只有"文本"型数据能够使用"输入掩码向导"

D．"有效性规则"属性只允许定义一个条件表达式

6．在 Access 数据库中，表就是（ ）。

A．关系 B．记录 C．索引 D．数据库

7．创建交叉表查询，在"交叉表"行上有且只能有一个的是（ ）。

A．行标题和列标题 B．行标题和值

C．行标题、列标题和值 D．列标题和值

8．一间宿舍可住多个学生，则实体宿舍和学生之间的联系是（ ）。

A．一对一 B．一对多 C．多对一 D．多对多

9．在数据管理技术发展的三个阶段中，数据共享最好的是（ ）。

A．人工管理阶段 B．文件系统阶段

C．数据库系统阶段 D．三个阶段相同

10．有三个关系 *R*、*S* 和 *T* 如下：

R

A	*B*
m	1
n	2

S

B	*C*
1	3
3	5

T

A	*B*	*C*
m	1	3

其中关系 *T* 由关系 *R* 和 *S* 通过某种操作得到，该操作为（ ）。

A．笛卡儿积 B．交 C．并 D．自然连接

11．以下字符串不符合 Access 字段命名规则的是（ ）。

A．^_^birthday^_^ B．生日 C．Jim.jeckson D．//注释

12．数据库中有 A、B 两表，均有相同字段 C，在两表中 C 字段都设为主键。当通过 C 字段建立两表关系时，则该关系为（ ）。

A．一对一 B．一对多 C．多对多 D．不能建立关系

13．以下字符串不符合 Access 字段命名规则的是（ ）。

A．dddddefghijklmnopqrstuvwxyz1234567890

B．[S3v]Yatobiaf

C．Name@china 中国

D．浙江_宁波

14．下列关于关系数据库中数据表的描述，正确的是（ ）。

A．数据表相互之间存在联系，但用独立的文件名保存

B．数据表相互之间存在联系，是用表名表示相互间的联系

C．数据表相互之间不存在联系，完全独立

D．数据表既相对独立，又相互联系

15．输入掩码字符“&”的含义是（　　）。

A．必须输入字母或数字　　B．可以选择输入字母或数字

C．必须输入一个任意的字符或一个空格　　D．可以选择输入任意的字符或一个空格

16．下图显示的是查询设计视图的设计网格部分，从所示的内容中，可以判断出要创建的查询是（　　）。

字段:	成绩	
表:	选课成绩	
排序:		
追加到:	成绩	
准则:	>=90	
或:		

A．删除查询　　B．追加查询　　C．生成表查询　　D．更新查询

17．假设“公司”表中有编号、名称、法人等字段，查找公司名称中有“网络”二字的公司信息，正确的命令是（　　）。

A．SELECT}FROM 公司 FOR 名称="*网络*"

B．SELECT*FROM 公司 FOR 名称 LIKE"*网络*"

C．SELECT*FROM 公司 WHERE 名称="*网络*"

D．SELECT}FROM 公司 WHERE 名称 LIKE"网络*"

18．利用对话框提示用户输入查询条件，这样的查询属于（　　）。

A．选择查询　　B．参数查询　　C．操作查询　　D．SQL 查询

19．要从数据库中删除一个表，应该使用的 SQL 语句是（　　）。

A．ALTER TABLE　　B．KILL TABLE

C．DELETE TABLE　　D．DROP TABLE

20．若要将“产品”表中所有供货商是“ABC”的产品单价下调 50，则正确的 SQL 语句是（　　）。

A．UPDATE 产品 SET 单价=50 WHERE 供货商="ABC"

B．UPDATE 产品 SET 单价=单价-50 WHERE 供货商="ABC"

C．UPDATE FROM 产品 SET 单价=50 WHERE 供货商="ABC"

D．UPDATE FROM 产品 SET 单价=单价-50 WHERE 供货商="ABC"

21．在学生表中使用“照片”字段存放相片，当使用向导为该表创建窗体时，照片字段使用的默认控件是（　　）。

A．图形　　B．图像　　C．绑定对象框　　D．未绑定对象框

22．下列关于对象“更新前”事件的叙述中，正确的是（　　）。

A．在控件或记录的数据变化后发生的事件

B．在控件或记录的数据变化前发生的事件

C．当窗体或控件接收到焦点时发生的事件

D．当窗体或控件失去了焦点时发生的事件

23．若窗体 Frm1 中有一个按钮“Cmd1”，则窗体和按钮的 Click 事件过程名分别为(　　)。

A．Form_Click()和 Command1_Click()　　B．Frm1_Click()和 Command1_Click()

C．Form_Click()和 Cmd1_Click()　　D．Frm1_Click()和 Cmd1 Click()

24．要实现报表按某字段分组统计输出，需要设置的是（ ）。

A．报表页脚　　B．该字段的组页脚　　C．主体　　D．页面页脚

25．在报表中要显示格式为“共N页，第N页”的页码，正确的页码格式设置是（ ）。

A．="共"+Pages+"页，第"+Page+"页"

B．="共"+[Pages]+ "页，第"++"页"

C．="共"＆Pages&v 页，第"＆Page＆"页"

D．="共"&[Pages]& "页，第"＆&"页"

26．为窗体或报表上的控件设置属性值的宏操作是（ ）。

A．Beep　　B．Echo　　C．MsgBox　　D．SetValue

27．在设计条件宏时，对于连续重复的条件，要代替重复条件表达式可以使用符号（ ）。

A．…　　B．：　　C．！　　D．=

28．下列属于通知或警告用户的命令是（ ）。

A．PrintOut　　B．OutputTo　　C．MsgBox　　D．RunWarnings

29．在VBA中要打开名为“学生信息录入”的窗体，应使用的语句是（ ）。

A．DoCmd．Open_Form"学生信息录入"

B．OpenForm"学生信息录入"

C．DoCmd．OpenWindow"学生信息录入"

D．OpenWindow"学生信息录入"

30．VBA语句“Dim NewArray(10)as Integer”的含义是（ ）。

A．定义10个整型数构成的数组NewArray

B．定义11个整型数构成的数组NewArray

C．定义1个值为整型数的变量NewArray(10)

D．定义1个值为10的变量NewArray

31．要显示当前过程中的所有变量及对象的取值，可以利用的调试窗口是（ ）。

A．监视窗　　B．调用堆栈　　C．立即窗口　　D．本地窗口

32．在VBA中，下列关于过程的描述中正确的是（ ）。

A．过程的定义可以嵌套，但过程的调用不能嵌套

B．过程的定义不可以嵌套，但过程的调用可以嵌套

C．过程的定义和过程的调用均可以嵌套

D．过程的定义和过程的调用均不能嵌套

33．SQL的含义是（ ）。

A．结构化查询语言　　B．数据定义语言

C．数据库查询语言　　D．数据库操纵与控制语言

34．在Access中已建立了“学生”表，表中有“学号”“姓名”“性别”和“入学成绩”等字段。执行SQL命令“Select 性别, avg(入学成绩)From 学生 Group by 性别”，其结果是（ ）。

A．计算并显示所有学生的性别和入学成绩的平均值

B．按性别分组计算并显示性别和入学成绩的平均值

C．计算并显示所有学生的入学成绩的平均值

D．按性别分组计算并显示所有学生的入学成绩的平均值

35．在 SQL 查询中“GROUP BY”的含义是（　　）。

A．选择行条件　B．对查询进行排序　C．选择列字段　D．对查询进行分组

36．假定有以下程序段

```
n=0
for i=1 to 3
    for j=-4 to -1
        n=n+1
        nextj
        nexti
```

运行完毕后，n 的值是（　　）。

A．3　B．0　C．4　D．12

37．下面不是操作查询的是（　　）。

A．删除查询　B．更新查询　C．参数查询　D．生成表查询

38．在 SQL 语言的 SELECT 语句中，用于实现选择运算的子句是（　　）。

A．FOR　B．IF　C．WHILE　D．WHERE

39．在 SQL 查询中，若要取得“学生”数据表中的所有记录和字段，其 SQL 语法为（　　）。

A．SELECT 姓名 FROM 学生

B．SELECT * FROM 学生

C．SELECT 姓名 FROM 学生 WHILE 学号=02650

D．SELECT * FROM 学生 WHILE 学号=02650

40．假设某数据表中有一个工作时间字段，查找 1999 年参加工作的职工记录的准则是（　　）。

A．Between # 99-01-01# And # 99-12-31 #

B．Between " 99-01-01 " And " 99-12-31 "

C．Between " 99.01.01 " And " 99.12.31 "

D．# 99.01.01 # And # 99.12.31 #

二、操作题

1．基本操作题

在“全国计算机等级考试模拟试题素材”文件夹下的“第二套素材”文件夹的“samp1.accdb”数据库文件中已建立表对象“tEmployee”。试按以下操作要求，完成表的编辑：

（1）设置“编号”字段为主键。

（2）设置“年龄”字段的有效性规则为“大于 16”。

（3）删除表结构中的“所属部门”字段。

（4）在表结构中的“年龄”与“职务”两个字段之间增添一个新的字段：字段名称为“党员否”，字段类型为“是/否”型。

（5）删除表中职工编号为“000015”的一条记录。

（6）在编辑完的表中追加以下一条新记录：

编号	姓名	性别	年龄	党员否	职务	聘用时间	简历
000031	王丽	女	35	√	主管	2004-9-1	熟悉系统维护

2．简单应用题

在“全国计算机等级考试模拟试题素材”文件夹下的“第二套素材”文件夹下存在一个数据库文件“samp2.accdb”，里面已经设计好两个表对象“tBand”和“tLine”。试按以下要求完成设计：

（1）创建一个选择查询，查找并显示“团队 ID”“导游姓名”“线路名”“天数”和“费用”五个字段的内容，所建查询命名为“qT1”。

（2）创建一个选择查询，查找并显示旅游“天数”在五到十天之间（包括五天和十天）的“线路名”“天数”和“费用”，所建查询名为“qT2”。

（3）创建一个选择查询，能够显示“tLine”表的所有字段内容，并添加一个计算字段“优惠后价格”，计算公式为“优惠后价格=费用*（1-10%）”，所建查询名为“qT3”。

（4）创建一个删除查询，删除表“tBand”中出发时间在 2002 年以前的团队记录，所建查询命名为“qT4”。

3．综合应用题

在“全国计算机等级考试模拟试题素材”文件夹下的“第二套素材”文件夹下存在一个数据库文件“samp3.accdb”，里面已经设计了表对象“tEmp”、窗体对象“fEmp”、报表对象“rEmp”和宏对象“mEmp”。试在此基础上按照以下要求补充设计：

（1）将表对象“tEmp”中“聘用时间”字段的格式调整为“长日期”显示、“性别”字段的有效性文本设置为“只能输入男和女”。

（2）设置报表“rEmp”按照“聘用时间”字段升序排列输出；将报表页面页脚区域内名为“tPage”的文本框控件设置为系统的日期；

（3）将“fEmp”窗体上名为“bTitle”的标签上移到距“btnP”按钮 1 厘米的位置（即标签的下边界距按钮的上边界 1 厘米）。同时，将窗体按钮“btnP”的单击事件属性设置为宏“mEmp”。

（4）将“fEmp”窗体的标题设置为“信息输出”。

注意：不允许修改数据库中的宏对象“mEmp”；不允许修改窗体对象“fEmp”和报表对象“rEmp”中未涉及的控件和属性；不允许修改表对象“tEmp”中未涉及的字段和属性。

参考答案与解析

一、选择题

序号	1	2	3	4	5	6	7	8	9	10
答案	D	B	C	D	D	A	D	B	C	D
序号	11	12	13	14	15	16	17	18	19	20
答案	C	A	B	D	C	B	D	B	D	B
序号	21	22	23	24	25	26	27	28	29	30
答案	C	B	C	B	D	D	A	C	A	B
序号	31	32	33	34	35	36	37	38	39	40
答案	D	B	A	B	D	B	C	D	B	A

二、操作题

1．基本操作题

打开“全国计算机等级考试模拟试题素材”文件夹下的“第二套素材”文件夹中的“samp1.accdb”，按下面的步骤进行操作：

(1) 在“导航窗格”的“表”中，右击“tEmployee”，选择表“设计视图”命令；右击“编号”字段，选择“主键”命令，单击快速访问工具栏中的“保存”按钮。

(2) 单击“年龄”字段，在下方的“常规”标签中的“有效性规则”栏中输入“>16”，单击快速访问工具栏中的“保存”按钮。

(3) 右击“所属部门”字段，选择“删除行”命令，单击快速访问工具栏中的“保存”按钮。

(4) 右击“职务”字段，选择“插入行”命令，在新增行的“字段名称”中输入“党员否”，“数据类型”中选择“是/否”，单击快速访问工具栏中的“保存”按钮。

(5) 单击“视图”的图标，在“数据表视图”中按题目要求删除一条记录，单击快速访问工具栏中的“保存”按钮。

(6) 在“数据表视图”最后一行中新增一条记录，按题目要求添加一条记录，单击快速访问工具栏中的“保存”按钮，然后关闭数据库。

2．简单应用题

打开“全国计算机等级考试模拟试题素材”文件夹下的“第二套素材”文件夹中的“samp2.accdb”，按下面的步骤进行操作：

(1) 单击“创建”选项卡，单击“查询”组中的“查询设计”按钮，打开查询“设计视图”，并显示一个“显示表”对话框，双击“tBand”和“tLine”表，关闭“显示表”对话框，在“选择查询”字段栏中单击下拉按钮选择需要操作的字段：“团队 ID”“导游姓名”“线路名”“天数”和“费用”，如下图所示：

字段:	团队ID	导游姓名	线路名	天数	费用
表:	tBand	tBand	tLine	tLine	tLine
排序:					
显示:	☑	☑	☑	☑	☑
条件:					
或:					

单击快速访问工具栏中的“保存”按钮，在弹出的“另存为”对话框的“查询名称”文本框中输入查询名“qT1”，单击“确定”按钮。

(2) 单击“创建”选项卡的“查询”组中的“查询设计”按钮，打开查询设计视图，并显示一个“显示表”对话框，双击“tLine”表，关闭“显示表”对话框，在“选择查询”字段栏中单击下拉按钮选择需要操作的字段：“线路名”“天数”和“费用”，在“天数”字段的条件栏输入“>=5 And <=10”，如下图所示：

字段:	线路名	天数	费用
表:	tLine	tLine	tLine
排序:			
显示:	☑	☑	☑
条件:		>=5 And <=10	
或:			

单击快速访问工具栏中的“保存”按钮，在弹出的“另存为”对话框的“查询名称”文本框中输入查询名“qT2”，单击“确定”按钮。

(3) 单击“创建”选项卡的“查询”组中的“查询设计”按钮，打开查询设计视图，并显示一个“显示表”对话框，双击“tLine”表，关闭“显示表”对话框，在“选择查询”字段栏中单击下拉按钮选择需要操作的字段：“*”和“优惠后价格:[费用]*.9”，如下图所示：

字段:	tLine.*	优惠后价格: [费用]*.9
表:	tLine	
排序:		
显示:	☑	☑
条件:		
或:		

单击快速访问工具栏中的“保存”按钮，在弹出的“另存为”对话框的“查询名称”文本框中输入查询名“qT3”，单击“确定”按钮。

（4）单击“创建”选项卡的“查询”组中的“查询设计”按钮，打开查询设计视图，并显示一个“显示表”对话框，双击“tBand”表，关闭“显示表”对话框，在“查询类型”中单击“删除”，在字段栏中单击下拉按钮选择需要操作的字段：“出发时间”，在“出发时间”字段的条件栏中输入“<#2002-01-01#”，如下图所示：

字段:	出发时间
表:	tBand
删除:	Where
条件:	<#2002/1/1#
或:	

单击快速访问工具栏中的“保存”按钮，在弹出的“另存为”对话框的“查询名称”文本框中输入查询名“qT4”，单击“确定”。然后关闭数据库。

3．综合应用题

打开“全国计算机等级考试模拟试题素材”文件夹下的“第二套素材”文件夹中的“samp3.accdb”，按下面的步骤进行操作：

（1）在“导航窗格”中，选择“表”对象下的“tEmp”，右击，选择“设计视图”命令。按照题目要求修改字段属性。

（2）在“导航窗格”中，选择“报表”对象下的“rEmp”，右击，选择“设计视图”命令。单击“报表设计工具/设计”选项卡的“分组和排序”组中的“添加排序”按钮，选择“聘用时间”字段，按照升序排列，在报表页脚节内选中名为“tPage”的文本框并右击，选择“属性”命令，在“属性表”窗格中设置控件来源为“=Date()”，单击快速访问工具栏中的“保存”按钮保存修改。

（3）在“导航窗格”中，选择“窗体”对象下的“fEmp”，右击，选择“设计视图”命令。选中“bTitle”，设置其上边距为“1 厘米”。选中按钮“btnP”，设置“单击”属性为宏“mEmp”。

（4）在“导航窗格”中，选择“窗体”对象下的“fEmp”，右击，选择“设计视图”命令，在“属性表”窗格中的下拉列表中选择“窗体”，设置标题为“信息输出”。单击快速访问工具栏中的“保存”按钮，然后关闭数据库。

模拟试题 3

一、选择题

1．在长度为 n 的有序线性表中进行二分查找，最坏情况下需要比较的次数是（　　）。

A．$O(n)$　　B．$O(n^2)$　　C．$O(\log_2 n)$　　D．$O(n\log_2 n)$

2．下列叙述中正确的是（　　）。

A．顺序存储结构的存储一定是连续的，链式存储结构的存储空间不一定是连续的

B．顺序存储结构只针对线性结构，链式存储结构只针对非线性结构

C．顺序存储结构能存储有序表，链式存储结构不能存储有序表

D．链式存储结构比顺序存储结构节省存储空间

3．数据库的基本特点是（　　）。

A．数据可以共享，数据冗余大，数据独立性高，统一管理和控制

B．数据可以共享，数据冗余小，数据独立性高，统一管理和控制

C．数据可以共享，数据冗余小，数据独立性低，统一管理和控制

D．数据可以共享，数据冗余大，数据独立性低，统一管理和控制

4．数据库系统的核心是（　　）。

A．数据模型　　B．数据库管理系统　　C．数据库　　D．软件工具

5．在窗体中要显示一名教师基本信息和该教师所承担的全部课程情况，窗体设计时在主窗体中显示教师基本信息，在子窗体中显示承担的课程情况，则主窗体和子窗体数据源之间的关系是（　　）。

A．一对一关系　　B．一对多关系　　C．多对一关系　　D．多对多关系

6．关系数据库的基本操作是（　　）。

A．增加、删除和修改　　B．选择、投影和连接

C．创建、打开和关闭　　D．索引、查询和统计

7．常见的模型有三种，它们是（　　）。

A．网状、关系和语义　　B．字段名、字段类型和记录

C．环状、层次和关系　　D．层次、关系和网状

8．对数据表进行筛选操作，结果是（　　）。

A．只显示满足条件的记录，将不满足条件的记录从表中删除

B．显示满足条件的记录，并将这些记录保存在一个新表中

C．只显示满足条件的记录，不满足条件的记录被隐藏

D．将满足条件的记录和不满足条件的记录分为两个表进行显示

9．如果在创建表中建立字段“性别”，并要求用汉字表示，其数据类型应当是（　　）。

A．是/否　　B．数字　　C．文本　　D．备注

10．在学生表中建立查询，“姓名”字段的查询条件设置为“Is Null”，运行该查询后，显示的记录是（　　）。

A．姓名字段为空的记录　　B．姓名字段中包含空格的记录

C．姓名字段不为空的记录　　D．姓名字段中不包含空格的记录

11．学生表中有姓名、学号、性别、班级等字段，其中适合作为主关键字的是（　　）。

A．姓名　　B．学号　　C．性别　　D．班级

12．表中要添加 Internet 站点的网址，字段应采用的数据类型是（　　）。

A．OLE 对象　　B．超级链接　　C．查阅向导　　D．自动编号

13．能够检查字段中的输入值是否合法的属性是（　　）。

A．格式　　B．默认值　　C．有效性规则　　D．有效性文本

14．能够使用“输入掩码向导”创建输入掩码的数据类型是（　　）。

A．文本和货币　　B．文本和日期/时间

C．文本和数字　　D．数字和日期/时间

15．下列不属于 Access 提供的数据类型的是（　　）。

A．文字　　B．备注　　C．附件　　D．日期/时间

16．下列关于查询能够实现的功能的叙述中，正确的是（　　）。

A．选择字段，选择记录，编辑记录，实现计算，建立新表，设置格式

B．选择字段，选择记录，编辑记录，实现计算，建立新表，更新关系

C．选择字段，选择记录，编辑记录，实现计算，建立新表，建立数据库

D．选择字段，选择记录，编辑记录，实现计算，建立新表，建立基于查询的查询

17．Access 支持的查询类型有（　　）。

A．选择查询、交叉表查询、参数查询、SQL 查询和操作查询

B．选择查询、基本查询、参数查询、SQL 查询和操作查询

C．多表查询、单表查询、参数查询、SQL 查询和操作查询

D．选择查询、汇总查询、参数查询、SQL 查询和操作查询

18．在 SQL 语言的 SELECT 语句中，用于指明检索结果排序的子句是（　　）。

A．FROM　　B．WHILE　　C．GROUP BY　　D．ORDER BY

19．如果表中有一个“姓名”字段，查找姓“刘”的记录的条件是（　　）。

A．Not"刘*"　　B．Like"刘"　　C．Like"刘*"　　D．"刘"

20．如果在查询条件中使用通配符“[]”，其含义是（　　）。

A．错误的使用方法　　B．通配不在括号内的任意字符

C．通配任意长度的字符　　D．通配方括号内任一单个字符

21．在 Access 中，与 like 一起使用时，代表任意字符的是（　　）。

A．?　　B．*　　C．#　　D．$

22．Access 中，没有数据来源的控件类型是（　　）。

A．结合型　　B．非结合型　　C．计算型　　D．其余三项均不是

23．Access 的控件对象可以设置某个属性来控制对象是否可用。以下能够控制对象是否可用的属性是（　　）。

A．Cancel　　B．Enabled　　C．Default　　D．Visible

24．假设已在 Access 中建立了包含“书名”“单价”和“数量”三个字段的“销售”表，以该表为数据源创建的窗体中，有一个计算销售总金额的文本框，其“控件来源”应为（　　）。

A．[单价]*[数量]　　B．=[单价]*[数量]

C．[销售]![单价]*[销售]![数量]　　D．=[销售]![单价]*[销售]![数量]

25．绑定窗体中的控件的含义是（　　）。

A．宣告该控件所显示的数据将是不可见的

B．宣告该控件所显示的数据是不可删除的

C．宣告该控件所显示的数据是只读的

D．该控件将与数据源的某个字段相联系

26．报表的作用不包括（　　）。

A．分组数据　　B．汇总数据　　C．格式化数据　　D．输入数据

27．在报表设计时，如果要统计报表中某个字段的全部数据，计算表达式应放在（　　）。

A．页面页眉/页面页脚　　B．报表页眉/报表页脚

C．组页眉/组页脚　　D．主体

28．要在报表每一页的顶部都有输出的信息，需要设置的是（　　）。

A．报表页眉　　B．报表页脚　　C．页面页眉　　D．页面页脚

29．在报表中，要计算“数学”字段的平均分，应将控件的“控件来源”属性设置为（　　）。

A．= Avg([数学])　　B．Avg(数学)　　C．= Avg[数学]　　D．= Avg(数学)

30．要显示格式为“页码/总页数”的页码，应当设置文本框的控件来源属性是（　　）。

A．[Page]/[Pages]　　B．=[Page]/[Pages]

C．[Page]&"/"&[Page]　　D．=[Page]& "/"&[Pages]

31．将大量数据按不同的类型分别集中在一起，称为将数据（　　）。

A．筛选　　B．合计　　C．分组　　D．排序

32．OpenTable 基本操作的功能是打开（　　）。

A．表　　B．窗体　　C．报表　　D．查询

33．VBA 的自动运行宏，应当命名为（　　）。

A．autoKeys　　B．AutoExec　　C．AutoExec．bat　　D．AutoExe

34．在宏表达式中要引用 Form1 窗体中的 txt1 控件的值，正确的引用方法是（　　）。

A．Form1！txt1　　B．txt1

C．Forms！Form1！txt1　　D．Forms！txt1

35．运行宏，不能修改的是（　　）。

A．窗体　　B．表　　C．宏本身　　D．数据库

36．在已建雇员表中有“工作日期”字段，下图所示的是以此表为数据源创建的“雇员基本信息”窗体。

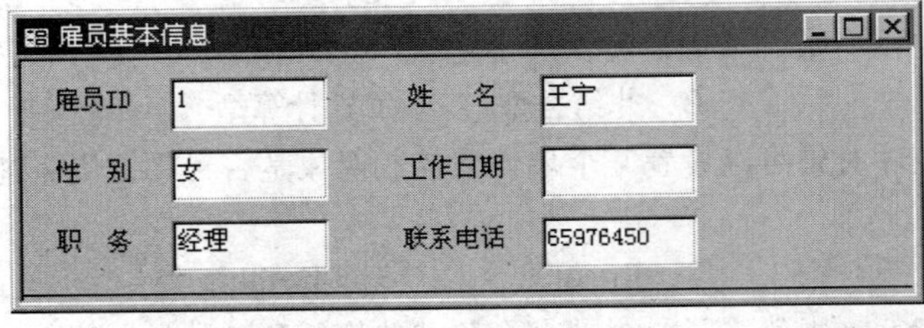

假设当前雇员的工作日期为“1998-08-17”，若在窗体“工作日期”标签右侧文本框控件的“控件来源”属性中输入表达式：=Str(Month([工作日期])+"月"，则在该文件框控件内显示的结果是（　　）。

A．Str(Month(Date(0))+"月"　　B．"08"+"月"

C．08 月　　D．8 月

37．从字符串 s 中的第 2 个字符开始获得 4 个字符的子字符串函数是（　　）。

A．Mid$(s,2,4)　　B．Left$(s,2,4)

C．Right$(s,4)　　D．Left$(s,4)

38．如果 x 是一个正的实数，保留两位小数、将千分位四舍五入的表达式是（　　）。

A．0.01$Int(X+0.05)　　B．0.01*Int(100*(X+0.005))

C．0.01*Int(X+0.005)　　D．0.01*Int(100}(X+0.05))

39．有如下事件程序，运行该程序后输出结果是（　　）。

```
Private Sub Command1_Click()
    Dim a As Integer,b As Interger
    a=1
    b=0
Do Until b<25
   b=b+a*a
   a=a+1
Loop
MsgBox "a="&a&", y="&y
End Sub
```

A．x=1，Y=0　　B．X=4，Y=25　　C．X=5，Y=30　　D．输出其他结果

40．在窗体上有一个命令按钮 Command1，编写事件代码如下：

```
Private Sub Command1_Click()
  Dim a As Integer,b As Interger
  a=36: b=16
  Call fun1(a,b)
  Debug.print a;b
End Sub
Public Sub fun1(x As Integer,Byval y As Integer)
   x=x mod 10
   y=y mod 10
End Sub
```

打开窗体运行后，单击按钮，立即窗口上输出的结果是（　　）。

A．616　　B．366　　C．66　　D．3616

二、操作题

1．基本操作题

在“全国计算机等级考试模拟试题素材”文件夹下的“第三套素材”文件夹的“samp1.accdb”数据库文件中已建立表对象“tNorm”。试按以下操作要求，完成表的编辑：

(1) 设置“产品代码”字段为主键。

(2) 将“单位”字段的默认值属性设置为“只”、字段大小属性改为 1。

(3) 删除“规格”字段值为“220V-4W”的记录。

(4) 删除“备注”字段。

(5) 将“最高储备”字段大小改为长整型，“最低储备”字段大小改为整型。

(6) 将“出厂价”字段的格式属性设置为货币显示形式。

2．简单应用题

在“全国计算机等级考试模拟试题素材”文件夹下的“第三套素材”文件夹下存在一个数据库文件“samp2.accdb”，里面已经设计好表对象“tStaff”和“tTemp”及窗体对象“fTest”。试按以下要求完成设计：

（1）以表对象“tStaff ”为数据源创建一个选择查询，查找并显示具有研究生学历的教师的“编号”“姓名”“性别”和“职称”四个字段内容，所建查询命名为“qT1”。

（2）以表对象“tStaff”为数据源创建一个选择查询，查找并统计教师按照职称进行分类的平均年龄，然后显示出标题为“职称”和“平均年龄”的两个字段内容，所建查询命名为“qT2”。

（3）以表对象“tStaff”为数据源创建一个参数查询，查找教师的“编号”“姓名”“性别”和“职称”四个字段内容。其中“性别”字段的条件为参数，要求引用窗体对象“fTest”上控件“tSex”的值，所建查询命名为“qT3”。

（4）创建一个删除查询，删除表对象“tTemp”中所有姓“李”的记录，所建查询命名为“qT4”。

3．综合应用题

在“全国计算机等级考试模拟试题素材”文件夹下的“第三套素材”文件夹下存在一个数据库文件“samp3.accdb”，里面已经设计好窗体对象“fTest”及宏对象“m1”。试在此基础上按照以下要求补充窗体设计：

（1）在窗体的窗体页眉节区位置添加一个标签控件，其名称为“bTitle”，标题显示为“窗体测试样例”；

（2）在窗体主体节内添加二个复选框控件，复选框选项按钮分别命名为“opt1”和“opt2”，对应的复选框标签显示内容分别为“样例 1”和“样例 2”，标签名称分别为“bopt1”和“bopt2”。

（3）分别设置复选框选项按钮 opt1 和 opt2 的“默认值”属性为假值。

（4）在窗体页脚节区位置添加一个按钮，命名为“bTest”，按钮标题为“进行测试”。

（5）设置按钮 bTest 的单击事件属性为给定的宏对象 m1。

（6）将窗体标题设置为“测试窗体”。

注意：*不允许修改窗体对象 fTest 中未涉及的属性；不允许修改宏对象 m1。*

参考答案与解析

一、选择题

序号	1	2	3	4	5	6	7	8	9	10
答案	C	A	B	B	B	B	D	C	C	A
序号	11	12	13	14	15	16	17	18	19	20
答案	B	B	C	B	A	D	A	D	C	D
序号	21	22	23	24	25	26	27	28	29	30
答案	B	B	B	B	D	D	B	C	A	D
序号	31	32	33	34	35	36	37	38	39	40
答案	C	A	B	C	C	D	A	B	A	A

二、操作题

1．基本操作题

打开“全国计算机等级考试模拟试题素材”文件夹下的“第三套素材”文件夹中的“samp1.accdb”，按下面的步骤进行操作。

（1）在“导航窗格”的“表”中，右击“tNorm”，选择“设计视图”命令。右击“产品代码”字段，选择“主键”命令。单击快速访问工具栏中的“保存”按钮。

（2）单击“单位”字段，在下方的“常规”标签中的“默认值”栏中填入“只”，“字段大小”栏中改为“1”，单击快速访问工具栏中的“保存”按钮。

（3）单击“视图”的图标，在数据表视图中按题面要求删除一条记录，单击快速访问工具栏中的“保存”按钮。

（4）单击“视图”的图标，在“设计视图”中右击“备注”字段，选择“删除行”命令，单击快速访问工具栏中的“保存”按钮。

（5）单击“最高储备”字段，在下方的“常规”标签中的“字段大小”栏中改为“长整型”，单击“最低储备”字段，在下方的“常规”标签中的“字段大小”栏中改为“整型”。单击快速访问工具栏中的“保存”按钮。

（6）右击“出厂价”字段，在下方的“常规”标签中的“格式”下拉列表中选择“货币”。单击快速访问工具栏中的“保存”按钮，然后关闭数据库。

2．简单应用题

打开“全国计算机等级考试模拟试题素材”文件夹下的“第三套素材”文件夹中的“samp2.accdb”，按下面的步骤进行操作。

（1）单击“创建”选项卡的“查询”组中的“查询设计”按钮，打开查询设计视图，并显示一个“显示表”对话框，双击“tStaff”，关闭“显示表”对话框，在“选择查询”字段栏中单击下拉按钮选择需要操作的字段：“编号”“姓名”“性别”“职称”和“学历”。将“学历”字段的显示栏设置为不显示，条件栏输入“"研究生"”，如下图所示：

字段:	编号	姓名	性别	职称	学历
表:	tStaff	tStaff	tStaff	tStaff	tStaff
排序:					
显示:	☑	☑	☑	☑	☐
条件:					"研究生"
或:					

单击快速访问工具栏中的“保存”按钮，在弹出的“另存为”对话框的“查询名称”文本框中输入查询名“qT1”，单击“确定”按钮。

（2）单击“创建”选项卡的“查询”组中的“查询设计”按钮，打开查询设计视图，并显示一个“显示表”对话框，双击“tStaff”表，关闭“显示表”对话框，在“选择查询”字段栏中单击下拉按钮选择需要操作的字段：“职称”和“平均年龄: 年龄”。单击“设计”选项卡的“显示/隐藏”中的“Σ汇总”按钮，在“平均年龄”字段的总计栏选择平均值，如下图所示：

字段:	职称	平均年龄: 年龄	
表:	tStaff	tStaff	
总计:	Group By	平均值	
排序:			
显示:	☑	☑	
条件:			
或:			

单击快速访问工具栏中的“保存”按钮，在弹出的“另存为”对话框的“查询名称”文本框中输入查询名“qT2”，单击“确定”按钮。

（3）单击“创建”选项卡的“查询”组中的“查询设计”按钮，打开查询设计视图，并显示一个“显示表”对话框，双击“tStaff”表，关闭“显示表”对话框，在“选择查询”字段栏中单击下拉按钮选择需要操作的字段：“编号”“姓名”“性别”和“职称”，在“性别”的条件栏中输入“[forms]![fTest]![tSex]”，如下图所示：

字段:	编号	姓名	性别	职称
表:	tStaff	tStaff	tStaff	tStaff
排序:				
显示:	☑	☑	☑	☑
条件:			[Forms]![fTest]![tSex]	
或:				

单击快速访问工具栏中的“保存”按钮，在弹出的“另存为”对话框的“查询名称”文本框中输入查询名“qT3”，单击“确定”按钮。

(4) 单击“创建”选项卡的“查询”组中的“查询设计”按钮，打开查询设计视图，并显示一个“显示表”对话框，双击“tTemp”表，关闭“显示表”对话框，在“查询类型”中单击“删除”，在字段栏中单击下拉按钮选择需要操作的字段：“tTemp.*”和“姓名”，在“姓名”字段的条件栏输入“Left([姓名],1)="李"”，如下图所示：

字段:	tTemp.*	姓名
表:	tTemp	tTemp
删除:	From	Where
条件:		Left([姓名],1)="李"
或:		

单击快速访问工具栏中的“保存”按钮，在弹出的“另存为”对话框的“查询名称”文本框中输入查询名“qT4”，单击“确定”按钮。然后关闭数据库。

3．综合应用题

打开“全国计算机等级考试模拟试题素材”文件夹下的“第三套素材”文件夹中的“samp3.accdb”，按下面的步骤进行操作。

(1) 在“导航窗格”的“窗体”中，右击“fTest”，选择“设计视图”命令，单击“控件”组中的“标签”按钮，在窗体页眉节中添加一个标签，选中该标签并右击，选择“属性”命令，在“属性表”窗格中设置名称为“bTitle”，设置标题为“窗体测试样例”，单击快速访问工具栏中的“保存”按钮。

(2) 单击“控件”组中的“复选框”按钮，在窗体主体节中添加两个复选框，选中第一个复选框中的复选框并右击，选择“属性”命令，在“属性表”窗格中，设置名称为“opt1”；选中第一个复选框的标签并右击，选择“属性”命令，在“属性表”窗格中，设置名称为“bopt1”，设置标题为“样例 1”；选中第二个复选框的复选框并右击，选择“属性”命令，在“属性表”窗格中，设置名称为“opt2”；选中第二个复选框的标签并右击，选择“属性”命令，在“属性表”窗格中，设置名称为“bopt2”，设置标题为“样例 2”。单击快速访问工具栏中的“保存”按钮。

(3) 在窗体主体节中，选中第一个复选框的复选框“opt1”并右击，选择“属性”命令，在“属性表”窗格中，设置默认值为“False”；选中第二个复选框的复选框“opt2”并右击，选择“属性”命令，在“属性表”窗格中，设置默认值为“False”，单击快速访问工具栏中的“保存”按钮。

(4) 单击“控件”组中的“按钮”按钮，在窗体页脚节中添加一个按钮，在弹出的“命令按钮向导”对话框中单击“取消”按钮。选中该按钮并右击，选择“属性”命令，在“属性表”窗格中，设置名称为“bTest”，设置标题为“进行测试”。单击快速访问工具栏中的“保存”按钮。

（5）在“导航窗格”的“窗体”中，右击“fTest”，选择“设计视图”命令。选中名称为“bTest”的按钮并右击，选择“属性”命令，在“属性表”窗格中，设置单击为宏对象“m1”，单击快速访问工具栏中的“保存”按钮。

（6）在“属性表”窗格中的下拉列表中，选择“窗体”，设置标题为“测试窗体”。单击快速访问工具栏中的“保存”按钮，然后关闭数据库。

模拟试题 4

一、选择题

1．数据库系统的核心是（　　）。

A．数据模型　B．数据库管理系统　C．软件工具　D．数据库

2．数据流图中带有箭头的线段表示的是（　　）。

A．控制流　B．事件驱动　C．模块调用　D．数据流

3．在软件开发中，需求分析阶段可以使用的工具是（　　）。

A．N-S 图　B．DFD 图　C．PAD 图　D．程序流程图

4．在面向对象方法中，不属于”对象”基本特点的是（　　）。

A．一致性　B．分类性　C．多态性　D．标识唯一性

5．用二维表来表示实体及实体之间联系的数据模型是（　　）。

A．实体-联系模型　B．层次模型　C．关系模型　D．网状模型

6．在数据库中能够唯一地标识一个元组的属性或属性的组合称为（　　）。

A．记录　B．关键字　C．域　D．字段

7．在 Access 数据库中，表就是（　　）。

A．记录　B．索引　C．关系　D．数据库

8．能够使用“输入掩码向导”创建输入掩码的字段类型是（　　）。

A．数字和日期/时间　B．文本和货币

C．文本和日期/时间　D．数字和文本

9．将两个关系拼接成一个新的关系，生成的新关系中包含满足条件的元组，这种操作称为（　　）。

A．投影　B．选择　C．并　D．连接

10．“商品”与“顾客”两个实体集之间的联系一般是（　　）。

A．一对一　B．一对多　C．多对一　D．多对多

11．若将文本型字段的输入掩码设置为“####-######”，则正确的输入数据是（　　）。

A．0755-abcdef　B．a cd-123456

C．077 -12345　D．####-######

12．下列关于空值的叙述中，正确的是（　　）。

A．空值等同于数值 0　B．空值表示字段值未知

C．空值等同于空字符串　D．Access 不支持空值

13．若要求在主表中没有相关记录时不能将记录添加到相关表中，则应该在表关系中设置（　　）。

A．参照完整性　B．有效性规则　C．级联更新相关记录　D．级联添加相关字段

14．下列不属于 Access 提供的数据类型是（　　）。

A．备注　B．文字　C．附件　D．日期/时间

15．下列不属于 Access 提供的数据筛选方式是（　　）。

A．按选定内容筛选　B．按内容排除筛选

C．使用筛选器筛选　D．高级筛选

16．如果表中有一个“姓名”字段，查找姓“王”的记录的条件是（　　）。

A．Not"王*"　B．Like"王"　C．Like"王*"　D．"王"

17．在 Access 数据库中已建立了“tBook”表，若查找“图书编号”是“112266”和“1133880”的记录，应在查询设计视图的“条件”行中输入（　　）。

A．"112266"And"1133880"　B．In("112266","1133880")

C．Not In("112266","1133880")　D．Not("112266","1133880")

18．将表 A 中的记录添加到表 B 中，要求保持表 B 中原有的记录，可以使用的查询是（　　）。

A．生成表查询　B．联合查询　C．追加查询　D．传递查询

19．SQL 查询语句中，用来指定对选定的字段进行排序的子句是（　　）。

A．HAVIN　B．WHERE　C．FROM　D．GORDER BY

20．如果在查询条件中使用通配符“[]”，其含义是（　　）。

A．错误的使用方法　B．通配不在括号内的任意字符

C．通配任意长度的字符　D．通配方括号内任一单个字符

21．用来显示与窗体关联的表或查询中字段值的控件类型是（　　）。

A．关联型　B．绑定型　C．计算型　D．未绑定型

22．Access 的控件对象可以设置某个属性来控制对象是否可用。以下能够控制对象是否可用的属性是（　　）。

A．Enabled　B．Cancel　C．Default　D．Visible

23．在已建“学生”表中有“出生日期”字段，以此为数据源创建“学生基本信息”窗体。假设当前学生的出生日期“1999-04-19”，如在窗体“出生日期”标签右侧文本框控件的“控件来源”属性中输入表达式：=Str(year([出生日期]))+ "年"，则在该文本框控件内显示的结果是（　　）。

A．"1999"+"年"　B．1999-04 年

C．1999 年　D．1999-04-19 年

24．假设已在 Access 中建立了包含“书名”“单价”和“数量”三个字段的“销售”表，以该表为数据源创建的窗体中，有一个计算销售总金额的文本框，其“控件来源”应为（　　）。

A．[单价]*[数量]　B．=[单价]*[数量]

C．[销售]![单价]*[销售]![数量]　D．=[销售]![单价]*[销售]![数量]

25．在打开数据库应用系统过程中，若想终止自动运行的启动窗体，应按住的键是（　　）。

A．【Ctrl】　B．【Shift】　C．【Alt】　D．【Alt+Shift】

26．要设置在报表每一页的底部都输出的信息，需要设置（　　）。

A．页面页眉　B．页面页脚　C．报表页眉　D．报表页脚

27．要实现报表按某字段分组统计输出，需要设置（　　）。

A．报表页脚　　B．页面页脚　　C．该字段组页脚　　D．主体

28．要显示格式为“页码/总页数”的页码，应当设置文本框的控件来源属性是（　　）。

A．[Page]/[Pages]　　B．=[Page]/[Pages]

C．[Page]&"/"&[Pages]　　D．=[Page]&"/"&[Pages]

29．报表不能完成的工作是（　　）。

A．分组数据　　B．汇总数据　　C．输入数据　　D．格式化数据

30．在报表设计时，如果要统计报表中某个字段的全部数据，计算表达式应放在（　　）。

A．报表页眉/报表页脚　　B．页面页眉/页面页脚

C．组页眉/组页脚　　D．主体

31．OpenTable 基本操作的功能是打开（　　）。

A．表　　B．窗体　　C．报表　　D．查询

32．在宏的表达式中要引用报表 test 上控件 txtName 的值，可以使用的引用是（　　）。

A．txtName　　B．text!txtName

C．Reports!test!txtName　　D．Report!txtName

33．创建宏时至少要定义一个宏操作，并要设置对应的（　　）。

A．条件　　B．宏操作参数　　C．按钮　　D．注释信息

34．在创建条件宏时，如果要引用窗体上的控件值，正确的表达式引用是（　　）。

A．[窗体名]![控件名]　　B．[窗体名]．[控件名]

C．[Form]![窗体名]![控件名]　　D．[Forms]![窗体名]![控件名]

35．运行宏，不能修改的是（　　）。

A．窗体　　B．表　　C．宏本身　　D．数据库

36．从字符串 s 中的第 2 个字符开始获得 4 个字符的子字符串函数是（　　）。

A．Mid$(s,2,4)　　B．Left$(s,2,4)　　C．Right$(s,4)　　D．Left$(s,4)

37．下列表达式计算结果为日期类型的是（　　）。

A．#2012-1-23#-#2011-2-3#　　B．year(#2011-2-3#)

C．DateValue("2011-2-3")　　D．Len("2011-2-3")

38．由“For i：1 To 9 Step-3”决定的循环结构，其循环体将被执行（　　）。

A．0 次　　B．1 次　　C．4 次　　D．5 次

39．教师表的“选择查询”设计视图如下，则查询结果是（　　）。

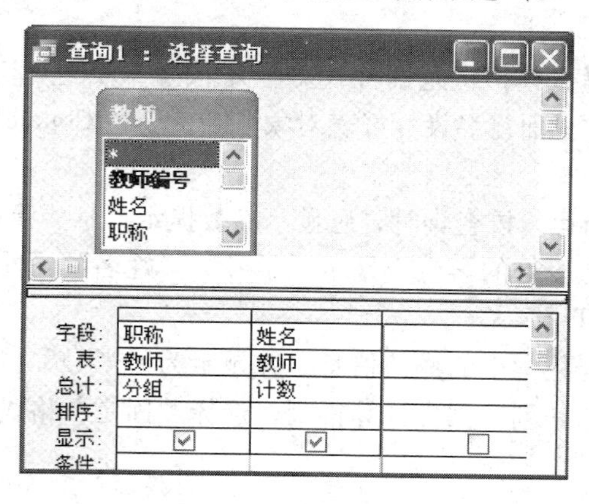

A．显示教师的职称、姓名和同名教师的人数

B．显示教师的职称、姓名和同样职称的人数

C．按职称的顺序分组显示教师的姓名

D．按职称统计各类职称的教师人数

40．条件“Not 工资额>2000”的含义是（　　）。

A．选择工资额大于 2000 的记录

B．选择工资额小于 2000 的记录

C．选择除了工资额大于 2000 之外的记录

D．选择除了字段工资额之外的字段，且大于 2000 的记录

二、操作题

1．基本操作题

（1）在“全国计算机等级考试模拟试题素材”文件夹下的“第四套素材”文件夹有一个名为“samp1.accdb”的数据库。修改职工表 employee，设置姓名字段的数据类型为文本型，长度为 6，并对应职工号添加其姓名，见下表。

职工号	63114	44011	69088	52030	72081	62217	65078	75078	59088
姓名	郑明	王思懿	陈露露	曾杨	陈丽	刘芳	邓文	田坤	杨俊毅

（2）将职工号设为主键。

（3）将已有的“水费.xlsx”文件导入到 samp1.accdb 数据库中，将导入的表命名为“水费记录”。“水费记录”表结构如下所示：

字段名称	数据类型	字段属性	
		常规	
		字段大小	索引
职工号	文本	5	有（有重复）
上月水	数字	整型	
本月水	数字	整型	
水费	货币		

（4）设置“水费记录”表中的“水费”字段的有效性文本为水费值必须大于等于零。

2．简单应用题

在“全国计算机等级考试模拟试题素材”文件夹下的“第四套素材”文件夹下存在一个数据库文件“samp2.accdb”，里面已经设计好表对象“tStud”“tCourse”“tScore”和“tTemp”。试按以下要求完成设计：

（1）创建一个查询，当运行该查询时，应显示参数提示信息“请输入爱好”，输入爱好后，在简历字段中查找具有指定爱好的学生，显示“学号”“姓名”“性别”和“简历”五个字段内容，所建查询命名为“qT1”。

（2）创建一个查询，查找学生的成绩信息，并显示为“学号”“姓名”和“平均成绩”三列内容，其中“平均成绩”一列数据由计算得到，选择“固定”格式并保留两位小数显示，所建查询命名为“qT2”。

（3）创建一个查询，按输入的学生学号查找并显示该学生的“姓名”“课程名”和“成绩”三个字段内容，所建查询命名为“qT3”；当运行该查询时，应显示参数提示信息：“请输入学号”。

（4）创建一个查询，将表“tStud”中男学生的信息追加到“tTemp”表对应的“学号”“姓名”“年龄”“所属院系”和“性别”字段中，所建查询命名为“qT4”。

3．综合应用题

在“全国计算机等级考试模拟试题素材”文件夹下的“第四套素材”文件夹下存在一个数据库文件“samp3.accdb”，里面已经设计好表对象“tBorrow”“tReader”和“tBook”，查询对象“qT”，窗体对象“fReader”、报表对象“rReader”和宏对象“rpt”。请在此基础上按照以下要求补充设计：

（1）在窗体 fReader 的窗体页眉节位置添加一个标签控件，其名称为“bTitle”，初始化标题显示为“借书基本信息”，字体名称为“黑体”，字号大小为 18，字体粗细为“加粗”。

（2）在窗体 fReader 页脚节区位置添加两个按钮，分别命名为“bOk”和“bQuit”，按钮标题分别为“确定”和“退出”。

（3）设置所建“bOk”按钮的单击事件属性为运行宏对象“rpt”。

（4）将报表页面页脚区域内名为“tPage”的文本框控件设置为“页码/总页数”形式的页码显示（如 1/3、2/3、...）。

（5）将窗体 fReader 中名为“bQuit 按钮的“边框样式”设置为“点画线”。

注意：不允许修改窗体对象“fReader”中未涉及的控件和属性；不允许修改表对象“tBorrow”“tReader”和“tBook”及查询对象“qT”；不允许修改报表对象“rReader”的控件和属性。

参考答案与解析

一、选择题

序号	1	2	3	4	5	6	7	8	9	10
答案	B	D	B	A	C	B	C	C	D	D
序号	11	12	13	14	15	16	17	18	19	20
答案	C	B	A	B	B	C	B	C	D	D
序号	21	22	23	24	25	26	27	28	29	30
答案	B	A	C	B	B	B	C	D	C	A
序号	31	32	33	34	35	36	37	38	39	40
答案	A	C	B	D	C	A	C	A	D	C

二、操作题

1）基本操作题

打开“全国计算机等级考试模拟试题素材”文件夹下的“第四套素材”文件夹中的“samp1.accdb”，按下面的步骤进行操作。

（1）在导航窗格中，选择“表”对象下的“employee”，右键选择“设计视图”。根据试题要求修改字段属性，保存退出。在导航窗格中，选择“表”对象下的“employee”，双击打开表，添加题目要求的记录。保存表、退出。

（2）在“导航窗格”中，选择“表”对象下的“employee”并右击，选择“设计视图”命令。将“职工号”设置为主键，保存并退出。

（3）～（4）单击“外部数据”选项卡的“导入并链接”组中的“Excel”按钮。选择“素材”文件夹下的“水费.xlsx”，作为指定数据源。根据向导逐步完成试题操作。在“导航窗格”中，选择“表”对象下的“水费记录”并右击选择“设计视图”命令。根据试题要求修改字段属性，保存退出。在水费的有效性文本中输入“水费值必须大于等于零”保存文件并退出。

2．简单应用题

打开“全国计算机等级考试模拟试题素材”文件夹下的“第四套素材”文件夹中的“samp2.accdb”，按下面的步骤进行操作。

（1）单击“创建”选项卡的“查询”组中的“查询设计”按钮，打开查询设计视图，并显示一个“显示表”对话框，双击“tStud”表，关闭“显示表”对话框，在“选择查询”字段栏中单击下拉按钮选择需要操作的字段：“学号”“姓名”“性别”和“简历”。在“简历”字段的条件栏输入“Like "*" & [请输入爱好] & "*"”，如下图所示：

字段:	学号	姓名	性别	简历
表:	tStud	tStud	tStud	tStud
排序:				
显示:	☑	☑	☑	☑
条件:				Like "*" & [请输入爱好] & "*"
或:				

单击快速访问工具栏中的“保存”按钮，在弹出的“另存为”对话框的“查询名称”文本框中输入查询名“qT1”，单击“确定”按钮。

（2）单击“创建”选项卡的“查询”组中的“查询设计”按钮，打开查询设计视图，并显示一个“显示表”对话框，双击“tStud”和“tScore”表，关闭“显示表”对话框，在“选择查询”字段栏中单击下拉按钮选择需要操作的字段：“学号”“姓名”和“平均成绩: 成绩”。单击“设计”选项卡的“显示/隐藏”中的“Σ汇总”按钮，在“平均成绩”字段的总计栏选择平均值。将光标定位到“平均成绩”一列，单击“设计”选项卡的“显示/隐藏”中的“属性表”按钮，在“属性表”窗格中的格式选中“固定”，小数位数选中“2”，如下图所示：

字段:	学号	姓名	平均成绩: 成绩
表:	tStud	tStud	tScore
总计:	Group By	Group By	平均值
排序:			
显示:	☑	☑	☑
条件:			
或:			

属性表

所选内容的类型：字段属性

常规 查阅

说明	
格式	固定
小数位数	2
输入掩码	
标题	
智能标记	

单击快速访问工具栏中的“保存”按钮，在弹出的“另存为”对话框的“查询名称”文本框中输入查询名“qT2”，单击“确定”按钮。

（3）单击“创建”选项卡的“查询”组中的“查询设计”按钮，打开查询设计视图，并显示一个“显示表”对话框，双击“tStud”“tCourse”和“tScore”表，关闭“显示表”对话框，在“选择查询”字段栏中单击下拉按钮选择需要操作的字段：“姓名”“课程名”和“成绩”和“学号”。

将“学号”字段的显示栏设置为不显示，条件栏输入“[请输入学号]”，如下图所示：

字段:	姓名	课程名	成绩	学号
表:	tStud	tCourse	tScore	tStud
排序:				
显示:	☑	☑	☑	☐
条件:				[请输入学号]
或:				

单击快速访问工具栏中的“保存”按钮，在弹出的“另存为”对话框的“查询名称”文本框中输入查询名“qT3”，单击“确定”按钮。

（4）单击“创建”选项卡的“查询”组中的“查询设计”按钮，打开查询设计视图，并显示一个“显示表”对话框，双击“tStud”表，关闭“显示表”对话框，在“查询类型”中单击“追加”，在弹出的“追加”对话框的“表名称”中输入“tTemp”，选择“当前数据库”，单击“确定”按钮。在字段栏中单击下拉按钮选择需要操作的字段：“学号”“姓名”“年龄”“所属院系”和“性别”。在“性别”字段的条件栏输入“男”，如下图所示：

字段:	学号	姓名	年龄	所属院系	性别
表:	tStud	tStud	tStud	tStud	tStud
排序:					
追加到:	学号	姓名	年龄	所属院系	性别
条件:					"男"
或:					

单击快速访问工具栏中的“保存”按钮，在弹出的“另存为”对话框的“查询名称”文本框中输入查询名“qT4”，单击“确定”按钮。然后关闭数据库。

3．综合应用题

打开“全国计算机等级考试模拟试题素材”文件夹下的“第四套素材”文件夹中的“ samp3.accdb ”，按下面步骤进行操作。

（1）在“导航窗格”的“窗体”中，右击下边的“fReader”，选择设计视图，单击“控件”组中的“标签”按钮，在窗体页眉节中添加一个标签，选中该标签并右击，选择“属性”命令，在“属性表”窗格中设置名称为“bTitle”，设置标题为“借书基本信息”，字体设置为“黑体”、字号设置为“18”，字体粗细设置为“加粗”。单击快速访问工具栏中的“保存”按钮。

（2）在“导航窗格”的“窗体”中，右击“fReader”，选择“设计视图”命令。单击“控件”组中的“按钮”按钮，在窗体页脚节中添加两个按钮，分别在弹出的“命令按钮向导”对话框中单击“取消”按钮。选中第一个按钮并右击，选择“属性”命令，在“属性表”窗格中，设置名称为“bOk”，设置标题为“确定”；选中第二个按钮并右击，选择“属性”命令，在“属性表”窗格中，设置名称为“bQuit”，设置标题为“退出”，单击快速访问工具栏中的“保存”按钮。

（3）在“导航窗格”中，选择“窗体”对象下的“bOk”按钮，右击，选择“属性”命令，在“属性表”窗格中，设置单击为宏对象“rpt”，单击快速访问工具栏中的“保存”按钮。

（4）在“导航窗格”中，选择“报表”对象下的“rReader”并右击，选择“设计视图”命令。选中控件“tPage”，在控件来源中输入“=[Page] & "/" & [Pages]”。

（5）在“导航窗格”中，选择“窗体”对象下的“bQuit”并右击，选择“设计视图”命令，打开设计窗口。选中 bQuit 控件，将其“边框样式”设置为“点画线”。

参 考 文 献

[1] 教育部考试中心．全国计算机等级考试二级教程：Access 数据库程序设计（2013 年版）[M]．北京：高等教育出版社，2013．

[2] 何立群．数据库技术应用实践教程（Access 2010）[M]．北京：高等教育出版社，2014．

[3] 车念，鲁小丫．数据库技术及应用实验指导（Access 2010）[M]．北京：高等教育出版社，2015．

[4] 郝选文．Access 数据库应用技术实验指导（Access 2010 版）[M]．北京：科学出版社，2015．

[5] 刘敏华，谷岩．数据库技术及应用实践教程：Access 2010[M]．北京：高等教育出版社，2014．